“十二五”职业教育国家规划教材

经全国职业教育教材审定委员会审定

单片机应用技术

(第四版)

主　编　杨宏丽

副主编　王静霞

西安电子科技大学出版社

内 容 简 介

本书是中国高等职业技术教育研究会与西安电子科技大学出版社联合策划、组织编写的高职高专应用电子技术系列规划教材之一。

本书采用教、学、做相结合的教学模式，以理论够用、着眼应用的观点，通过项目引入、不断拓宽思路的方法讲述掌握单片机应用技术所需的基础知识和基本技能。本书共 9 章，内容包括单片机硬件系统、单片机开发系统、MCS-51 指令系统、汇编语言程序设计、定时与中断系统、单片机显示和键盘接口、A/D 与 D/A 转换接口、串行口通信技术及单片机应用设计与实例。

本书选材合理，文字叙述清楚，可作为高职高专、成人教育机电类相关专业单片机技术课程理论与实践教学的教材。

★本书配有电子教案，需要者可登录出版社网站，免费下载。

图书在版编目（CIP）数据

单片机应用技术/杨宏丽主编. —4 版. —西安：西安电子科技大学出版社，2018.7(2019.12 重印)

ISBN 978 - 7 - 5606 - 4983 - 2

Ⅰ. ① 单…　Ⅱ. ① 杨…　Ⅲ. ① 单片微型计算机—教材　Ⅳ. ① TP368.1

中国版本图书馆 CIP 数据核字（2018）第 153680 号

策划编辑　马乐惠

责任编辑　陈　婷　马乐惠

出版发行　西安电子科技大学出版社(西安市太白南路 2 号)

电　　话　(029)88242885　88201467　　邮　　编　710071

网　　址　www.xduph.com　　电子邮箱　xdupfxb001@163.com

经　　销　新华书店

印　　刷　咸阳华盛印务有限责任公司

版　　次　2018 年 7 月第 4 版　2019 年 12 月第 22 次印刷

开　　本　787 毫米×1092 毫米　1/16　印张　17.5

字　　数　414 千字

印　　数　103 001～106 000 册

定　　价　33.00 元

ISBN 978 - 7 - 5606 - 4983 - 2 / TP

XDUP 5285004-22

前　　言

本书自 2002 年出版，至今已经有 16 年了，其间再版三次，重印了 18 次。一部高职教材能够有如此强的生命力，编者感到非常欣慰。

本书以训练项目为引领，从基本的应用系统出发，通过实际问题的解决来引入知识认知的思路，这在首次出版之际十分超前，给教材编写带来了一种全新的面貌。随后的很多年，电子应用类的新书层出不穷，本书的编写模式和教育理念均已渗透其中。

本书着眼点在单片机技术的应用层面上，具体实现采用的是汇编语言。虽然当下不少院校在教学上已转为用 C 语言来实现，但汇编语言以其直接面向硬件、执行快、速度高、逻辑能力强等特点，依然备受用户青睐。最近，西安电子科技大学出版社希望对本书再次修订，以满足广大用户的需求。第四版保留了原书行动导向、项目引领的风格，删减了部分内容，纠正了第三版中存在的一些问题。

本人全面主持了第四版的修订工作，张博夫等参与本书编写的老师亦结合各自的长期教学实践，在本次修订出版时进行了认真细致的审核工作，在此一并表示谢意。

感谢使用这部教材的新老用户，本书虽已是第四版，仍需要不断精进，恳请大家及时将意见和建议反馈给我们。

杨宏丽

2018 年 5 月于深圳

目　录

第1章　单片机硬件系统

本章首先以最简单的信号灯控制应用实验让读者对单片机及其应用系统有一个感性的认识，并对单片机的基本工作过程有一些大致的了解，然后介绍单片机的概念、MCS-51 单片机硬件结构和工作原理以及单片机最小应用系统的组成。

教学导航

教	知识重点	1. 单片机及其内部结构 2. 单片机并行 I/O 口 3. 单片机存储器结构 4. 时钟电路和复位电路
	知识难点	单片机存储器结构和并行 I/O 端口
	推荐教学方式	从训练项目入手，通过对 8 个发光二极管闪烁控制的仿真调试，让学生从外到内、从直观到抽象，逐渐理解单片机硬件系统
	建议学时	9 学时
学	推荐学习方法	首先动手完成项目制作，在项目完成过程中了解单片机的硬件结构，并在仿真调试中理解单片机各部分结构及功能
	必须掌握的理论知识	1. 单片机基本电路结构 2. 单片机并行 I/O 端口
	必须掌握的技能	实验电路板的制作 程序的编辑、运行与调试

项目 1　简单信号灯控制

1. 训练目的

通过最简单的应用系统实例了解单片机的基本工作过程。

2. 设备与器件

(1) 设备：计算机、单片机仿真器、实验板。

(2) 器件与电路：器件包括 AT89C51、74LS240、8 个发光二极管、8 个 1 kΩ 电阻，电路如图 1.1 所示。

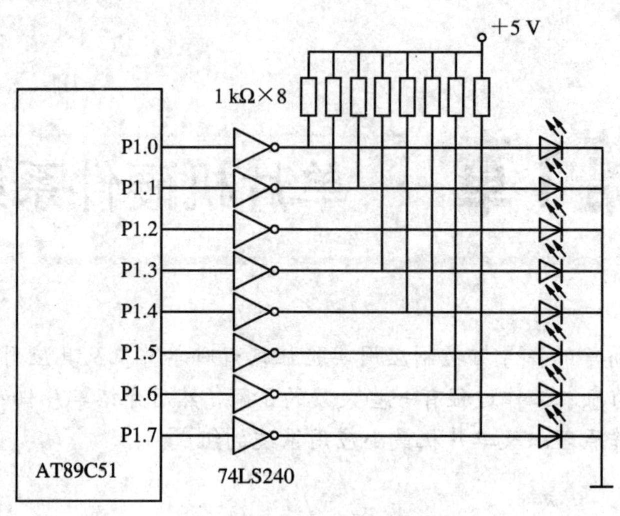

图 1.1 硬件电路图

3. 步骤及要求

(1) 连接电路。首先将计算机、单片机仿真器及实验板连接起来(参照图 1.1)。这一步是使用单片机开发系统的必需步骤。然后将 AT89C51 的 P1 口与 8 个发光二极管一一连接(电路中 74LS240 为反相驱动器)。

注意仿真器和实验板电源的正确连接。

(2) 输入源程序。新建源文件，并输入源程序。保存文件时，程序名后缀应为.asm，例如 LED1.asm。注意，源程序中分号后面的文字为说明文字，输入时可以省略。

```
机器码     地址               源程序
                              ORG     0000H       ；表示程序从地址 0000H 开始存放
75 90 00   0000H   START：    MOV     P1，#00H    ；点亮所有发光二极管
11 07      0003H              ACALL   DELAY       ；延时一段时间，便于观察
75 90 FF   0005H              MOV     P1，#0FFH   ；灭掉所有发光二极管
11 02      0008H              ACALL   DELAY       ；延时
80 F4      000AH              SJMP    START       ；返回，从 START 开始重复
7B C8      000CH   DELAY：    MOV     R3，#200    ；一段延时子程序
7C FA      000EH   DEL2：     MOV     R4，#250
00         0010H   DEL1：     NOP
00         0011H              NOP
DC FC      0012H              DJNZ    R4，DEL1
DB F8      0014H              DJNZ    R3，DEL2
22         0016H              RET                 ；子程序返回
                              END                 ；程序结束
```

上述程序由以下部分组成：

左边两列是一组十六进制数——机器码和机器码所在存储器中的地址(0000H～0016H)。机器码是计算机可以识别的语言。这两列是我们写入单片机内部存储器的内容，表示的是一段程序。

中间一列是和机器码对应的源程序(一系列指令)。关于单片机的指令以及程序设计将在第 3、4 章详细介绍，在第 4 章的项目 4 中也会重点讨论上述程序。

最右边一列是对程序的简单说明，以便于读者阅读。

(3) 对源程序进行汇编和装载。在调试软件时完成以下操作：

- 将汇编语言源程序进行汇编(Assemble)，生成十六进制文件。
- 将汇编后生成的十六进制文件装载(Load)到单片机开发系统的仿真 RAM 中。

(4) 运行及调试程序。

- 运行(Execute)程序，观察实验板上 8 个发光二极管的亮灭状态。
- 单步运行(Step)程序，观察每一条指令运行后实验板上 8 个发光二极管的亮灭状态。

(5) 脱机运行程序。将写好程序的 AT89C51 芯片插入实验电路板的相应位置(固化程序的具体操作过程可参见相应的说明书)，再接上电源启动运行，观察 8 个发光二极管的亮灭状态。

4. 分析与总结

(1) 本项目的结果：实验电路板中的 8 个发光二极管按照全亮、全灭的规律不停地循环变化。

(2) 本项目所涉及的电路参见图 1.1。单片机芯片 AT89C51 的 1～8 引脚通过集成芯片 74LS240(8 个非门)接到 8 个发光二极管上，8 个发光二极管的阳极在各接一个限流电阻后接 +5 V 电源，阴极连在一起接地。单片机的这 8 个引脚对应其内部的一个并行 I/O 口——P1 口。有关 P1 口的具体结构在本章 1.3.2 小节介绍。这是本项目所涉及的硬件部分。

从图 1.1 可见，当 P1 口的某个引脚为低电平时，发光二极管变亮；当 P1 口的某个引脚为高电平时，发光二极管熄灭。这样我们可以通过向 P1 口写入一个 8 位二进制数来改变每个管脚的电平状态，而向 P1 口写入数据可以通过相应指令来实现。

程序中的第一条指令 MOV P1，#00H(其中 # 表示其后面为常数，H 表示其前面的常数为十六进制数，写成二进制形式为 #00000000B，B 表示二进制数)，对应机器码为 75H、90H、00H，表示将 00H 的数据送给 P1 口。P1 口的 8 个管脚状态与写入数据之间的关系如下：

写入数据位	D7	D6	D5	D4	D3	D2	D1	D0
	0	0	0	0	0	0	0	0
对应 P1 口管脚名称	P1.7	P1.6	P1.5	P1.4	P1.3	P1.2	P1.1	P1.0
管脚电平状态	低	低	低	低	低	低	低	低
发光二极管状态	亮	亮	亮	亮	亮	亮	亮	亮

所以，在通电运行后，发光二极管会出现全亮的状态。

同理，当执行程序中的第三条指令 MOV P1，#0FFH(即 #11111111B)时，发光二极管会全灭。

由此可见，我们可以通过程序来完成对硬件电路的控制。

(3) 项目中，我们可以借用仿真器来调试程序，也可以事先将程序(机器码)正确地固化到一个单片机芯片(如 AT89C51)中，然后把 AT89C51 芯片插入实验板，接上电源后发光二极管就会按照既定的规律点亮。这说明，AT89C51 中的 CPU 能将写入到芯片内 ROM 的内容依次读出，并且送入到单片机内部完成相应的功能，而这一切工作都是在单片机 CPU 的控制下实现的，也就是说单片机在执行机器码。

(4) 由本项目可见，单片机芯片内部具有一定容量的片内程序存储器，也有连接外部设备的端口。单片机到底都具有哪些功能？它是如何工作的？这些就是本章重点讨论的内容。

1.1 概　述

单片微型计算机(Single Chip Microcomputer)简称单片机，是指集成在一块芯片上的计算机，它具有结构简单、控制功能强、可靠性高、体积小、价格低等优点。单片机技术作为计算机技术的一个重要分支，广泛地应用于工业控制、智能化仪器仪表、家用电器、电子玩具等各个领域。

1.1.1 单片机及单片机应用系统

1. 微型计算机及微型计算机系统

微型计算机(Microcomputer)简称微机，是计算机的一个重要分类。人们通常按照计算机的体积、性能和应用范围等条件，将计算机分为巨型机、大型机、中型机、小型机和微型机等。微型计算机不但具有其他计算机快速、精确、程序控制等特点，而且还具有体积小、重量轻、功耗低、价格便宜等优点。个人计算机简称PC(Personal Computer)机，是微型计算机中应用最为广泛的一种，也是近年来计算机领域中发展最快的一个分支。PC机在性能和价格方面适合个人用户购买和使用，目前，它已经像普通家电一样深入到了家庭和社会生活的各个方面。

微型计算机系统由硬件系统和软件系统两大部分组成。

硬件系统是指构成微机系统的实体和装置，通常由运算器、控制器、存储器、输入接口电路和输入设备、输出接口电路和输出设备等组成。其中，运算器和控制器一般做在一个集成芯片上，统称为中央处理单元(Central Processing Unit，CPU)，是微机的核心部件。CPU配上存放程序和数据的存储器、输入/输出(Input/Output，I/O)接口电路以及外部设备即构成微机的硬件系统。

软件系统是微机系统所使用的各种程序的总称。人们通过它对微机进行控制并与微机系统进行信息交换，使微机按照人的意图完成预定的任务。

软件系统与硬件系统共同构成完整的微机系统，两者相辅相成，缺一不可。

微型计算机系统组成示意图如图1.2所示。

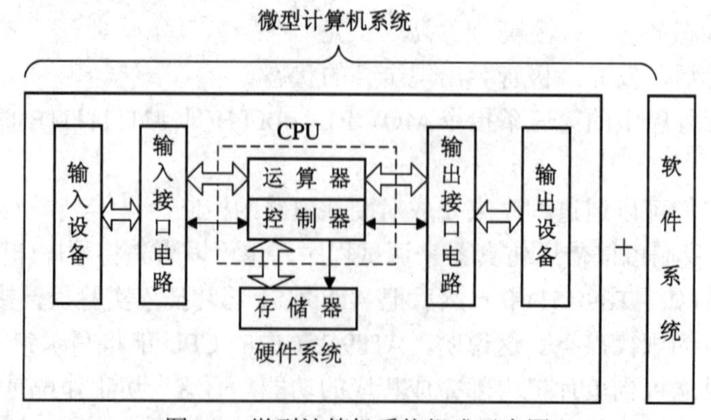

图1.2　微型计算机系统组成示意图

下面对组成计算机的 5 个基本部件作简单说明。

(1) 运算器。运算器是计算机的运算部件，用于实现算术和逻辑运算。计算机的数据运算和处理都在这里进行。

(2) 控制器。控制器是计算机的指挥控制部件，它使计算机各部分自动、协调地工作。

(3) 存储器。存储器是计算机的记忆部件，用于存放程序和数据。存储器分为内存储器和外存储器，同时又有 RAM 和 ROM 之分。

(4) 输入设备。输入设备用于将程序和数据输入到计算机中。键盘就是一种输入设备。

(5) 输出设备。输出设备用于把计算机数据计算或加工的结果，以用户需要的形式显示或打印出来。显示器、打印机等都属于输出设备。

通常把外存储器、输入设备和输出设备合在一起称为计算机的外部设备，简称外设。

2. 单片微型计算机

单片微型计算机(简称单片机)是指集成在一个芯片上的微型计算机，它的各种功能部件，如 CPU(Central Processing Unit)、随机存取存储器(Random Access Memory，RAM)、只读存储器(Read-Only Memory，ROM)、基本输入/输出(I/O)接口电路、定时/计数器等都制作在一块集成芯片上，构成一个完整的微型计算机，可以实现微型计算机的基本功能。单片机内部结构示意图如图 1.3 所示。

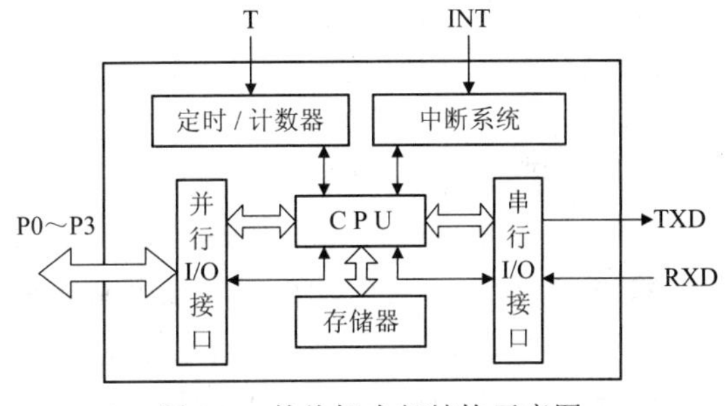

图 1.3　单片机内部结构示意图

单片机实质上是一个芯片。在实际应用中，通常很少将单片机和被控对象直接进行电气连接，必须外加各种扩展接口电路、外部设备、被控对象等硬件和软件，才能构成一个单片机应用系统。

3. 单片机应用系统及组成

单片机应用系统是以单片机为核心，配以输入、输出、显示、控制等外围电路和软件，能实现一种或多种功能的实用系统。与本书配套的单片机组合教具实验箱也是一个单片机应用系统，它除了主板(单片机最小应用系统)以外，还有许多的扩展应用电路板，利用它再配以后续章节的一系列项目，便可以具有很多功能。所以说，单片机应用系统是由硬件和软件组成的，硬件是应用系统的基础，软件则在硬件的基础上对其资源进行合理调配和使用，从而完成应用系统所要求的任务，二者相互依赖，缺一不可。单片机应用系统的组成如图 1.4 所示。

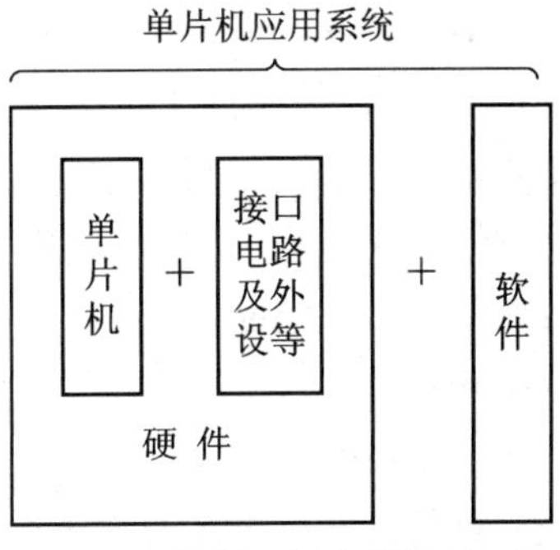

单片机应用系统
单片机 ＋ 接口电路及外设等 ＋ 软件
硬　件

图 1.4　单片机应用系统的组成

单片机应用系统的设计人员必须从硬件和软件两个角度来深入了解单片机，只有将二者有机结合起来，才能形成具有特定功能的应用系统或整机产品。

自从 1974 年美国 Fairchild 公司研制出第一台单片机 F8 之后，迄今为止，单片机经历了由 4 位机到 8 位机再到 16 位机、32 位机的发展过程。单片机制造商很多，主要有美国的 Intel、Motorola、Zilog、Atmel 等公司。目前，单片机正朝着高性能、多品种方向发展。近年来，32 位单片机已进入了实

用阶段，但是由于 8 位单片机在性能价格比上占有优势，而且 8 位增强型单片机在速度和功能上并不逊色于 16 位单片机，因此在未来相当长的时期内，8 位单片机仍是单片机的主流机型。

1.1.2　MCS-51 单片机系列

尽管各类单片机很多，但无论是从世界范围还是从全国范围来看，使用最为广泛的应属 MCS-51 单片机。基于这一事实，本书以 MCS-51 系列 8 位单片机(8031、8051、8751、89C51 等)为研究对象，介绍单片机的硬件结构、工作原理及其应用系统的设计。

1．Intel 公司的 MCS-51 系列单片机

Intel 公司可以说是 MCS-51 系列单片机的“开山鼻祖”，正是 Intel 公司的 8031 单片机开创了 MCS-51 单片机时代。

8031 单片机的技术特点如下：

(1) 基于 MCS-51 核的处理器结构。

(2) 32 个 I/O 引脚。

(3) 2 个定时/计数器。

(4) 分为 2 个优先级的 5 个中断源。

(5) 128 字节的内部数据存储器(RAM)。

MCS-51 单片机片内的程序存储器有三种配置形式，即无 ROM、掩膜 ROM 和 EPROM。这三种配置形式对应三种不同的单片机芯片(8031、8051 和 8751)，它们各有特点，也各有其适用场合，在使用时应根据需要进行选择。一般情况下，片内带掩膜 ROM 的单片机适用于大批量定型产品；片内带 EPROM 的单片机适用于研制产品样机；片内无 ROM 的单片机必须外接 EPROM 才能工作。Intel 公司还推出了片内带 EEPROM 的单片机，可以在线写入程序。

Intel 公司的 8031 单片机没有内部程序存储器 ROM，在使用中需要用户自己外扩存储器。由于这样很不方便，因此现在该系列的单片机已经很少在实际中应用了，但是作为 MCS-51 系列单片机发展历史上的一个“里程碑”，其意义是重大的，可以说后来的系列单片机都是在它的基础上发展起来的。

2．Atmel 公司的 MCS-51 系列单片机

Atmel 公司可以说是现在 MCS-51 系列单片机的行业老大，它生产的系列单片机提供了丰富的外围接口和专用的控制器，可用于特殊用途，例如电压比较、USB 控制、MP3 解码及 CAN 控制等。另外，Atmel 公司还把 ISP 技术集成在 MCS-51 系列单片机中，使用户能够方便地改变程序代码，从而方便地进行系统调试。Atmel 公司还提供了各种产品的不同封装，以方便用户进行选择。下面将依次讲述 AT89C51、AT89C2051 和 AT89S51 等系列单片机，并且比较其不同的特点。

1) AT89C51 单片机

目前市场上最常用的单片机是 Atmel 公司的 AT89C51，它是一种带 4 KB 闪烁可编程可擦除只读存储器(Flash Programmable and Erasable Read Only Memory，FPEROM)的单片机芯片，它采用静态 CMOS 工艺制造，最高工作频率为 24 MHz，其封装形式有 PDIP/DIP、PQFP/TQFP 和 PLCC/LCC，用户可以根据不同的场合进行选择。

AT89C51 的资源如下：

(1) 4 KB 的内部 Flash 程序存储器，可实现 3 个级别的程序存储器保护功能。

(2) 128 字节的内部数据存储器。

(3) 32 个可编程 I/O 引脚。

(4) 2 个 16 位定时/计数器。

(5) 5 个中断源，2 个优先级别。

(6) 1 个可编程的串行通信口。

2) AT89C2051 单片机

AT89C2051 单片机是另外一种使用非常多的单片机，因其功耗低、体积小等特点而被广大用户所选用。此外，AT89C2051 单片机还有很多独特的结构和功能，例如具有 LED 驱动电路、电压比较器等。AT89C2051 有两种可编程的电源管理模式：空闲模式，该模式下 CPU 停止工作，但是 RAM、定时/计数器、串行口和中断系统仍然工作；断电模式，该模式下保存了 RAM 的内容，但是冻结了其他部分的内容，直至被再次重启。AT89C2051 有 DIP20 和 SOIC20 两种封装形式，其技术参数如下：

(1) 2 KB 的程序存储器，2 个级别的程序存储器保护功能。

(2) 128 字节的内部数据存储器。

(3) 15 个可编程 I/O 引脚，可以作直接的 LED 驱动。

(4) 2 个 16 位定时/计数器。

(5) 6 个中断源，2 个优先级别。

(6) 1 个全双工的串行口。

(7) 片上电压比较控制器。

(8) 工作电压为 2.7～6 V。

3) AT89S51 单片机

AT89S51 单片机是 Atmel 公司推出的一款在系统可编程(In System Programmed，ISP)单片机。通过相应的 ISP 软件，用户可对该单片机 Flash 程序存储器中的代码进行方便的修改。AT89S51 和 AT89C51 的引脚完全兼容，其技术参数如下：

(1) 4 KB 在系统可编程 Flash 程序存储器，3 级安全保护。

(2) 128 字节的内部数据存储器。

(3) 32 个可编程 I/O 引脚。

(4) 2 个 16 位定时/计数器。

(5) 5 个中断源，可以在断电模式下响应中断。

(6) 1 个全双工的串行通信口。

(7) 最高工作频率为 33 MHz。

(8) 工作电压为 4.0～5.5 V。

(9) 双数据指针使得程序运行得更快。

下面简要介绍 Atmel 89 系列单片机的特点。

Atmel 89 系列单片机是以 8031 为核心构成的，所以，它和 8051 系列单片机是兼容的系列。这个系列对于以 8051 为基础的系统来说，是十分容易进行替换和构造的。故而对于

熟悉 8051 的用户来说，用 Atmel 公司的 89 系列单片机取代 8051 的系统设计是轻而易举的事。

89 系列单片机对一般用户来说，具有以下明显的优点：

(1) 内部含 Flash 存储器，因此在系统的开发过程中可以十分容易地修改程序，大大缩短系统的开发周期。同时，在系统工作过程中，能有效地保存一些数据信息，即使外界电源损坏也不会影响信息的保存。

(2) 和 80C51 插座兼容。89 系列单片机的引脚是和 80C51 一样的，所以，用 89 系列单片机可直接替换 80C51。

(3) 静态时钟方式。89 系列单片机采用静态时钟方式，所以可以节省电能，这对于降低便携式产品的功耗十分有用。

(4) 可进行反复系统试验。用 89 系列单片机设计的系统，可以反复进行系统试验。每次试验可以编入不同的程序，这样可以保证用户的系统设计达到最优。而且随用户的需要和发展，还可以进行修改，使系统不断追随用户的最新要求。

89 系列单片机一共有 7 种型号，分别为 AT89C51、AT89LV51、AT89C52、AT89LV52、AT89C2051、AT89C1051 和 AT89S51。其中，AT89LV51 和 AT89LV52 分别是 AT89C51 和 AT89C52 的低电压产品，最低电压可以低至 2.7 V；而 AT89C2051 和 AT89C1051 则是低档型低电压产品，它们的引脚只有 20 个，最低电压也为 2.7 V。

3. 单片机的发展趋势

纵观单片机的发展过程，可以预示单片机的发展趋势：

(1) 低功耗 CMOS 化。MCS-51 系列的 8031 推出时的功耗达 630 mW，而现在的单片机功耗普遍都在 100 mW 左右。因为用户要求单片机的功耗越来越低，所以现在的各个单片机制造商基本上都采用了 CMOS(互补金属氧化物半导体)工艺，比如 80C51 就采用了 HMOS(高密度金属氧化物半导体)工艺和 CHMOS(互补高密度金属氧化物半导体)工艺。CMOS 工艺虽然功耗较低，但其物理特征决定其工作速度不够高；而 CHMOS 工艺则具备了高速和低功耗的特点，所以这种工艺将是今后一段时期单片机发展的主要途径。

(2) 微型单片化。现在常规的单片机普遍都是将中央处理器(CPU)、随机存取数据存储器(RAM)、只读程序存储器(ROM)、并行和串行通信接口、中断系统、定时电路、时钟电路集成在一块单一的芯片上。增强型的单片机还集成了 A/D 转换器、PMW(脉宽调制电路)、WDT(看门狗)等。有些单片机将 LCD(液晶)驱动电路也都集成在单一的芯片上。单片机包含的单元电路越多，功能就越强大。甚至单片机厂商还可以根据用户的要求量身定做，制造出具有自己特色的单片机芯片。此外，现在的产品普遍要求体积小、重量轻，这就要求单片机除了功能强和功耗低外，还要体积小。现在的许多单片机都具有多种封装形式，其中 SMD(表面封装)越来越受欢迎，使得由单片机构成的系统正朝微型化方向发展。

(3) 主流与多品种共存。现在虽然单片机的品种繁多、各具特色，但以 8051 为核心的单片机仍占主流，兼容其结构和指令系统的有 Philips 公司的产品、Atmel 公司的产品和中国台湾的 Winbond 系列单片机。而 Microchip 公司的 PIC 精简指令集(RISC)也有着强劲的发展势头。中国台湾的 Holtek 公司近年的单片机产量与日俱增，以其低价优质的优势，占据了一定的市场分额。此外 Motorola 公司的产品、日本几大公司的专用单片机等也占据了一定的市场份额。在一定的时期内，这种情形将延续下去，即不会出现某个单片机一统天下的垄断局面，而是多个品种依存互补、相辅相成、共同发展。

1.2　MCS-51 系列单片机结构和原理

尽管单片机比较简单，但要按 5 个基本组成部件来讲单片机的硬件结构和原理，也将是一件十分复杂的事(其实也没有这种必要)，因此，通常讲述单片机结构原理时，总是从实际需要出发，只介绍与程序设计和系统扩展应用有关的内容。

1.2.1　MCS-51 内部组成及信号引脚

MCS-51 系列单片机的典型芯片有 8031、8051、8751、89C51。除具有不同的 ROM 外，它们的内部结构及引脚完全相同。这里以 8051 为例说明该系列单片机的内部组成及信号引脚。

1．8051 单片机的基本组成

8051 单片机的基本组成请参见图 1.5。下面介绍各部分的基本情况。

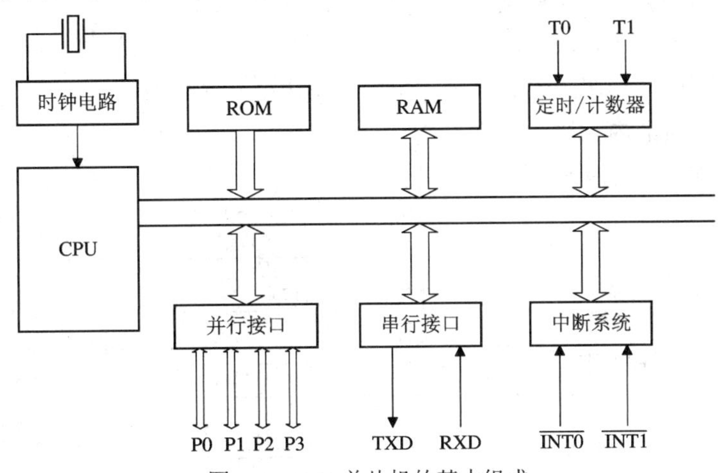

图 1.5　8051 单片机的基本组成

1) 中央处理器(CPU)

中央处理器是单片机的核心，是计算机的控制和指挥中心，它由运算器和控制器等部件组成。运算器包括一个可进行 8 位算术运算和逻辑运算的单元(ALU)、8 位的暂存器、8 位的累加器(ACC)、B 寄存器和程序状态寄存器(PSW)等。控制器包括程序计数器(PC)、指令寄存器(IR)、指令译码器(ID)、振荡器及定时电路等。

2) 内部数据存储器(内部 RAM)

8051 芯片中共有 256 个 RAM 单元，但其中的后 128 个单元被专用寄存器占用；能作为寄存器供用户使用的只有前 128 个单元，用于存放可读/写的数据。因此通常所说的内部数据存储器就是指前 128 个单元。

3) 内部程序存储器(内部 ROM)

8051 共有 4 KB 掩膜 ROM，用于存放程序、原始数据或表格，因此，称之为程序存储器。

4) 定时/计数器

8051 共有两个 16 位的定时/计数器，可实现定时或计数功能，并以其定时或计数结果

对计算机进行控制。

5) 并行I/O口

8051共有4个8位的I/O口(P0、P1、P2、P3)，可实现数据的并行输入/输出。在项目中我们已经使用了P1口，通过P1口连接了8个发光二极管。

6) 串行口

8051单片机有一个全双工的串行口，可实现单片机和其他设备之间的串行数据传送。该串行口功能较强，既可作为全双工异步通信收发器使用，也可作为同步移位器使用。

7) 中断控制系统

8051单片机的中断功能较强，可满足控制应用的需要。8051共有5个中断源，即外中断两个、定时/计数中断两个、串行口中断一个。全部中断分为高级和低级两个优先级别。

8) 时钟电路

8051芯片的内部有时钟电路，但石英晶体和微调电容需外接。时钟电路为单片机产生时钟脉冲序列。系统允许的晶振频率一般为6 MHz和12 MHz。

从上述内容可以看出，8051虽然是一个单片机芯片，但作为计算机应该具有的基本部件它都包括了，因此，它实际上已经是一个简单的微型计算机系统了。

2．8051单片机的内部结构

8051单片机的内部结构如图1.6所示。

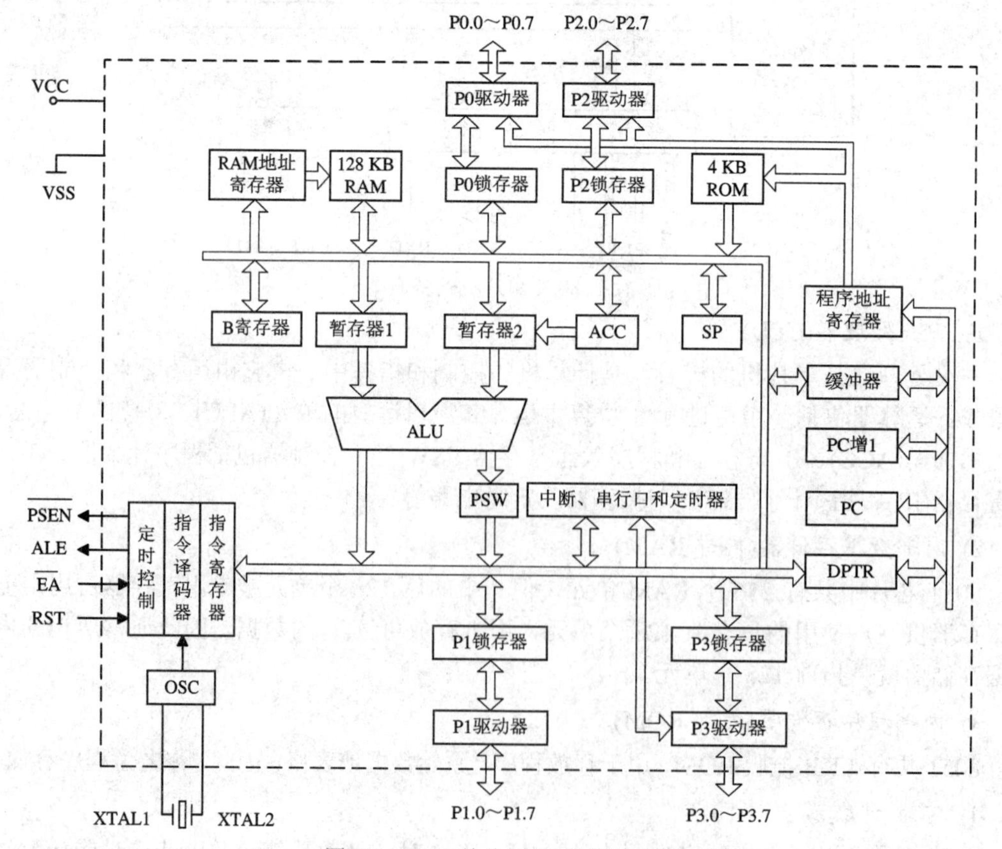

图1.6　8051单片机的内部结构图

3. 8051 的信号引脚

8051 是标准的 40 引脚双列直插式集成电路芯片，其引脚排列请参见图 1.7。

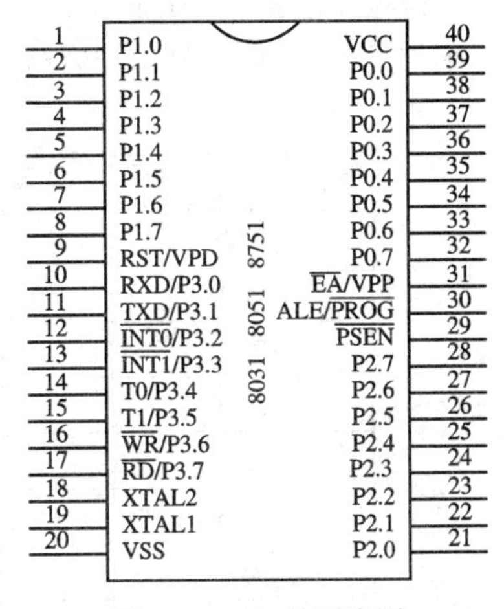

图 1.7　8051 的引脚图

1) 信号引脚介绍

P0.0～P0.7：P0 口 8 位双向口线。

P1.0～P1.7：P1 口 8 位双向口线。

P2.0～P2.7：P2 口 8 位双向口线。

P3.0～P3.7：P3 口 8 位双向口线。

ALE：地址锁存控制信号。在系统扩展时，ALE 用于把 P0 口输出的低 8 位地址锁存起来，以实现低位地址和数据的隔离。此外，由于 ALE 是以晶振的 1/6 固定频率输出的正脉冲，因此它可作为外部时钟或外部定时脉冲使用。

$\overline{\text{PSEN}}$：外部程序存储器读选通信号。$\overline{\text{PSEN}}$ 有效(低电平)时，可实现对外部 ROM 单元的读操作。

$\overline{\text{EA}}$：访问程序存储控制信号。当 $\overline{\text{EA}}$ 信号为低电平时，对 ROM 的读操作限定在外部程序存储器；当 $\overline{\text{EA}}$ 信号为高电平时，对 ROM 的读操作是从内部程序存储器开始的，并可延至外部程序存储器。

RST：复位信号。当输入的复位信号延续两个机器周期以上的高电平时即为有效，用以完成单片机的复位初始化操作。在进行单片机应用系统设计时，这个引脚一定要连接相应的电路，即复位电路。关于复位电路的详细介绍见 1.4.2 节。

XTAL1 和 XTAL2：外接晶体引线端。当使用芯片内部时钟时，两引脚用于外接石英晶体和微调电容；当使用外部时钟时，用于接外部时钟脉冲信号。这两个引脚连接的电路称为时钟电路，用来产生单片机正常工作时所需的时钟脉冲信号，具体介绍参见 1.4.1 节。

VSS：地线。

VCC：+5 V 电源。

以上是 8051 单片机芯片 40 条引脚的定义及简单功能说明。读者可以对照项目电路找到相应引脚，在电路中查看每个引脚的连接使用。

2) 信号引脚的第二功能

由于工艺及标准化等原因，芯片的引脚数目是有限制的。例如，8051 系列把芯片引脚数目限定为 40 条，但单片机为实现其功能所需要的信号数目却远远超过此数，因此就出现了需要与可能的矛盾。解决这个矛盾的唯一可行的办法，是给一些信号引脚赋以双重功能。如果把前述的信号定义为引脚的第一功能的话，则根据需要再定义的信号就是它的第二功能。下面介绍一些信号引脚的第二功能。

(1) P3 口线的第二功能。P3 的 8 条口线都定义有第二功能，详见表 1.1。

(2) 用 EPROM 固化程序时所需要的信号。有内部 EPROM 的单片机芯片(例如 8751)，为写入程序需提供专门的编程脉冲和编程电源，这些信号也是由信号引脚以第二功能的形式提供的，即：

编程脉冲：30 脚(ALE/$\overline{\text{PROG}}$)；

编程电压(25 V)：31 脚($\overline{\text{EA}}$/VPP)。

表 1.1　P3 口各引脚与第二功能表

引脚	第二功能	信 号 名 称
P3.0	RXD	串行数据接收
P3.1	TXD	串行数据发送
P3.2	$\overline{\text{INT0}}$	外部中断 0 申请
P3.3	$\overline{\text{INT1}}$	外部中断 1 申请
P3.4	T0	定时/计数器 0 的外部输入
P3.5	T1	定时/计数器 1 的外部输入
P3.6	$\overline{\text{WR}}$	外部 RAM 写选通
P3.7	$\overline{\text{RD}}$	外部 RAM 读选通

(3) 备用电源引入。8051 单片机的备用电源也是以第二功能的方式由 9 脚(RST/VPD)引入的。当电源发生故障，电压降低到下限值时，备用电源经此端向内部 RAM 提供电压，以保护内部 RAM 中的信息不丢失。

以上把 8051 单片机的全部信号引脚分别以第一功能和第二功能的形式列出。对于 MCS-51 其他型号的芯片，其引脚的第一功能信号是相同的，所不同的只是引脚的第二功能信号。

对于 9、30 和 31 这三个引脚，由于第一功能信号与第二功能信号是单片机在不同工作方式下的信号，因此不会发生使用上的矛盾。但是 P3 口的情况却有所不同，它的第二功能信号都是单片机的重要控制信号。因此，在实际使用时，都是先按需要选用第二功能信号，剩下的才以第一功能信号的身份作数据位的输入/输出使用。

1.2.2　MCS-51 内部数据存储器

这里仍以 8051 为代表来说明 MCS-51 系列单片机内部数据存储器的情况。

1. 内部数据存储器低 128 单元

8051 的内部 RAM 共有 256 个单元，通常把这 256 个单元按其功能划分为两部分：低 128 单元(单元地址 00H～7FH)和高 128 单元(单元地址 80H～FFH)。表 1.2 所示为低 128 单元的配置情况。

表 1.2　RAM 的低 128 单元的配置

地　址	功　能
30H～7FH	数据缓冲区
20H～2FH	位寻址区(00H～7FH)
18H～1FH	工作寄存器 3 区(R7～R0)
10H～17H	工作寄存器 2 区(R7～R0)
08H～0FH	工作寄存器 1 区(R7～R0)
00H～07H	工作寄存器 0 区(R7～R0)

低 128 单元是单片机的真正 RAM 存储器，按其用途划分为寄存器区、位寻址区和用户 RAM 区等 3 个区域。

1) 寄存器区

8051 共有 4 组寄存器，每组 8 个寄存单元(各为 8 位)，各组都以 R0～R7 作为寄存单元编号。寄存器常用于存放操作数及中间结果等。由于它们的功能及使用不作预先规定，因此称之为通用寄存器，有时也叫工作寄存器。4 组通用寄存器占据内部 RAM 的 00H～1FH 单元地址。

在任一时刻，CPU 只能使用其中的一组寄存器，并且把正在使用的那组寄存器称为当前寄存器组。到底是哪一组，由程序状态字寄存器 PSW 中 RS1、RS0 位的状态组合来决定。

通用寄存器为 CPU 提供了就近存储数据的便利，有利于提高单片机的运算速度。此外，使用通用寄存器还能提高程序编制的灵活性。因此，在单片机的应用编程中应充分利用这些寄存器，以简化程序设计，提高程序运行速度。

2) 位寻址区

内部 RAM 的 20H～2FH 单元，既可作为一般 RAM 单元使用，进行字节操作，也可以对单元中每一位进行位操作，因此把该区称为位寻址区。位寻址区共有 16 个 RAM 单元，128 位，位地址为 00H～7FH。MCS-51 具有布尔处理机功能，这个位寻址区可以构成布尔处理机的存储空间。这种位寻址能力是 MCS-51 的一个重要特点。表 1.3 为片内 RAM 位寻址区的位地址表。

表 1.3　片内 RAM 位寻址区的位地址

单元地址	MSB			位地址				LSB
2FH	7F	7E	7D	7C	7B	7A	79	78
2EH	77	76	75	74	73	72	71	70
2DH	6F	6E	6D	6C	6B	6A	69	68
2CH	67	66	65	64	63	62	61	60
2BH	5F	5E	5D	5C	5B	5A	59	58
2AH	57	56	55	54	53	52	51	50
29H	4F	4E	4D	4C	4B	4A	49	48
28H	47	46	45	44	43	42	41	40
27H	3F	3E	3D	3C	3B	3A	39	38
26H	37	36	35	34	33	32	31	30
25H	2F	2E	2D	2C	2B	2A	29	28
24H	27	26	25	24	23	22	21	20
23H	1F	1E	1D	1C	1B	1A	19	18
22H	17	16	15	14	13	12	11	10
21H	0F	0E	0D	0C	0B	0A	09	08
20H	07	06	05	04	03	02	01	00

3) 用户 RAM 区

在内部 RAM 低 128 单元中，通用寄存器占去了 32 个单元，位寻址区占去了 16 个单

元，剩下80个单元，这就是供用户使用的一般RAM区，其单元地址为30H～7FH。

对用户RAM区的使用没有任何规定或限制，但在一般应用中常把堆栈开辟在此区中。

2. 内部数据存储器高128单元

内部RAM的高128单元是供给专用寄存器使用的，其单元地址为80H～FFH。因这些寄存器的功能已作专门规定，故称之为专用寄存器(Special Function Register)，也可称为特殊功能寄存器。

1) 专用寄存器(SFR)简介

8051共有21个专用寄存器，现把其中部分寄存器简单介绍如下：

(1) 程序计数器(Program Counter，PC)。在项目中，我们已经知道PC是一个16位的计数器，它的作用是控制程序的执行顺序。其内容为将要执行指令的地址，寻址范围达64 KB。PC有自动加1功能，从而可实现程序的顺序执行。PC没有地址，是不可寻址的，因此用户无法对它进行读/写，但可以通过转移、调用、返回等指令改变其内容，以实现程序的转移。PC因地址不在SFR(专用寄存器)之内，所以一般不用作专用寄存器。

(2) 累加器(Accumulator，ACC)。累加器为8位寄存器，是最常用的专用寄存器，其功能较多，地位重要。它既可用来存放操作数，也可用来存放运算的中间结果。MCS-51单片机中大部分单操作数指令的操作数就取自累加器，许多双操作数指令中的一个操作数也取自累加器。

(3) B寄存器。B寄存器是一个8位寄存器，主要用于乘/除运算。进行乘法运算时，B存乘数；乘法操作后，乘积的高8位存于B中。进行除法运算时，B存除数；除法操作后，余数存于B中。此外，B寄存器也可作为一般数据寄存器使用。

(4) 程序状态字(Program Status Word，PSW)。程序状态字是一个8位寄存器，用于存放程序运行中的各种状态信息。其中有些位的状态是根据程序执行结果，由硬件自动设置的，而有些位的状态则由软件方法设定。PSW的位状态可以用专门指令进行测试，也可以用指令读出。一些条件转移指令将根据PSW某些位的状态进行程序转移。PSW各位的定义如下：

PSW位地址	D7H	D6H	D5H	D4H	D3H	D2H	D1H	D0H
字节地址D0H	CY	AC	F0	RS1	RS0	OV	F1	P

除PSW.1位保留未用外，其余各位的定义及使用如下：

CY(PSW.7)——进位标志位。CY是PSW中最常用的标志位，其功能有二个：一是存放算术运算的进位标志，在进行加或减运算时，如果操作结果的最高位有进位或借位，则CY由硬件置“1”，否则被清“0”；二是在位操作中作累加位使用。位传送、位与位或等位操作，操作位之一固定是进位标志位。

AC(PSW.6)——辅助进位标志位。在进行加或减运算中，若低4位向高4位进位或借位，则AC由硬件置“1”，否则被清“0”。在BCD码调整中也要用到AC位状态。

F0(PSW.5)——用户标志位。这是一个供用户定义的标志位，需要利用软件方法置位或复位，用来控制程序的转向。

RS1和RS0(PSW.4，PSW.3)——寄存器组选择位。它们被用于选择CPU当前使用的通用寄存器组。通用寄存器共有 4 组，其对应关系如下：

RS1　RS0	寄存器组	片内 RAM 地址
0　0	第 0 组	00H～07H
0　1	第 1 组	08H～0FH
1　0	第 2 组	10H～17H
1　1	第 3 组	18H～1FH

这两个选择位的状态是由软件设置的，被选中的寄存器组即为当前通用寄存器组。但当单片机上电或复位后，RS1 RS0=00。

OV(PSW.2)——溢出标志位。在带符号数加减运算中，OV=1 表示加减运算超出了累加器 A 所能表示的符号数有效范围(−128～+127)，即产生了溢出，因此运算结果是错误的；OV=0 表示运算正确，即无溢出产生。

在乘法运算中，OV=1 表示乘积超过 255，即乘积分别在 B 与 A 中；OV=0 表示乘积只在 A 中。

在除法运算中，OV=1 表示除数为 0，除法不能进行；OV=0 表示除数不为 0，除法可正常进行。

P(PSW.0)——奇偶标志位。P 标志位表明累加器 A 中内容的奇偶性，如果 A 中有奇数个“1”，则 P 置“1”，否则置“0”。凡是改变累加器 A 中内容的指令均会影响 P 标志位。

此标志位对串行通信中的数据传输有重要的意义，因为在串行通信中常采用奇偶校验的办法来校验数据传输的可靠性。

(5) 数据指针(DPTR)。DPTR 为 16 位寄存器。编程时，DPTR 既可以按 16 位寄存器使用，也可以按两个 8 位寄存器分开使用，即：

DPH　DPTR 高位字节

DPL　DPTR 低位字节

DPTR 通常在访问外部数据存储器时用作地址指针。由于外部数据存储器的寻址范围为 64 KB，故把 DPTR 设计为 16 位。

(6) 堆栈指针(Stack Pointer，SP)。堆栈是一个特殊的存储区，用来暂存数据和地址，它是按“先进后出”的原则存取数据的。堆栈共有两种操作：进栈和出栈。

由于 MCS-51 单片机的堆栈设在内部 RAM 中，因此 SP 是一个 8 位寄存器。系统复位后，SP 的内容为 07H，因而复位后堆栈实际上是从 08H 单元开始的。但 08H～1FH 单元分别属于工作寄存器 1～3 区，如程序要用到这些区，最好把 SP 值改为 1FH 或更大的值。一般在内部 RAM 的 30H～7FH 单元中开辟堆栈。SP 的内容一经确定，堆栈的位置也就跟着确定下来。由于 SP 可被初始化为不同值，因此堆栈位置是浮动的。关于堆栈更为详细的介绍，可参考本书 4.6 节。

此处，只集中讲述了 6 个专用寄存器，其余的专用寄存器(如 TCON、TMOD、IE、IP、SCON、PCON、SBUF 等)将在以后章节中陆续介绍。

2) 专用寄存器中的字节寻址和位地址

MCS-51 系列单片机有 21 个可寻址的专用寄存器，其中有 11 个专用寄存器是可以位寻址的。下面把各寄存器的字节地址及位地址一并列于表 1.4 中。

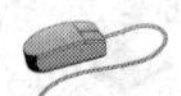

表 1.4　MCS-51 专用寄存器地址表

SFR	MSB			位地址/位定义			LSB	字节地址
B	F7	F6	F5	F4	F3	F2	F1	F0	F0H
ACC	E7	E6	E5	E4	E3	E2	E1	E0	E0H
PSW	D7	D6	D5	D4	D3	D2	D1	D0	D0H
	CY	AC	F0	RS1	RS0	OV	F1	P	
IP	BF	BE	BD	BC	BB	BA	B9	B8	B8H
	/	/	/	PS	PT1	PX1	PT0	PX0	
P3	B7	B6	B5	B4	B3	B2	B1	B0	B0H
	P3.7	P3.6	P3.5	P3.4	P3.3	P3.2	P3.1	P3.0	
IE	AF	AE	AD	AC	AB	AA	A9	A8	A8H
	EA	/	/	ES	ET1	EX1	ET0	EX0	
P2	A7	A6	A5	A4	A3	A2	A1	A0	A0H
	P2.7	P2.6	P2.5	P2.4	P2.3	P2.2	P2.1	P2.0	
SBUF									(99H)
SCON	9F	9E	9D	9C	9B	9A	99	98	98H
	SM0	SM1	SM2	REN	TB8	RB8	TI	RI	
P1	97	96	95	94	93	92	91	90	90H
	P1.7	P1.6	P1.5	P1.4	P1.3	P1.2	P1.1	P1.0	
TH1									(8DH)
TH0									(8CH)
TL1									(8BH)
TL0									(8AH)
TMOD	GATE	$C/\overline{T}$	M1	M0	GATE	$C/\overline{T}$	M1	M0	(89H)
TCON	8F	8E	8D	8C	8B	8A	89	88	88H
	TF1	TR1	TF0	TR0	IE1	IT1	IE0	IT0	
PCON	SMOD	/	/	/	/	/	/	/	(87H)
DPH									(83H)
DPL									(82H)
SP									(81H)
P0	87	86	85	84	83	82	81	80	80H
	P0.7	P0.6	P0.5	P0.4	P0.3	P0.2	P0.1	P0.0	

对专用寄存器的字节寻址问题作如下几点说明：

(1) 21 个可字节寻址的专用寄存器是不连续地分散在内部 RAM 高 128 单元之中的，尽管还余有许多空闲地址，但用户并不能使用。

(2) 程序计数器 PC 不占据 RAM 单元，它在物理上是独立的，因此是不可寻址的寄存器。

(3) 对专用寄存器只能使用直接寻址方式，书写时既可使用寄存器符号，也可使用寄存

器单元地址。

表 1.4 中，凡字节地址不带括号的寄存器都是可以进行位寻址的寄存器，带括号的是不可以进行位寻址的寄存器。全部专用寄存器可寻址的位共 83 位，这些位都具有专门的定义和用途。这样，加上位寻址区的 128 位，在 MCS-51 的内部 RAM 中共有 211(即 128+83)个可寻址位。

1.2.3　MCS-51 内部程序存储器

MCS-51 的程序存储器用于存放编好的程序和表格常数。8051 片内有 4 KB 的 ROM，8751 片内有 4 KB 的 EPROM，8031 片内无程序存储器，89C51 片内有 4 KB 的 FPEROM。MCS-51 片外最多能扩展 64 KB 程序存储器，片内、外的 ROM 是统一编址的。如 $\overline{EA}$ 端保持高电平，8051 的程序计数器 PC 在 0000H～0FFFH 地址范围内(即前 4 KB 地址)，则执行片内 ROM 中的程序；如 PC 在 1000H～FFFFH 地址范围内，则自动执行片外程序存储器中的程序。如 $\overline{EA}$ 保持低电平，则只能寻址外部程序存储器，片外存储器可以从 0000H 开始编址。

MCS-51 的程序存储器中有些单元具有特殊功能，使用时应予以注意。

其中有一组特殊单元是 0000H～0002H。系统复位后，(PC)=0000H，单片机从 0000H 单元开始取指令执行程序。如果程序不从 0000H 单元开始，则应在这三个单元中存放一条无条件转移指令，以便直接转去执行指定的程序。

还有一组特殊单元是 0003H～002AH，共 40 个单元。这 40 个单元被均匀地分为 5 段，作为 5 个中断源的中断地址区。其中：

0003H～000AH　外部中断 0 中断地址区
000BH～0012H　定时/计数器 0 中断地址区
0013H～001AH　外部中断 1 中断地址区
001BH～0022H　定时/计数器 1 中断地址区
0023H～002AH　串行中断地址区

中断响应后，按中断种类，自动转到各中断区的首地址去执行程序，因此在中断地址区中理应存放中断服务程序。但通常情况下，8 个单元难以存下一个完整的中断服务程序，因此通常也是从中断地址区首地址开始存放一条无条件转移指令，以便中断响应后，通过中断地址区，再转到中断服务程序的实际入口地址。

程序存储器结构图如图 1.8 所示。

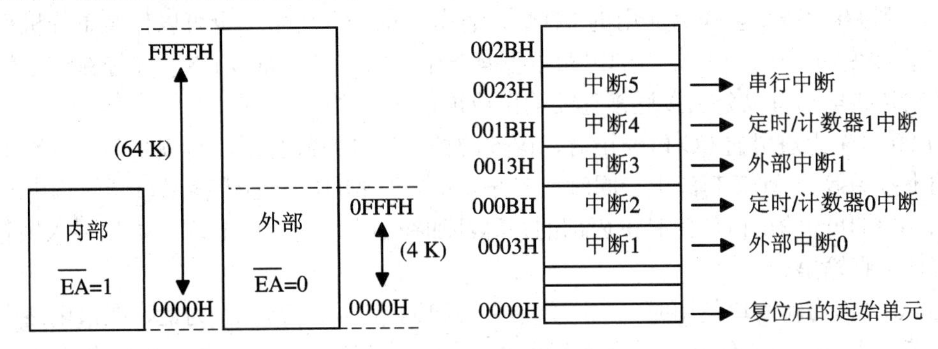

图 1.8　程序存储器结构

1.3　并行 I/O 口电路结构

MCS-51 共有 4 个 8 位的并行 I/O 口，分别记作 P0、P1、P2、P3。每个口都包含一个锁存器、一个输出驱动器和两个输入缓冲器。实际上，它们已被归入专用寄存器之列，并且具有字节寻址和位寻址功能。

在访问片外扩展存储器时，低 8 位地址和数据由 P0 口分时传送，高 8 位地址由 P2 口传送。在无片外扩展存储器的系统中，这 4 个口的每一位均可作为双向的 I/O 端口使用。

MCS-51 单片机的 4 个 I/O 口都是 8 位双向口，这些口在结构和特性上是基本相同的，但又各具特点，以下将分别介绍之。

1.3.1　P0 口

P0 口的口线逻辑电路如图 1.9 所示。

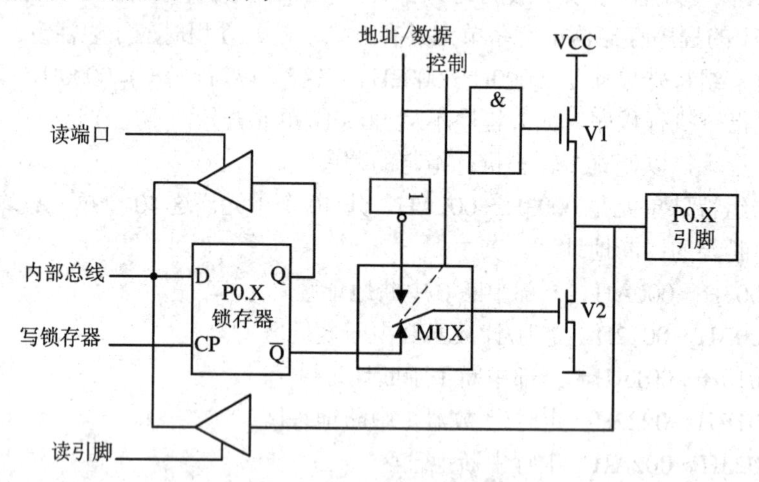

图 1.9　P0 口的口线逻辑电路

由图 1.9 可见，电路中包含有一个数据输出锁存器、两个三态数据输入缓冲器、一个数据输出的驱动电路和一个输出控制电路。当对 P0 口进行写操作时，由锁存器和驱动电路构成数据输出通路。由于通路中已有输出锁存器，因此数据输出时可以与外设直接连接，而不需再加数据锁存电路。

考虑到 P0 口既可以作为通用的 I/O 口进行数据的输入/输出，也可以作为单片机系统的地址/数据线使用，为此在 P0 口的电路中设有一个多路转接电路 MUX。在控制信号的作用下，多路转接电路可以分别接通锁存器输出或地址/数据线。

当 P0 口作为通用的 I/O 口使用时，内部的控制信号为低电平，封锁与门，使输出驱动电路的上拉场效应管(FET)截止，同时使多路转接电路 MUX 接通锁存器 $\overline{Q}$ 端的输出通路。

当 P0 口作为输出口使用时，内部的写脉冲加在 D 触发器的 CP 端，数据写入锁存器，并向端口引脚输出。

当 P0 口作为输入口使用时，应区分读引脚和读端口两种情况，为此，在口电路中有两个用于读入驱动的三态缓冲器。所谓读引脚，就是读芯片引脚的数据，这时使用下方的数据缓冲器，由“读引脚”信号把缓冲器打开，把端口引脚上的数据从缓冲器通过内部总线读进来。使用传送指令(MOV)进行读口操作都是属于这种情况。读端口是指通过上面的缓冲器读锁存器 Q 端的状态。在端口已处于输出状态的情况下，Q 端与引脚的信号是一致的，这样安排的目的是为了适应对口进行“读—修改—写”操作指令的需要。例如，“ANL P0，A”就是属于这类指令，执行时先读入 P0 口锁存器中的数据，然后与 A 的内容进行逻辑与，再把结果送回 P0 口。对于这类“读—修改—写”指令，不直接读引脚而读锁存器是为了避免可能出现的错误。因为在端口已处于输出状态的情况下，如果端口的负载恰是一个晶体管的基极，则导通了的 PN 结会把端口引脚的高电平拉低，这样直接读引脚就会把本来的“1”误读为“0”。但若从锁存器 Q 端读，就能避免这样的错误，得到正确的数据。

但要注意，当 P0 口进行一般的 I/O 输出时，由于输出电路是漏极开路电路，因此必须外接上拉电阻才能有高电平输出；当 P0 口进行一般的 I/O 输入时，必须先向电路中的锁存器写入“1”，使 FET 截止，以避免锁存器为“0”状态时对引脚读入的干扰。

在实际应用中，P0 口绝大多数情况下都是作为单片机系统的地址/数据线使用的，这要比作为一般 I/O 口应用简单。当输出地址或数据时，由内部发出控制信号，打开上面的与门，并使多路转接电路 MUX 处于内部地址/数据线与驱动场效应管栅极反相接通状态。这时的输出驱动电路由于上、下两个 FET 处于反相，而形成推拉式电路结构，使负载能力大为提高。而当输入数据时，数据信号则直接从引脚通过输入缓冲器进入内部总线。

1.3.2　P1 口

P1 口的口线逻辑电路如图 1.10 所示。

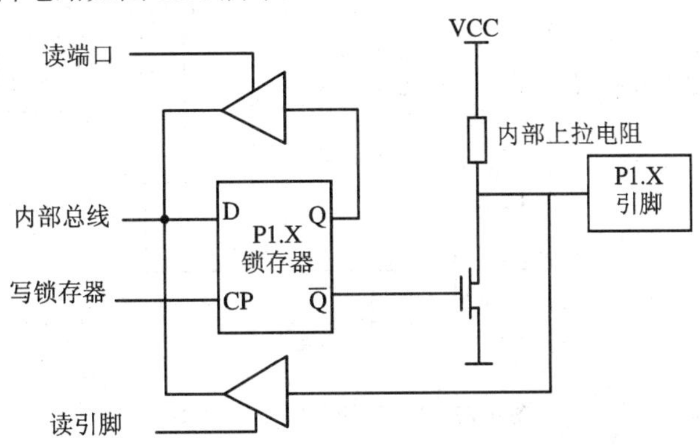

图 1.10　P1 口的口线逻辑电路

因为 P1 口通常是作为通用 I/O 口使用的，所以在电路结构上与 P0 口有一些不同之处：首先它不再需要多路转接电路 MUX；其次是电路的内部有上拉电阻，与场效应管共同组成输出驱动电路。为此，P1 口作为输出口使用时，已经能向外提供推拉电流负载，因而无需再外接上拉电阻。当 P1 口作为输入口使用时，同样也需先向其锁存器写“1”，使输出驱动电路的 FET 截止。

1.3.3　P2 口

P2 口的口线逻辑电路如图 1.11 所示。

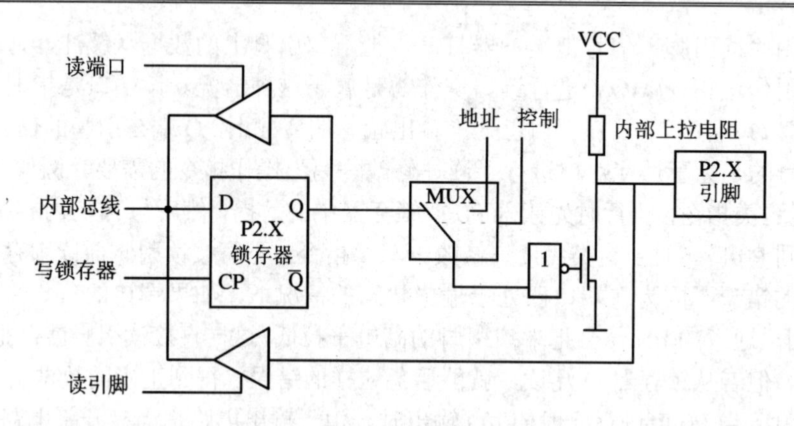

图 1.11　P2 口的口线逻辑电路

P2 口电路比 P1 口电路多了一个多路转接电路 MUX，这又正好与 P0 口一样。P2 口可以作为通用 I/O 口使用，这时多路转接电路开关倒向锁存器 Q 端。通常情况下，P2 口是作为高位地址线使用的，此时多路转接电路开关应倒向相反方向。

1.3.4　P3 口

P3 口的口线逻辑电路如图 1.12 所示。

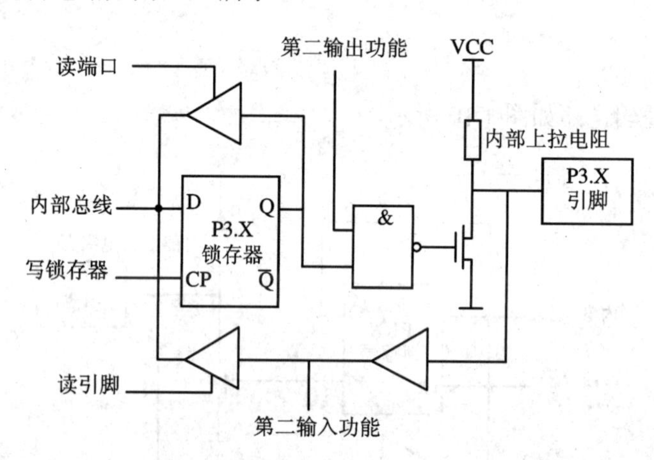

图 1.12　P3 口的口线逻辑电路

P3 口的特点在于，为适应引脚信号第二功能的需要，增加了第二功能控制逻辑。由于第二功能信号有输入和输出两类，因此分两种情况说明。

对于第二功能为输出的信号引脚，当 P3 口作为 I/O 使用时，第二功能信号引线应保持高电平，与非门开通，以维持从锁存器到输出端的数据输出通路的畅通。当输出第二功能信号时，该位的锁存器应置“1”，使与非门对第二功能信号的输出是畅通的，从而实现第二功能信号的输出。

对于第二功能为输入的信号引脚，在口线的输入通路上增加了一个缓冲器，输入的第二功能信号就从这个缓冲器的输出端取得。而作为 I/O 使用的数据输入，仍取自三态缓冲器的输出端。不管是在 P3 口作为输入口使用时还是在第二功能信号输入时，输出电路中的锁存器输出和第二功能输出信号线都应保持高电平。

1.4　时钟电路与复位电路

时钟电路用于产生单片机工作所需要的时钟信号，而时序研究的是指令执行中各信号之间的相互关系。单片机本身就如一个复杂的同步时序电路，为了保证同步工作方式的实现，电路应在唯一的时钟信号控制下严格地按时序进行工作。

1.4.1　单片机的时钟电路与时序

1. 时钟信号的产生

在 MCS-51 芯片内部有一个高增益反相放大器，其输入端为芯片引脚 XTAL1，其输出端为引脚 XTAL2。而在芯片的外部，XTAL1 和 XTAL2 之间跨接晶体振荡器和微调电容，从而构成一个稳定的自激振荡器，这就是单片机的时钟振荡电路，如图 1.13 所示。

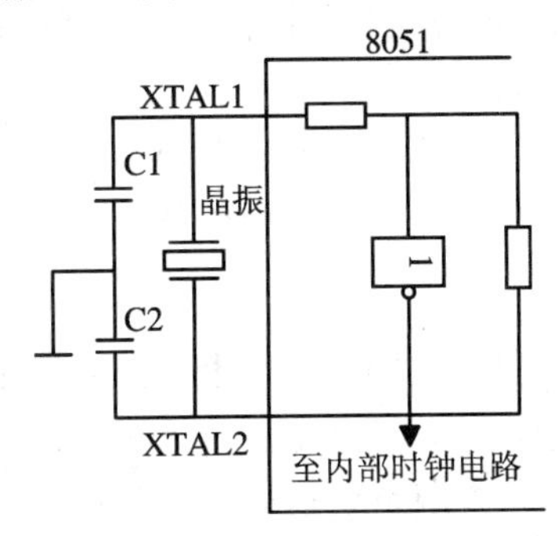

图 1.13　时钟振荡电路

时钟电路产生的振荡脉冲经过触发器进行二分频之后，才成为单片机的时钟脉冲信号。请读者特别注意时钟脉冲与振荡脉冲之间的二分频关系，否则会造成概念上的错误。

一般地，电容 C1 和 C2 取 30 pF 左右，晶体的振荡频率范围是 1.2～12 MHz。如果晶体振荡频率高，则系统的时钟频率也高，单片机的运行速度也就快。MCS-51 在通常应用情况下，使用的振荡频率为 6 MHz 或 12 MHz。

2. 引入外部脉冲信号

在由多片单片机组成的系统中，为了各单片机之间时钟信号的同步，应当引入唯一的公用外部脉冲信号作为各单片机的振荡脉冲。这时，外部的脉冲信号经 XTAL2 引脚输入，其连接如图 1.14 所示。

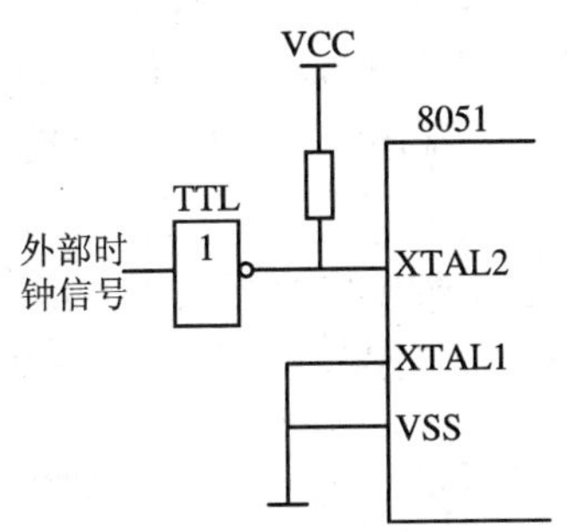

图 1.14　外部时钟源接法

3. 时序

时序是用定时单位来说明的。MCS-51 的时序定时单位共有 4 个，从小到大依次是：节拍、状态、机器周期和指令周期。下面分别加以说明。

1) 节拍与状态

把振荡脉冲的周期定义为节拍(用 P 表示)。振荡脉冲经过二分频后，就是单片机的时钟信号的周期，定义其为状态(用 S 表示)。

这样，一个状态就包含两个节拍，其前半周期对应的节拍叫节拍 1(P1)，后半周期对应的节拍叫节拍 2(P2)。

2) 机器周期

MCS-51 采用定时控制方式，因此它有固定的机器周期。规定一个机器周期的宽度为 6 个状态，并依次表示为 S1～S6，一个状态又包括两个节拍，因此，一个机器周期总共有 12 个节拍，分别记作 S1P1、S1P2、…、S6P2。由于一个机器周期共有 12 个振荡脉冲周期, 因此机器周期就是振荡脉冲的十二分频。

当振荡脉冲频率为 12 MHz 时，一个机器周期为 1 μs；当振荡脉冲频率为 6 MHz 时，一个机器周期为 2 μs。

3) 指令周期

指令周期是最大的时序定时单位，执行一条指令所需要的时间称为指令周期。它一般由若干个机器周期组成。不同的指令，所需要的机器周期数也不相同。通常，包含一个机器周期的指令称为单周期指令，包含两个机器周期的指令称为双周期指令，依次类推。

指令的运算速度与指令所包含的机器周期有关，机器周期数越少的指令，执行速度越快。MCS-51 单片机指令通常可以分为单周期指令、双周期指令和四周期指令。四周期指令只有乘法和除法指令两条，其余均为单周期和双周期指令。

1.4.2 单片机的复位电路

单片机复位使 CPU 和系统中的其他功能部件都处在一个确定的初始状态下，并从这个状态开始工作，例如复位后 PC=0000H，使单片机从第一个单元取指令。从项目 1 已经看出，无论是在单片机刚开始接上电源时，还是断电后或者发生故障后都要复位，所以我们必须弄清楚 MCS-51 型单片机复位的条件、复位电路和复位后的状态。

单片机复位的条件是：必须使 RST/VPD 或 RST 引脚(9)加上持续两个机器周期(即 24 个振荡周期)的高电平。例如，若时钟频率为 12 MHz，每个机器周期为 1 μs，则只需 2 μs 以上时间的高电平，在 RST 引脚出现高电平后的第二个机器周期执行复位。单片机常见的复位电路如图 1.15(a)、(b)所示。

图 1.15(a)为上电复位电路，它是利用电容充电来实现的。在接电瞬间，RST 端的电位与 VCC 相同，随着充电电流的减少，RST 的电位逐渐下降。只要保证 RST 为高电平的时间大于两个机器周期，便能正常复位。

图 1.15(b)为按键复位电路。该电路除具有上电复位功能外，若要复位，只需按图 1.15(b)中的 RESET 键，此时电源 VCC 经电阻 R1、R2 分压，在 RST 端产生一个复位高电平。

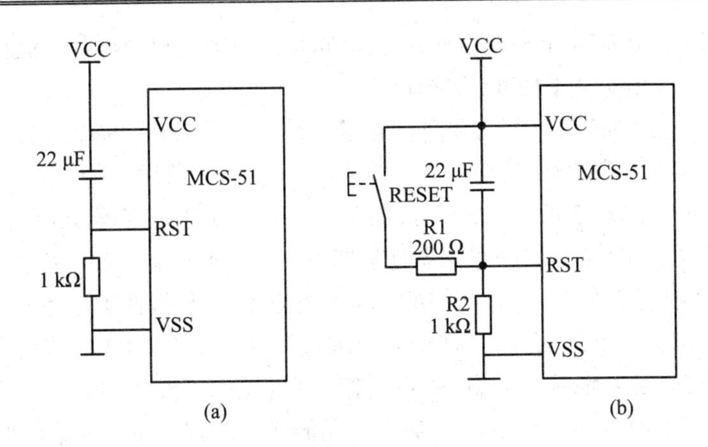

图 1.15　单片机常见的复位电路

(a) 上电复位电路；(b) 按键复位电路

单片机复位期间不产生 ALE 和 $\overline{\text{PSEN}}$ 信号，即 ALE=1 和 $\overline{\text{PSEN}}$ =1。这表明单片机复位期间不会有任何取指操作。复位后，内部各专用寄存器状态如下：

PC：	0000H	TMOD：	00H
ACC：	00H	TCON：	00H
B：	00H	TH0：	00H
PSW：	00H	TL0：	00H
SP：	07H	TH1：	00H
DPTR：	0000H	TL1：	00H
P0~P3：	FFH	SCON：	00H
IP：	***00000B	SBUF：	不定
IE：	0**00000B	PCON：	0***0000B

其中，*表示无关位。请注意：

(1) 复位后 PC 值为 0000H，表明复位后程序从 0000H 开始执行，这一点在项目 1 中已介绍。

(2) SP 值为 07H，表明堆栈底部在 07H。一般需重新设置 SP 值。

(3) P0～P3 口值为 FFH。P0～P3 口用作输入口时，必须先写入“1”。单片机在复位后，已使 P0～P3 口每一端线为“1”，为这些端线用作输入口做好了准备。

本 章 小 结

本章通过介绍 MCS-51 型单片机芯片的硬件结构及工作特性，使我们知道 MCS-51 单片机是由一个 8 位 CPU，一个片内振荡器及时钟电路、4 KB ROM(8051 有 4 KB 掩膜 ROM、8751 有 4 KB EPROM、8031 片内无 ROM、89C51 有 4 KB FPEROM)、128B 片内 RAM、21 个特殊功能寄存器、两个 16 位定时/计数器、4 个 8 位并行 I/O 口、一个串行输入/输出口和 5 个中断源等电路组成的。芯片共有 40 个引脚，除了电源、地、两个时钟输入/输出脚以

及 32 个 I/O 引脚外，还有 4 个控制引脚：ALE(低 8 位地址锁存允许)、$\overline{\text{PSEN}}$(片外 ROM 读选通)、RST(复位)、$\overline{\text{EA}}$(内外 ROM 选择)。

MCS-51 单片机片内有 256B 的数据存储器，它分为低 128B 的片内 RAM 区和高 128B 的特殊功能寄存器区。低 128B 的片内 RAM 又可分为工作寄存器区(00H～1FH)、位寻址区(20H～2FH)和数据缓冲器(30H～7FH)。累加器 A、程序状态寄存器 PSW、堆栈指针 SP、数据存储器地址指针 DPTR、程序存储器地址指针 PC，均有着特殊的用途和功能。

MCS-51 单片机有 4 个 8 位的并行 I/O 口，它们在结构和特性上基本相同。当需要片外扩展 RAM 和 ROM 时，P0 口分时传送低 8 位地址和 8 位数据，P2 口传送高 8 位地址，P3 口常用于第二功能，通常情况下只有 P1 口用作一般的输入/输出引脚。

单片机执行指令时均按一定的时序操作。我们必须掌握节拍、状态、机器周期、指令周期的概念，了解时钟电路以及复位条件、复位电路、复位后的状态。

习　题　1

1.1　单项选择题。

(1) MCS-51 单片机的 CPU 主要由______组成。

A. 运算器、控制器　　B. 加法器、寄存器

C. 运算器、加法器　　D. 运算器、译码器

(2) 单片机中的程序计数器 PC 用来______。

A. 存放指令　　B. 存放正在执行的指令地址

C. 存放下一条指令地址　　D. 存放上一条指令地址

(3) 单片机 AT89C51 的 $\overline{\text{EA}}$ 引脚______。

A. 必须接地　　B. 必须接+5 V

C. 可悬空　　D. 以上三种视需要而定

(4) 访问外部存储器或其他接口芯片时，作数据线和低 8 位地址线的是______。

A. P0 口　　B. P1 口

C. P2 口　　D. P0 口和 P2 口

(5) PSW 中的 RS1 和 RS0 用来______。

A. 选择工作寄存器区号　　B. 指示复位

C. 选择定时器　　D. 选择工作方式

(6) 单片机上电复位后，PC 的内容和 SP 的内容为______。

A. 0000H，00H　　B. 0000H，07H

C. 0003H，07H　　D. 0800H，08H

1.2　填空题。

(1) 若 MCS-51 单片机的晶振频率为 f_{OSC}=12 MHz，则一个机器周期等于______μs。

(2) MCS-51 单片机的 XTAL1 和 XTAL2 引脚是______引脚。

(3) MCS-51 单片机的数据指针 DPTR 是一个 16 位的专用地址指针寄存器，主要用来______。

(4) MCS-51 单片机中输入/输出端口中，常用于第二功能的是______。

(5) MCS-51 单片机内存的堆栈是一个特殊的存储区，用来______，它是按后进先出的原则存取数据的。

(6) 单片机应用程序一般存放在______中。

1.3　微型计算机系统由哪几部分组成？

1.4　什么是单片机？它由哪几部分组成？什么是单片机应用系统？二者是什么关系？

1.5　MCS-51 单片机的控制线有几根？每一根控制线的作用是什么？

1.6　P3 口的第二功能是什么？

1.7　MCS-51 单片机片内 RAM 的组成是如何划分的，各有什么功能？

1.8　MCS-51 单片机有多少个特殊功能寄存器？它们分布在何地址范围？

1.9　DPTR 是什么寄存器？它的作用是什么？它是由哪几个寄存器组成的？

1.10　简述程序状态寄存器 PSW 各位的含义。单片机如何确定和改变当前的工作寄存器区？

1.11　什么是堆栈？堆栈指针 SP 的作用是什么？在堆栈中存取数据时的原则是什么？

1.12　在 MCS-51 单片机 ROM 空间中，0003H～002AH 有什么用途？用户应怎样合理安排？

1.13　当单片机外部扩展 RAM 和 ROM 时，P0 口、P1 口、P2 口、P3 口各起何作用？

1.14　P0～P3 口作为输入或输出口时，各有何要求？

1.15　画出 MCS-51 单片机时钟电路，并指出晶振的振荡频率和电容的取值范围。

1.16　什么是机器周期？机器周期和晶振的振荡频率有何关系？当晶振的振荡频率为 6 MHz 时，机器周期是多少时间？

1.17　MCS-51 单片机常用的复位方法有几种？应注意什么事项？并画电路图说明其工作原理。

1.18　修改项目 1 中的源程序，使 8 个发光二极管按照下面的形式发光。

P1 口管脚	P1.7	P1.6	P1.5	P1.4	P1.3	P1.2	P1.1	P1.0
对应灯的状态	○	●	○	●	●	○	●	●

注：●表示灭，○表示亮。

1.19　设计一个简单的单片机应用系统：用 P1 口的任意三个管脚控制发光二极管，模拟交通灯的控制。

1.20　单片机应用系统中的硬件与软件是什么关系？软件如何实现对硬件的控制？

第2章　单片机开发系统

一个单片机应用系统从提出任务到正式投入运行的过程，称为单片机的开发过程。开发过程所用的设备与软件称为开发系统。

虽然单片机造价低、功能强、简单易学、使用方便，可用来组成各种不同规模的应用系统，但由于其硬件和软件的支持能力有限，自身无调试能力，因此必须配备一定的开发系统，以此来排除应用系统(或称目标系统)样机中的硬件故障和软件错误，生成目标程序。当目标系统调试成功以后，还需要用开发系统把目标程序固化到单片机内部或外部的EPROM芯片中。本章简述单片机应用系统设计制造中所必需的开发系统以及用它们调试单片机应用系统的基本方法。

教学导航

教	知识重点	1. 单片机开发系统介绍 2. 单片机应用系统的开发过程与调试技巧
	知识难点	单片机开发环境的使用
	推荐教学方式	以项目程序为基础，通过Keil软件的安装、运行与使用，让学生了解开发一个单片机应用系统必备的软硬件环境，通过一个简单项目熟悉开发的流程与常用的调试方法
	建议学时	6学时
学	推荐学习方法	多动手多练习是学习单片机的重要手段，建议学生自己动手建立起开发环境，操作有一个从不会到会、从生手到熟手的过程，勤练是关键
	必须掌握的理论知识	单片机开发系统的意义
	必须掌握的技能	单片机应用系统开发所需的各种工具的使用

项目2　单片机开发系统及应用

1. 训练目的

(1) 了解单片机开发系统的基本组成及功能。

(2) 通过最简应用系统实例了解单片机开发系统的使用方法。

2. 设备与器件

(1) 设备：单片机开发系统。

(2) 器件与电路：与项目 1 相同。

3．步骤及要求

(1) 系统连接。参照图 2.1 将单片机仿真器、实验板及计算机连接起来。

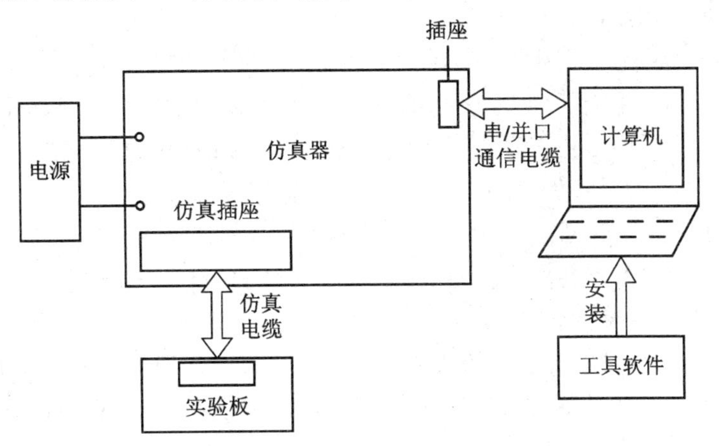

图 2.1　单片机开发系统连接图

(2) 输入、编辑汇编语言源程序。先打开计算机中的仿真软件，进入仿真环境，新建源文件，输入下面的程序。注意，分号后面的文字为说明文字，输入时可以省略。保存文件时，程序名后缀应为 .asm，例如 LED2.asm。

```
        程序                    ；说明
        ORG    0000H            ；程序从地址 0000H 开始存放
        MOV    A，#0FEH         ；把立即数 FEH 送 A
START： MOV    P1，A            ；把 A 送 P1 口，点亮一个发光二极管
        RL     A                ；左移
        ACALL  DELAY            ；延时
        AJMP   START            ；重复闪动
DELAY： MOV    R3，#200         ；延时(200 ms)子程序开始
DEL2：  MOV    R4，#250
DEL1：  NOP
        NOP
        DJNZ   R4，DEL1
        DJNZ   R3，DEL2
        RET                     ；子程序返回
        END                     ；汇编程序结束
```

注：下一次打开该文件时，可直接用 Open 命令打开。

(3) 启动单片机开发系统调试软件。使用的单片机开发系统不同，所用的调试软件也不同。例如：MICE-51 单片机开发系统的调试软件是 MBUG，Insight-51 单片机开发系统的调试软件是 Medwin，美国 Keil Software 公司出品的 51 单片机开发系统的调试软件是 Keil。不同的调试软件，其功能大致相同。在调试软件中，可完成以下操作：

① 打开(Open)上一步输入的汇编语言源程序文件。

② 将汇编语言源程序汇编(Assembly)，生成十六进制文件。

③ 将汇编后生成的十六进制文件装载(Load)到单片机开发系统的仿真 RAM 中。

(4) 运行及调试程序：

① 运行(Execute)程序，观察实验板上 8 个发光二极管的亮灭状态。

② 单步运行(Step)程序，观察每一句指令运行后实验板上 8 个发光二极管的亮灭状态。

(5) 修改、运行程序。将程序的第 2 行 MOV A，#0FEH 修改为 MOV A，#01H，重复步骤(2)～步骤(4)。

4. 分析与总结

(1) 利用单片机开发系统运行、调试程序的步骤一般包括：输入源程序、汇编源程序、装载汇编后的十六进制程序及运行程序。

(2) 为了方便程序调试，单片机开发系统一般提供以下几种程序运行方式：全速运行(简称运行 Execute)、单步运行(Step)、跟踪运行(Trace)、断点运行(Breakpoint)等。

全速运行可以直接看到程序的最终运行结果，本项目中程序的运行结果是实验板上 8 个发光二极管轮流闪动，跟项目 1 中的运行结果不相同。

单步运行可以使程序逐条指令地运行，每运行一步都可以看到运行结果。单步运行是调试程序中用得比较多的运行方式。

跟踪运行与单步运行类似，不同之处在于跟踪运行可以进入子程序运行。试将本项目中的程序跟踪运行，观察它与单步运行过程的不同。

断点运行是预先在程序中设置断点，当全速运行程序时，遇到断点即停止运行，用户可以观察此时的运行结果。断点运行给调试程序提供了很大的方便。试将本项目中的程序进行断点运行，观察其运行过程。

(3) 程序调试是一个反复的过程。一般来讲，单片机硬件电路和汇编程序很难一次设计成功，因此，必须反复调试，不断修改硬件和软件，直到运行结果完全符合要求为止。

2.1　单片机开发系统

单片机应用系统建立以后，电路正确与否，程序是否有误，怎样将程序装入机器等，都必须借助单片机开发系统(装置)来完成。单片机开发系统是单片机编程调试的必需工具。

单片机开发系统和一般通用计算机系统相比，在硬件上增加了目标系统的在线仿真器、编程器等部件，在软件上除有类似一般计算机系统的简单的操作系统之外，还增加了目标系统的汇编和调试程序等。单片机开发系统有通用和专用两种类型。通用的单片机开发系统配备多种在线仿真器和相应的开发软件，使用时，只要更换系统中的仿真器板，就能开发相应的单片机或微处理器。只能开发一种类型的单片机或微处理器的开发系统称为专用开发系统。

功能强、操作方便的单片机开发系统能加快单片机应用系统的研制周期。国外早已研制出功能较全的产品，但价格昂贵，在国内没有得到推广。国内很多单位根据我国国情研制出以 8031 作为开发芯片的 MCS-51 单片机开发系统的系列产品，例如 MICE-51、

DVCC-51、SICE、SYBER 等。这些产品大部分是开发型单片机，通过软件手段可达到或接近国外同类产品的水平。尽管它们的功能强弱并不完全相同，但都具有较高的性能价格比。

2.2　单片机开发系统的功能

单片机开发系统的性能优劣和单片机应用系统的研制周期密切相关。一个单片机开发系统功能的强弱可以从在线仿真、调试、软件辅助设计、程序固化等几个方面来分析。

2.2.1　在线仿真功能

单片机的仿真器本身就是一个单片机系统，它具有与所要开发的单片机应用系统相同的单片机芯片(如 8031 或 8051 等)。当一个单片机用户系统接线完毕后，由于自身无调试能力，无法验证好坏，因此可以把应用系统中的单片机芯片拔掉，插上在线仿真器提供的仿真头(参考图 2.1)。此时单片机应用系统和仿真器共用一块单片机芯片。在开发系统上通过在线仿真器调试单片机应用系统时，就像使用应用系统中真实的单片机一样，这种觉察不到的“替代”称为“仿真”。仿真是单片机开发过程中非常重要的一个环节，除了一些极简单的任务外，一般产品的开发过程中都需要仿真。

在线仿真器的英文名为 In Circuit Emulator(简称 ICE)。ICE 是由一系列硬件构成的设备。开发系统中的在线仿真器应能仿真目标系统(即应用系统)中的单片机，并能模拟目标系统的 ROM、RAM 和 I/O 口，使在线仿真时目标系统的运行环境和脱机运行的环境完全“逼真”，以实现目标系统的一次性开发。

仿真功能具体地体现在以下几个方面：

(1) 单片机仿真功能。在线仿真时，开发系统应能将在线仿真器中的单片机完整地出借给目标系统，不占用目标系统单片机的任何资源，使目标系统在联机仿真和脱机运行时的环境(工作程序、使用的资源和地址空间)完全一致，实现完全的一次性仿真。

单片机的资源包括：片上的 CPU、RAM、SFR、定时器、中断源、I/O 口以及外部可扩充的程序存储器和数据存储器地址空间。这些资源应允许目标系统充分自由地使用，而不应受到任何限制，使目标系统能根据单片机固有的资源特性进行硬件和软件的设计。

(2) 模拟功能。在开发目标系统的过程中，单片机的开发系统允许用户使用它内部的 RAM 存储器和输入/输出来替代目标系统中的 ROM 程序存储器、RAM 数据存储器和输入/输出，使用户在目标系统样机还未完全配置好以前，便可以借用开发系统提供的资源进行软件的开发。

在研制目标系统的初级阶段，目标程序还未生成，此时用户编写的程序必须存放在开发系统的 RAM 存储器内，以便于对程序进行调试和修改。开发系统所能出借的可作为目标系统程序存储器的 RAM，常称为仿真 RAM。仿真 RAM 的容量和地址映射应和目标机系统完全一致。对于 MCS-51 系列单片机开发系统，最多能出借 64 KB 的仿真 RAM，并保持原有复位入口和中断入口地址不变。注意：不同的开发系统所能出借的仿真 RAM 的容量不一定相同，使用时应参考有关说明。

2.2.2　调试功能

开发系统对目标系统软、硬件的调试功能的强弱，将直接关系到开发的效率。性能优良的单片机开发系统应具有下列调试功能。

1. 运行控制功能

开发系统应能使用户有效地控制目标程序的运行，以便检查程序运行的结果，对存在的硬件故障和软件错误进行定位。

单片机开发系统提供了以下几种程序运行方式：

(1) 单步运行：能使 CPU 从任意的程序地址开始，执行一条指令后停止运行。

(2) 断点运行：允许用户任意设置断点条件，启动 CPU 从规定地址开始运行后，当断点条件(程序地址和指定断点地址符合或者 CPU 访问到指定的数据存储器单元等条件)符合以后停止运行。

(3) 全速运行：能使 CPU 从指定地址开始连续地全速运行目标程序。

(4) 跟踪运行：类似单步运行过程，但可以跟踪到子程序中运行。

上述几种运行方式在项目 2 中已经初步涉及，读者在今后的单片机系统开发过程中，可逐步深入地理解各种方式的应用。只有灵活运用这些方法，才能够对程序进行全方位的纠错、调试与运行。

2. 目标系统状态的读出修改功能

当 CPU 停止执行目标系统的程序后，允许用户方便地读出或修改目标系统资源的状态，以便检查程序运行的结果、设置断点条件以及设置程序的初始参数。可供用户读出/修改的目标系统资源包括：

(1) 程序存储器(开发系统中的仿真 RAM 存储器或目标机中的程序存储器)。

(2) 单片机中片内资源(工作寄存器、特殊功能寄存器、I/O 口、RAM 数据存储器、位单元)。

(3) 系统中扩展的数据存储器、I/O 口。

3. 跟踪功能

高性能的单片机开发系统具有逻辑分析仪的功能，在目标程序运行过程中，能跟踪存储目标系统总线上的地址、数据和控制信号的状态变化，跟踪存储器能同步地记录总线上的信息。用户可以根据需要显示跟踪存储器搜集到的信息，也可以显示某一位总线状态变化的波形，从而掌握总线上状态变化的过程，这对各种故障的定位特别有用，可大大提高工作效率。

2.2.3　软件辅助设计功能

软件辅助设计功能的强弱也是衡量单片机开发系统性能高低的重要标志。单片机应用系统软件开发的效率在很大程度上取决于开发系统的辅助设计功能。

1. 程序设计语言

单片机的程序设计语言有机器语言、汇编语言和高级语言。

使用机器语言开发时，程序的设计、输入、修改和调试都很麻烦，因而只能用来开发一些非常简单的单片机应用系统。

汇编语言具有使用灵活、程序容易优化的特点，是单片机中最常用的程序设计语言。但是用汇编语言编写程序还是比较复杂的，只有对单片机的指令系统非常熟悉，并具有一定的程序设计经验的人，才能编写出功能复杂的应用程序。

高级语言通用性好，程序设计人员只要掌握开发系统所提供的高级语言的使用方法，就可以直接用该语言编写程序。MCS-51 系列单片机的编译型高级语言有：PL/M51、C-51、MBASIC-51 等；解释型高级语言有 BASIC-52、TINY BASIC 等。编译型高级语言可生成机器码，解释型高级语言必须在解释程序支持下才能被解释执行，因此只有编译型高级语言可作为单片机开发语言。高级语言对不熟悉单片机指令系统的用户比较适用，这种语言的缺点是不易编写出实时性很强、质量高、紧凑的程序。

2. 程序编辑

单片机大都在一些简单的硬件环境中工作，因此大都直接使用机器代码程序。可借助开发系统提供的软件将用户系统的源程序翻译成目标程序。

几乎所有的单片机开发系统都能与 PC 机连接，允许用户使用 PC 机的编辑程序编写汇编语言或高级语言程序。例如，PC 机上的 EDLIN 行编辑和 PE、WS 等屏幕编辑程序，可使用户方便地将源程序输入到计算机开发系统中，生成汇编语言或高级语言的源文件。然后利用开发系统提供的交叉汇编或编译系统，将源程序编译成可在目标机上直接运行的目标程序。开发型单片机一般都具有能和 PC 机串行通信的接口，在 PC 机上生成的目标程序可通过命令直接传输到开发机的 RAM 中，这大大减轻了人工输入机器码的繁重劳动。

一些单片机的开发系统还提供反汇编功能，并可提供用户宏调用的子程序库，以减少用户研制软件的工作量。

2.2.4　程序固化功能

在单片机应用系统中常需要扩展 EPROM 或 EEPROM，作为存放程序和常数的存储器。应用程序尚未调试好时可借用开发系统的存储器。当系统调试完毕，确认软件无故障时，应把用户应用系统的程序固化到 EPROM 或单片机内部的 FPEROM 中去。程序固化器就是完成这种任务的专用设备，它也是单片机开发系统的重要组成部分。

2.3　单片机应用系统的调试

在完成了用户系统样机的组装和软件设计以后，便进入系统的调试阶段。用户系统的调试步骤和方法基本上是相同的，但具体细节与所采用的开发机以及用户系统选用的单片机型号有关。

2.3.1　硬件调试方法

单片机应用系统的硬件调试和软件调试是分不开的，许多硬件故障是在调试软件时才发现的，但通常是先排除系统中明显的硬件故障后，再和软件结合起来调试。

1. 常见的硬件故障

1) 逻辑错误

样机硬件的逻辑错误是由设计错误和加工过程中的工艺性错误造成的。这类错误包括

错线、开路、短路等几种，其中短路是最常见的故障。在印刷电路板布线密度高的情况下，极易因工艺原因造成短路。

2) 器件失效

元器件失效的原因有两个方面：一是器件本身已损坏或性能不符合要求；二是由于组装错误造成的元器件失效，如电解电容、二极管的极性错误，集成块安装方向错误等。

3) 可靠性差

引起系统不可靠的因素很多，如金属化孔、接插件接触不良会造成系统时好时坏；内部和外部的干扰、电源纹波系数过大、器件负载过大等造成逻辑电平不稳定。另外，走线和布局的不合理等也会造成系统可靠性差。

4) 电源故障

若样机中存在电源故障，则加电后将造成器件损坏。电源的故障包括：电压值不符合设计要求，电源引出线和插座不对应，电源功率不足、负载能力差等。

2. 硬件调试方法

1) 脱机调试

脱机调试是在样机加电之前，先用万用表等工具，根据硬件电气原理图和装配图仔细检查样机线路的正确性，并核对元器件的型号、规格和安装是否符合要求。应特别注意电源的走线，防止电源之间的短路和极性错误，并重点检查扩展系统总线是否存在相互间的短路或其他信号线的短路。

样机所用的电源，事先必须单独调试。调试好后，确认其电压值、负载能力、极性等均符合要求，才能加到系统的各个部件上。在不插片子的情况下，加电检查各插件上引脚的电位，仔细测量各点电位是否正常，尤其应注意单片机插座上的各点电位是否正常。若有高压，联机时将会损坏开发机。

2) 联机调试

通过脱机调试可排除一些明显的硬件故障。有些硬件故障需要通过联机调试才能发现和排除。

联机前先断电，把开发系统的仿真插头插到样机的单片机插座上，检查一下开发机与样机之间的电源、接地是否良好。如一切正常，即可打开电源。

通电后，执行开发机读/写指令，对用户样机的存储器、I/O 端口进行读/写操作、逻辑检查，若有故障，可用样机的存储器、I/O 端口进行读/写操作、逻辑检查，若仍有故障，可用示波器观察波形(如输出波形、读/写控制信号、地址数据波形以及有关控制电平)。通过对波形的观察分析，寻找故障原因，并进一步排除故障。可能的故障有：线路连接上有逻辑错误、有断路或短路现象、集成电路失效等。

在用户系统的样机(主机部分)调试好后，可以插上用户系统的其他外围部件，如键盘、显示器、输出驱动板、A/D 或 D/A 板等，然后再对这些部件进行初步调试。在调试中若发现用户系统工作不稳定，可能有下列原因：电源系统供电电流不够；联机时公共地线接触不良；用户系统主机板负载过大；用户系统各级电源滤波不完善等。

对于工作不稳定的问题，一定要认真查出原因，加以排除。

2.3.2 软件调试方法

软件调试方法与所采用的软件结构和程序设计技术有关。如果采用模块程序设计技术，则逐个模块调好以后，再进行系统程序总调试；如果采用实时多任务操作系统，则一般是逐个任务进行调试。下面进一步予以说明。

对于模块结构程序，要一个个子程序分别调试。调试子程序时，一定要符合现场环境，即入口条件和出口条件。调试的手段可采用单步运行方式和断点运行方式，通过检查用户系统 CPU 的现场、RAM 的内容和 I/O 口的状态，检测程序执行结果是否符合设计要求。通过检测，可以发现程序中的死循环错误、机器码错误及转移地址的错误，同时也可以发现用户系统中的硬件故障、软件算法及硬件设计错误。在调试过程中不断调整用户系统的软件和硬件，逐步调通一个个程序模块。

各程序模块调通后，可以把各功能块联合起来一起进行整体程序综合调试。在这一阶段，若发生故障，可以考虑各子程序在运行时是否破坏现场，缓冲单元是否发生冲突，零位的建立和清除在设计上是否失误，堆栈区域是否溢出，输入设备的状态是否正常，等等。若用户系统是在开发系统的监控程序下运行的，则还要考虑用户缓冲单元是否和监控程序的工作单元发生了冲突。

单步和断点调试后，还应进行连续调试，这是因为单步运行只能验证程序正确与否，而不能确定定时精度、CPU 的实时响应等问题。待全部完成后，应反复运行多次，除了观察稳定性之外，还要观察用户系统的操作是否符合原始设计要求，安排的用户操作是否合理等，必要时还要作适当修正。

实时多任务操作系统的调试方法与上述方法有很多相似之处，只是实时多任务操作系统的应用程序是由若干个任务程序组成的，一般是逐个任务进行调试。在调试某一个任务时，同时也要调试相关的子程序、中断服务程序和一些操作系统的程序。各个任务调试好以后，再使各个任务同时运行，如果操作系统中没有错误，一般情况下系统就能正常运转。

在全部调试和修改完成后，将用户软件固化于 EPROM 或单片机内部的 FPEROM 中，插入用户样机后，用户系统即能脱离开发机独立工作，至此，系统研制完成。

2.4 Keil 软件的使用

Keil 软件是目前最流行的开发 51 系列单片机的软件。Keil 提供了包括 C 编译器、宏汇编、链接器、库管理和一个功能强大的仿真调试器等在内的完整开发方案，并通过一个集成开发环境(μVision)将这些部分组合在一起。运行 Keil 软件需要 Pentium 或以上的 CPU，16 MB 或更多 RAM，20 MB 以上空闲的硬盘空间，Windows 98、Windows NT、Windows 2000、Windows XP 等操作系统。掌握这一软件的使用方法对于使用 51 系列单片机的开发人员来说是十分必要的。

Keil IDE μVision 2 集成开发环境是 Keil Software Inc/Keil Elektronik GmbH 开发的基于 80C51 内核的微处理器软件开发平台，内嵌多种符合当前工业标准的开发工具，可以完成从工程建立和管理、编译、链接到目标代码的生成、软件仿真和硬件仿真等完整的开发流程。它提供的 C 编译工具在产生代码的准确性和效率方面达到了较高的水平，而且可以附加灵

活的控制选项，在开发大型项目时非常理想。由于 Keil 本身是一个纯软件的东西，因而还不能直接进行硬件仿真，必须挂接类似 TKS 系列仿真器的硬件才可以进行仿真。

Keil 软件的使用步骤如下：

(1) 首先启动 Keil 软件的集成开发环境。从桌面上直接双击 μVision 的图标以启动该软件，出现的窗口如图 2.2 所示。

图 2.2　启动窗口

(2) 建立工程文件。在项目开发中并不是仅有一个源程序就行了，还要建立一个工程文件，并为这个工程选择 CPU，确定编译、汇编、链接的参数，指定调试的方式。Keil 使用工程(Project)这一概念，将这些参数设置和所需的所有文件都加在一个工程中。

点击“工程->新建工程”菜单，弹出一个对话框，如图 2.3 所示。

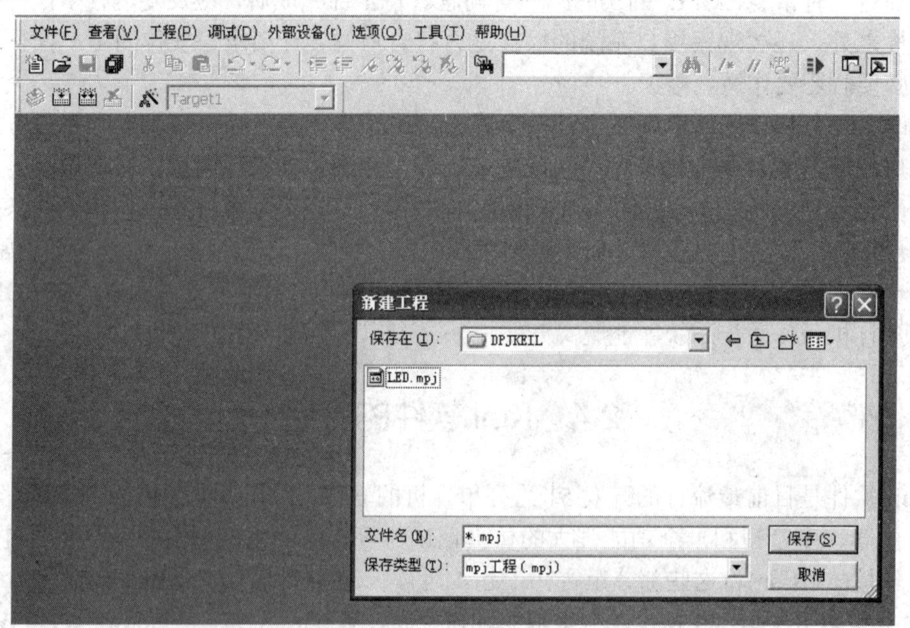

图 2.3　建立工程文件

要求给将要建立的工程起一个名字，可以在编辑框中输入一个名字(例如 LED)，不需要扩展名，点击“保存”按钮，则出现第二个对话框，如图 2.4 所示。

这个对话框要求选择目标 CPU(即所用芯片的型号)。Keil 支持的 CPU 很多，我们选择 Atmel 公司的 AT89C51 芯片，即点击 Atmel 前面的“+”号，展开该层，点击其中的 AT89C51，然后再点击“确定”按钮，回到主界面。

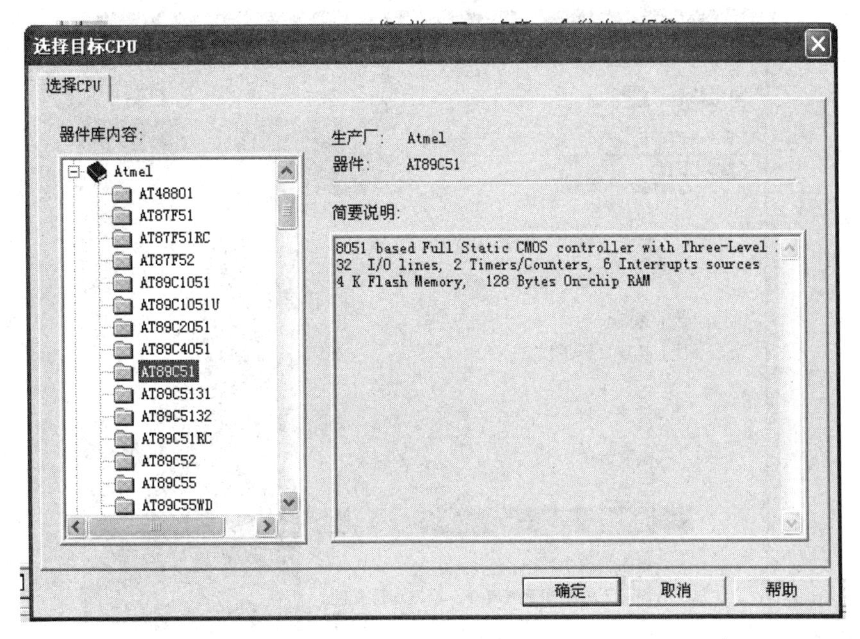

图 2.4　选择目标 CPU

(3) 建立源文件。使用菜单“文件->新建”或者点击工具栏的新建文件按钮，即可在项目窗口的右侧打开一个新的文本编辑窗口，如图 2.5 所示。在该窗口中输入源程序。保存该文件，注意必须加上扩展名，如 LE01.asm。需要说明的是，源文件就是一般的文本文件，不一定使用 Keil 软件编写，可以使用任意文本编辑器编写。

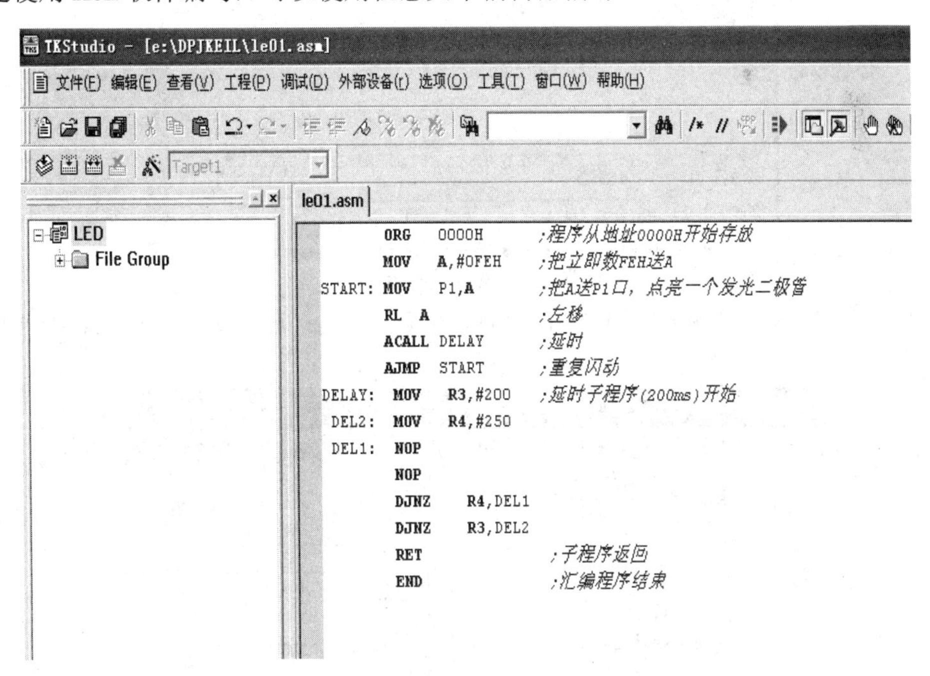

图 2.5　文本编辑窗口

将左边 LED 前面的“+”号展开，在它下面的字符“File Group”上点击鼠标右键，再点击弹出的快捷菜单中的“追加文件到文件组”命令，如图 2.6 所示。

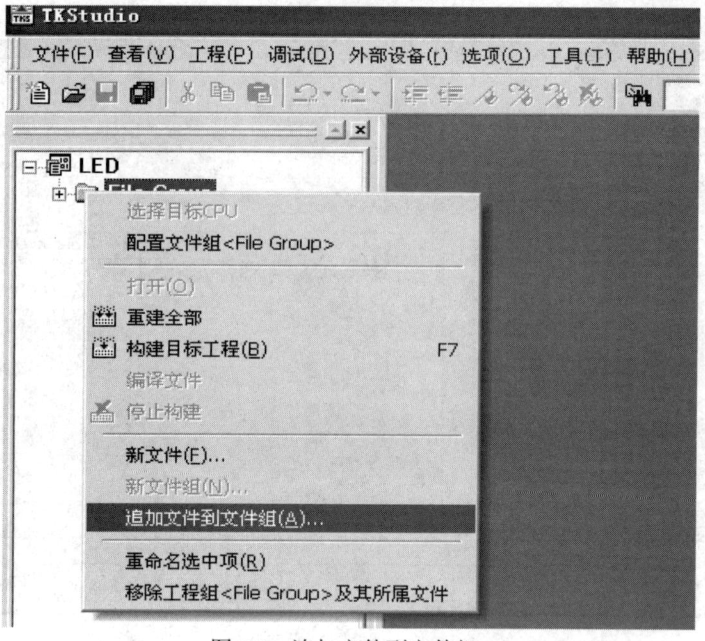

图 2.6　追加文件到文件组

在随后出现的如图 2.7 所示的对话框中，在文件类型中点击 asm 源文件。

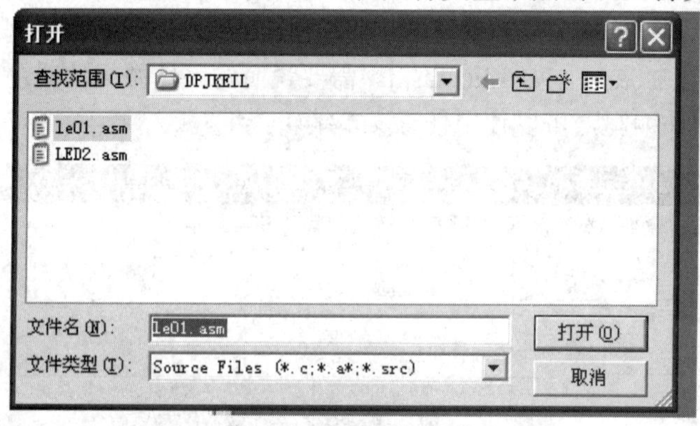

图 2.7　选择文件类型

在文件中找到前面新建的 LE01.asm 文件，然后点击“打开”按钮加入工程中，如图 2.8 所示。

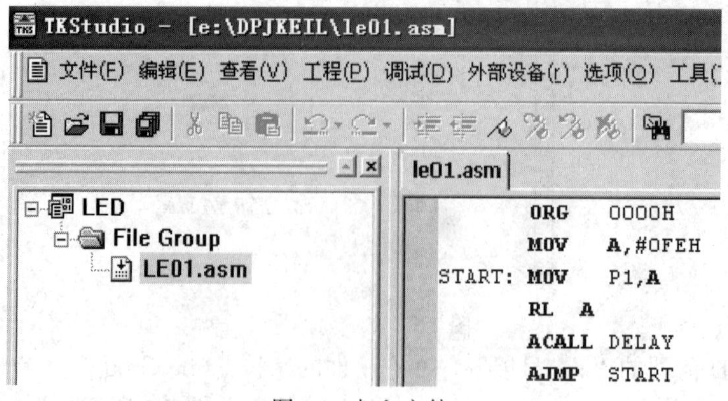

图 2.8　加入文件

此时，左边的文件夹“File Group”前面就有了一个“+”号，点击该“+”号展开后，下面就出现了一个名为“LE01.asm”的文件，说明已经将文件加进来了。

接下来将鼠标移到“LED”上，点击右键，再点击“配置目标工程”命令，将弹出如图 2.9 所示的窗口，在该窗口中点击“输出”选项卡，将新弹出一个窗口，如图 2.10 所示，此时一定要选中“创建应用文件”选项，然后再点击“确定”；最后在图 2.9 中点击“调试”选项卡，在新弹出的窗口(如图 2.11 所示)中选择“使用软件仿真”或“使用仿真器”选项，最后再点击“确定”按钮。

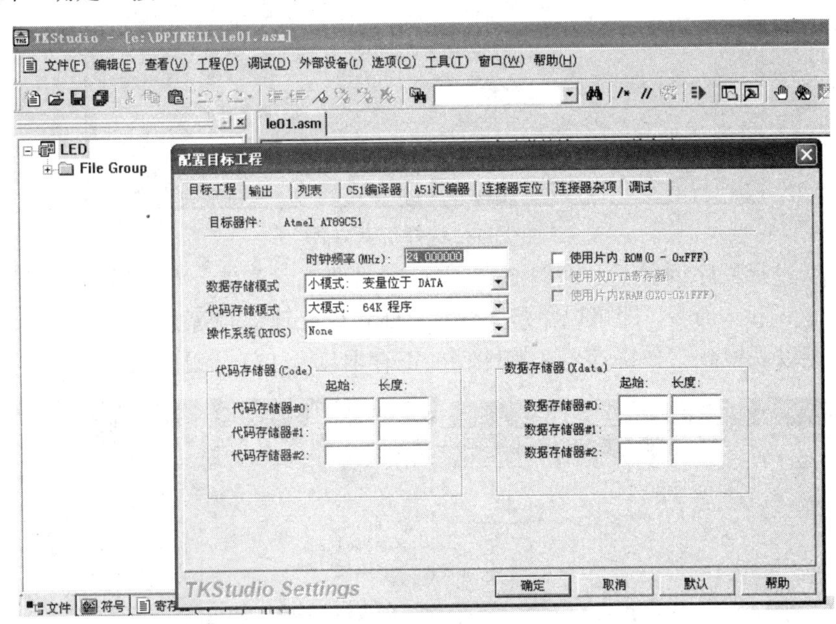

图 2.9　配置目标工程

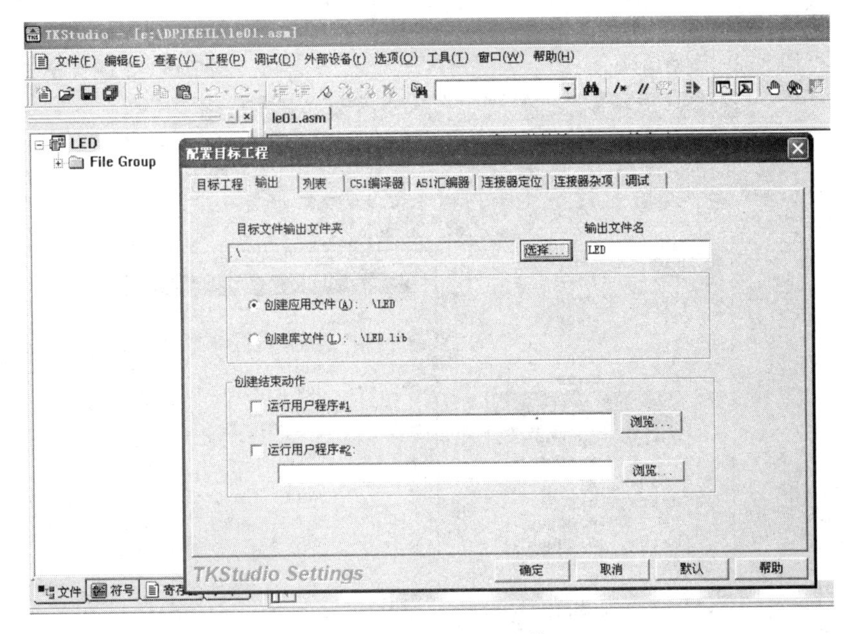

图 2.10　创建应用文件

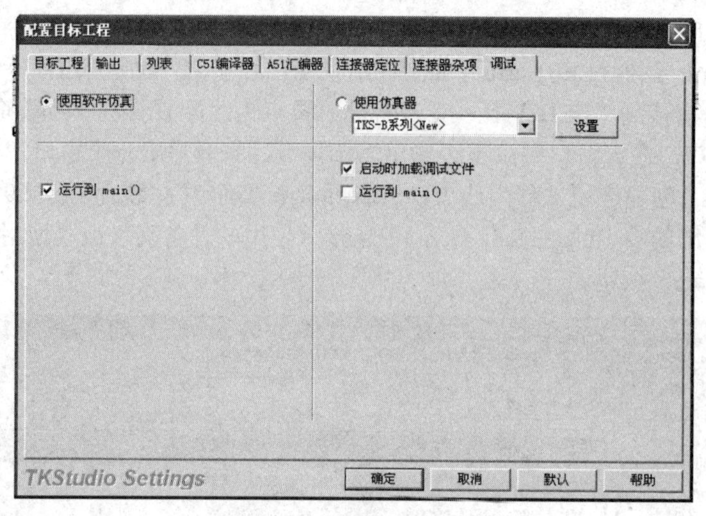

图 2.11　选择仿真方式

现在可以进行程序调试了。在图 2.12 中点击“调试”菜单，在出现的子菜单项中，点击“启动/停止调试”命令，即可以单步、跟踪、断点或全速运行等方式进行调试，如图 2.13 所示。此时可以观察到工作寄存器、特殊功能寄存器以及 I/O 端口的状态，如图 2.14 所示。

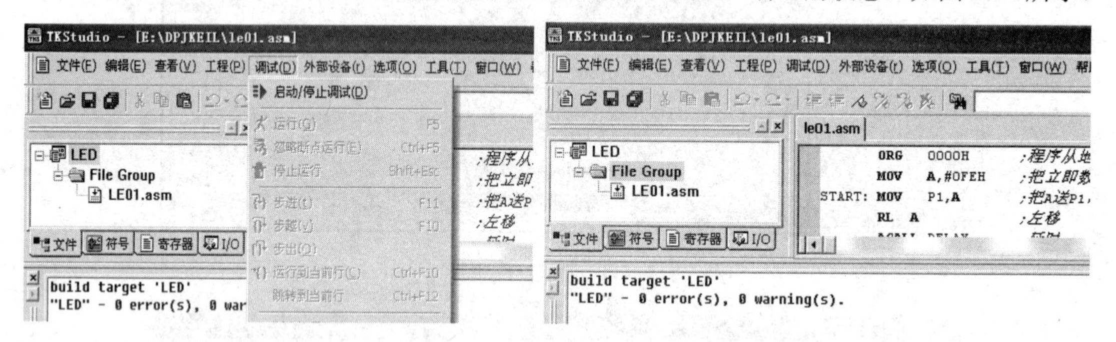

图 2.12　启动调试　　　　　　　　图 2.13　汇编程序

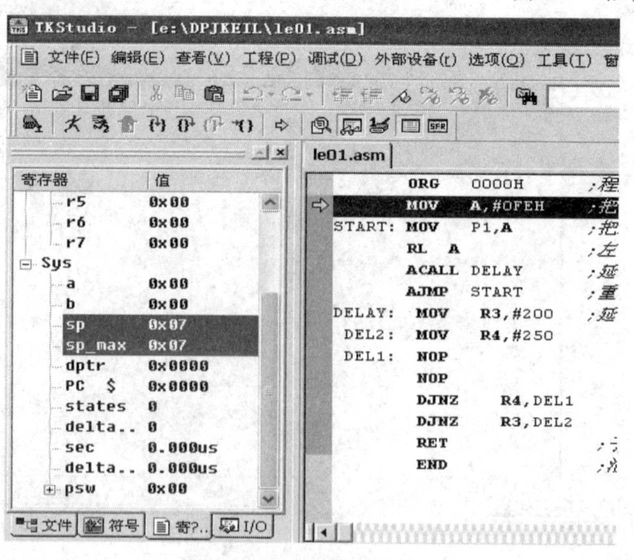

图 2.14　观察寄存器窗口

本　章　小　结

本章从项目入手，介绍了单片机开发系统的概念、功能及使用方法。由于目前市场上流行的单片机开发系统很多，尤其是各大单片机厂商纷纷推出了 Windows 界面下的单片机开发系统，因此本章没有强调单片机开发系统的具体型号，而是从宏观上介绍了单片机开发系统的组成、功能及调试步骤和方法。最后以目前最流行的开发 51 系列单片机的 Keil 软件的使用为例，介绍了程序的调试和运行过程。

本章介绍了单片机的初步使用方法，对单片机开发系统的深入认识和熟练应用必须在以后章节中逐步建立起来。

习　题　2

2.1　单项选择题。

(1) 仿真器的作用是(　　　)。

A. 能帮助调试用户设计的软件　　B. 能帮助调试用户设计的硬件

C. 能帮助调试用户设计的硬件和软件　　D. 只能做各种模拟实验

(2) 使用单片机开发系统调试程序时，对源程序进行汇编的目的是(　　　)。

A. 将源程序转换成目标程序　　B. 将目标程序转换成源程序

C. 将低级语言转换成高级语言　　D. 将高级语言转换成汇编语言

(3) 使用单片机开发系统调试汇编语言程序时，首先应新建文件，该文件的扩展名是(　　　)。

A. .c　　B. .hex　　C. .bin　　D. .asm

(4) 单片机能够直接运行的程序是(　　　)。

A. 汇编源程序　　B. C 语言源程序

C. 高级语言程序　　D. 机器语言源程序

2.2　什么是单片机应用系统？什么是单片机开发系统？为什么研制单片机应用系统必须要有开发装置？

2.3　常用的单片机开发系统有哪些类型？应如何选用？

2.4　一般来说开发系统应具备哪些基本功能？

2.5　开发单片机应用系统的一般过程是什么？

第3章　MCS-51 指令系统

程序由一条条指令组成。所有指令的集合称为指令系统，它是表征计算机性能的重要指标之一。每台计算机都有其特有的指令系统。MCS-51 单片机的指令系统包括 33 种功能，共计 111 条指令。本章首先通过项目，使读者对指令的格式、功能和应用有一个基本的认识，然后详细介绍 MCS-51 单片机的寻址方式和指令系统。

教学导航

教	知识重点	1. MCS-51 系列单片机指令系统 2. 指令的寻址方式
	知识难点	逻辑运算、移位类指令和控制转移类指令
	推荐教学方式	通过项目的完成，让学生了解 51 单片机的指令形式，明白汇编语言和机器语言的关系。五大类指令的讲解以典型实例演练为主线，通过每一个实例的分析深入掌握指令的功能。
	建议学时	9 学时
学	推荐学习方法	指令的熟悉与运用只能建立在多分析、多练习的基础之上，学生可以先多看别人编写的常见程序，并认真分析每一条指令完成的功能，进而掌握指令的精髓从而能够自己驾驭指令运用
	必须掌握的理论知识	MCS-51 单片机的五大类指令
	必须掌握的技能	指令在程序设计中的熟练与合理运用

项目3　指令的应用

1. 训练目的

(1) 掌握指令格式及表示方法：助记符表示和机器码表示。

(2) 了解人工汇编与机器汇编的方法。

(3) 了解寻址方式的概念。

(4) 掌握常用指令的功能及应用。

2. 设备和器件

(1) 设备：单片机开发系统、微机等。

(2) 电路：同项目 1 电路。

3. 步骤与要求

(1) 将表 3.1 中的助记符指令翻译成机器码。

(2) 将机器码分别输入到单片机开发系统中，或经机器汇编后分别下载到单片机开发系统中，单步运行，观察并记录实验板上的 8 个发光二极管的亮灭状态及相关单元的数据，填入表 3.1 中。

表 3.1　实 验 表 格

题号	助记符指令	机器码指令	检查数据	发光二极管状态
①	MOV　P1，#55H		—	
②	MOV　20H，#0F0H		(20H)=	
	MOV　P1，20H		—	
③	MOV　A，#0F0H		A=	
	MOV　P1，A		—	
④	MOV　R4，#0FH		R4=	
	MOV　P1，R4		—	
⑤	MOV　20H，#0AAH		(20H)=	
	MOV　R0，#20H		R0=	
	MOV　P1，@R0		—	
⑥	MOV　A，#55H		A=	
	MOV　P1，A		—	
	ANL　A，#0FH		A=	
	MOV　P1，A		—	
	ORL　A，#0F0H		A=	
	MOV　P1，A		—	
⑦	CLR　A		A=	
	MOV　P1，A		—	
	CPL　A		A=	
	MOV　P1，A		—	
⑧	MOV　A，#01H		A=	
	MOV　P1，A		—	
	RL　A		A=	
	MOV　P1，A		—	
	RL　A		A=	
	MOV　P1，A		—	

4. 分析与总结

1) 指令形式

从项目中可以看出，指令有两种形式：助记符指令和机器码指令(机器指令)。助记符指令只有翻译成机器码后，单片机才能直接执行。机器码指令分为以下三种：

单字节指令：机器码只有一个字节的指令称为单字节指令。例如单字节指令 CLR A 的机器码是 E4H。

双字节指令：机器码包括两个字节的指令称为双字节指令。例如双字节指令 MOV A，#55H 的机器码是 74H 55H。

三字节指令：机器码包括三个字节的指令称为三字节指令。例如三字节指令 MOV P1，#55H 的机器码是 75H 90H 55H。

单片机指令系统中，大多数指令是单字节指令和双字节指令。

2) 指令分析

(1) MOV　P1，#55H：将常数 55H 送入 P1 口。在助记符指令中，常数被称为立即数。发光二极管的状态如下：

立即数 55H：	0	1	0	1	0	1	0	1
对应 P1 口各位：	P1.7	P1.6	P1.5	P1.4	P1.3	P1.2	P1.1	P1.0
相应的 LED 状态：	亮	灭	亮	灭	亮	灭	亮	灭

参照项目 1 的电路图，若 P1 口的某一位输出 0(低电平)，则经过反相后变为高电平，由外部电源 VCC 驱动发光二极管处于点亮状态；否则，二极管处于熄灭状态。

(2) MOV 20H，#0F0H：将立即数 0F0H 送到内部 RAM 的 20H 单元中。

MOV P1，20H：将 20H 单元的内容，即 0F0H 送到 P1 口。发光二极管的状态如下：

0F0H：	1	1	1	1	0	0	0	0
P1 口：	P1.7	P1.6	P1.5	P1.4	P1.3	P1.2	P1.1	P1.0
LED 状态：	灭	灭	灭	灭	亮	亮	亮	亮

(3) MOV A，#0F0H：将立即数 0F0H 送到累加器 A 中。

MOV P1，A：将累加器 A 的内容，即 0F0H 送到 P1 口。发光二极管的状态同(2)。

(4) MOV R4，#0FH：将立即数 0FH 送到寄存器 R4 中。

MOV P1，R4：将寄存器 R4 的内容，即 0FH 送到 P1 口。发光二极管的状态如下：

0FH：	0	0	0	0	1	1	1	1
P1 口：	P1.7	P1.6	P1.5	P1.4	P1.3	P1.2	P1.1	P1.0
LED 状态：	亮	亮	亮	亮	灭	灭	灭	灭

(5) MOV 20H，#0AAH：将立即数 0AAH 送到内部 RAM 的 20H 单元中。

MOV R0，#20H：将立即数 20H 送到 R0 寄存器中。

MOV P1，@R0：将 R0 所指向的 20H 单元的内容，即 0AAH 送到 P1 口中。发光二极管的状态如下：

0AAH：	1	0	1	0	1	0	1	0
P1 口：	P1.7	P1.6	P1.5	P1.4	P1.3	P1.2	P1.1	P1.0
LED 状态：	灭	亮	灭	亮	灭	亮	灭	亮

(6) MOV A，#55H：将立即数 55H 送到累加器 A 中。

MOV P1，A：将累加器 A 的内容，即 55H 送到 P1 口。发光二极管的状态同(1)。

ANL A，#0FH：将累加器 A 的内容 55H 与立即数 0FH 进行逻辑“与”操作，结果为 05H，再送回累加器 A 中。

MOV P1，A：将累加器 A 的内容，即 05H 送到 P1 口。发光二极管的状态如下：

05H：	0	0	0	0	0	1	0	1
P1 口：	P1.7	P1.6	P1.5	P1.4	P1.3	P1.2	P1.1	P1.0
LED 状态：	亮	亮	亮	亮	亮	灭	亮	灭

ORL A，#0F0H：将累加器 A 的内容 05H 与立即数 0F0H 进行逻辑“或”操作，结果为 0F5H，再送回累加器 A 中。

MOV P1，A：将累加器 A 的内容，即 0F5H 送到 P1 口。发光二极管的状态如下：

0F5H：	1	1	1	1	0	1	0	1
P1 口：	P1.7	P1.6	P1.5	P1.4	P1.3	P1.2	P1.1	P1.0
LED 状态：	灭	灭	灭	灭	亮	灭	亮	灭

(7) CLR A：累加器清 0。

MOV P1，A：将累加器 A 的内容，即 00H 送到 P1 口。发光二极管的状态是全亮。

CPL A：将 A 的内容 00H 按位取反，结果为 0FFH。

MOV P1，A：将累加器 A 的内容，即 0FFH 送到 P1 口。发光二极管的状态是全灭。

(8) MOV A，#01H：将立即数 01H 送到累加器 A 中。

MOV P1，A：将累加器 A 的内容，即 01H 送到 P1 口。发光二极管的状态如下：

01H：	0	0	0	0	0	0	0	1
P1 口：	P1.7	P1.6	P1.5	P1.4	P1.3	P1.2	P1.1	P1.0
LED 状态：	亮	亮	亮	亮	亮	亮	亮	灭

RL A：移位指令，将 A 的内容 01H 循环左移一位，结果为 02H。

MOV P1，A：将累加器 A 的内容，即 02H 送到 P1 口。发光二极管的状态如下：

02H：	0	0	0	0	0	0	1	0
P1 口：	P1.7	P1.6	P1.5	P1.4	P1.3	P1.2	P1.1	P1.0
LED 状态：	亮	亮	亮	亮	亮	亮	灭	亮

RL A：将 A 的内容 02H 左移一位，结果为 04H。

MOV P1，A：将累加器 A 的内容，即 04H 送到 P1 口。发光二极管的状态如下：

02H：	0	0	0	0	0	1	0	0
P1 口：	P1.7	P1.6	P1.5	P1.4	P1.3	P1.2	P1.1	P1.0
LED 状态：	亮	亮	亮	亮	亮	灭	亮	亮

3) 现象分析

从项目 2 中看到以下现象：往 P1 口传送数据的指令中，数据的来源不尽相同。数据是指令的操作对象，叫做操作数。指令必须给出操作数所在的地方，才能进行数据传送。寻找操作数地址的方法，称为寻址方式。下面是在项目中遇到的采用了不同寻址方式的指令：

```
MOV   P1，#55H    ；把操作数直接写在指令中，称为立即数寻址
MOV   P1，20H     ；把存放操作数的内存单元的地址直接写在指令中，称为直接寻址
MOV   P1，A       ；把操作数存放在寄存器中，称为寄存器寻址
MOV   P1，@R0     ；把存放操作数的内存单元的地址放在寄存器 R0 中，这种寻址方式
                  ；称为寄存器间接寻址
```

除了以上 4 种寻址方式之外，MCS-51 单片机还有变址寻址方式、相对寻址方式和位寻址方式等。

思考：指出表 3.1 中每一条指令的寻址方式。

注意：P1 与寄存器 R0～R7、累加器 A 不同，它是内部 RAM 单元 90H 的符号地址，只能作为内存单元直接寻址。

3.1 简　介

3.1.1 指令概述

通过项目 2 我们了解到，计算机能够按照人们的意愿工作，是因为人们给了它相应的命令。这些命令是由计算机所能识别的指令组成的。指令是 CPU 用于控制功能部件完成某一指定动作的指示和命令。

一台微机所具有的所有指令的集合，就构成了指令系统。指令系统越丰富，说明 CPU 的功能越强。例如，Z80 CPU 中没有乘法和除法指令，要进行乘法和除法运算，必须用软件来实现，因此执行速度相对较慢；而 MCS-51 单片机提供了乘法和除法指令，实现乘法和除法运算时就要快得多。

一台微机能执行什么样的操作，是在微机设计时确定的。一条指令对应着一种基本操作。由于计算机只能识别二进制数，因此指令也必须用二进制形式来表示，称为指令的机器码或机器指令。

MCS-51 单片机指令系统共有 33 种功能，42 种助记符，111 条指令。

3.1.2 指令格式

从项目 2 中看到，不同指令翻译成机器码后字节数也不一定相同。按照机器码个数，指令可以分为以下 3 种：

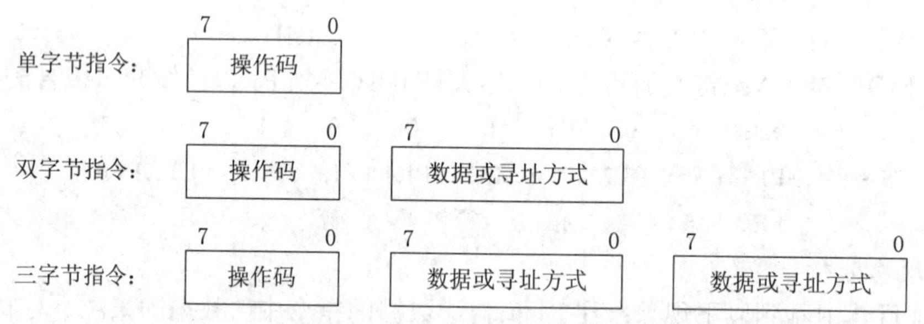

MCS-51 单片机指令系统包括 49 条单字节指令、46 条双字节指令和 16 条三字节指令。

采用助记符表示的汇编语言指令格式如下：

标号：	操作码	操作数或操作数地址	；注释

标号是程序员根据编程需要给指令设定的符号地址，可有可无；标号由 1～8 个字符组成，第一个字符必须是英文字母；标号后必须用冒号。

操作码表示指令的操作种类，如 MOV 表示数据传送操作，ADD 表示加法操作等。

操作数或操作数地址表示参加运算的数据或数据的有效地址。操作数一般有以下几种形式：没有操作数项，即操作数隐含在操作码中，如 RET 指令；只有一个操作数，如 CPL　A

指令；有两个操作数，如 MOV A，#00H 指令，操作数之间以逗号相隔，前面的操作数称为目的操作数，后面的操作数称为源操作数；有三个操作数，如 CJNE　A，#00H，NEXT 指令，操作数之间也以逗号相隔。

注释是对指令的解释说明，用以提高程序的可读性。注释前必须加分号。

3.2 寻址方式

操作数是指令的重要组成部分，它指出了参与操作的数据或数据的地址。寻找操作数地址的方式称为寻址方式。一条指令采用什么样的寻址方式，是由指令的功能决定的。寻址方式越多，指令功能就越强。

MCS-51 指令系统共使用了 7 种寻址方式，包括寄存器寻址、直接寻址、立即数寻址、寄存器间接寻址、变址寻址、相对寻址和位寻址等。项目中，我们初步接触了寄存器寻址、立即数寻址、直接寻址和寄存器间接寻址等 4 种寻址方式。

1. 寄存器寻址

寄存器寻址是指将操作数存放于寄存器中。寄存器包括工作寄存器 R0～R7、累加器 A、通用寄存器 B、地址寄存器 DPTR 等。

例如，指令 MOV　R1，A 的操作是把累加器 A 中的数据传送到寄存器 R1 中，其操作数存放在累加器 A 中，所以寻址方式为寄存器寻址。

如果程序状态寄存器 PSW 的 RS1RS0=01(选中第一组工作寄存器，对应地址为 08H～0FH)，设累加器 A 的内容为 20H，则执行 MOV　R1，A 指令后，内部 RAM 09H 单元的值就变为 20H，如图 3.1 所示。

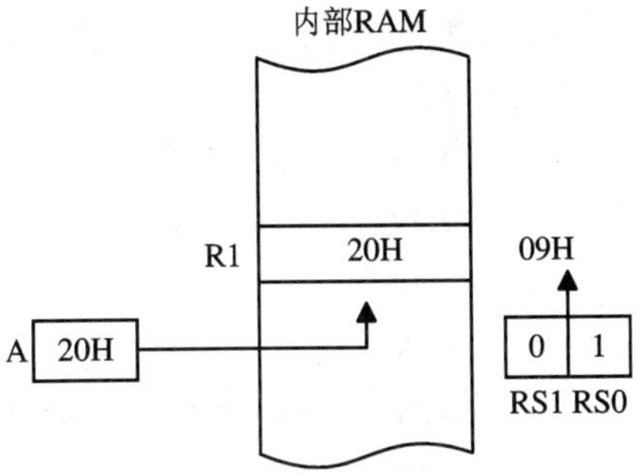

内部RAM　R1　20H　09H　A　20H　0　1　RS1 RS0

图 3.1　寄存器寻址示意图

寄存器寻址的寻址范围包括如下两部分：

(1) 通用寄存器 R0～R7。MCS-51 单片机中共有 4 组 32 个通用寄存器，但寄存器寻址只能使用当前寄存器组，指令中的寄存器名称也只能是 R0～R7。因此，在使用前，需要通过对 PSW 中的 RS1、RS0 位的状态进行设置，来选择当前寄存器组。单片机复位时，RS1RS0=00，选中第 0 组工作寄存器。

(2) 部分专用寄存器。例如累加器 A、寄存器 B 以及数据指针 DPTR 等。

项目 3 中，采用寄存器寻址的指令如下：

```
MOV     P1，A     ；将累加器 A 的内容送到 P1 口
MOV     P1，R4    ；将寄存器 R4 的内容送到 P1 口
CLR     A         ；将累加器 A 清 0
CPL     A         ；将累加器 A 中的内容取反
RL      A         ；将累加器 A 的内容循环左移
```

2. 直接寻址

直接寻址是指把存放操作数的内存单元的地址直接写在指令中。在 MCS-51 单片机中，

可以直接寻址的存储器主要有内部 RAM 区和特殊功能寄存器 SFR 区。

例如，指令 MOV A，3AH 执行的操作是将内部 RAM 中地址为 3AH 的单元内容传送到累加器 A 中，其操作数 3AH 就是存放数据的单元地址，因此该指令采用的是直接寻址方式。

设内部 RAM 3AH 单元的内容是 88H，那么指令 MOV A，3AH 的执行过程如图 3.2 所示。

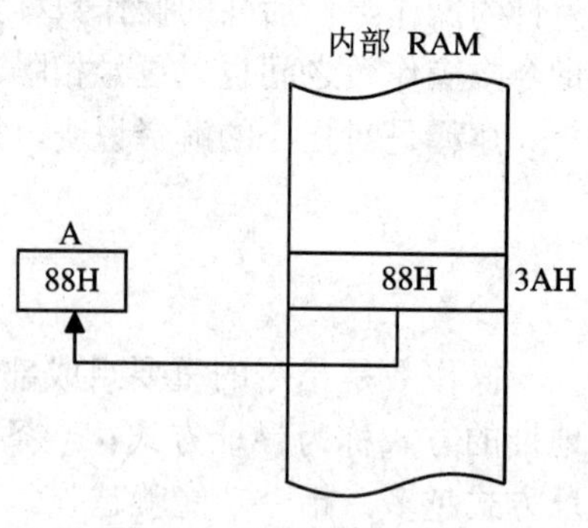

图 3.2　直接寻址示意图

在直接寻址中，指令中直接给出了存放操作数的内部 RAM 地址，而不是操作数本身，其寻址范围只限于内部 RAM 中，包括如下两部分：

(1) 内部 RAM 的低 128 单元，地址范围为 00H～FFH，在指令中直接以单元地址形式给出。例如：指令 MOV A，3AH 中，3AH 表示内部 RAM 单元地址。

(2) 专用寄存器。专用寄存器除以单元地址形式给出外，还可以用寄存器符号形式给出。直接寻址是访问专用寄存器的唯一方法。

项目 3 中，采用直接寻址的指令如下：

```
MOV    P1，20H        ；将 20H 单元的内容传送到 P1 口
```

3. 立即数寻址

立即数寻址是指将操作数直接写在指令中。

例如，指令 MOV A，#3AH 执行的操作是将立即数 3AH 送到累加器 A 中，该指令就是立即数寻址。注意：立即数前面必须加“#”号，以区别立即数和直接地址。该指令的执行过程如图 3.3 所示。

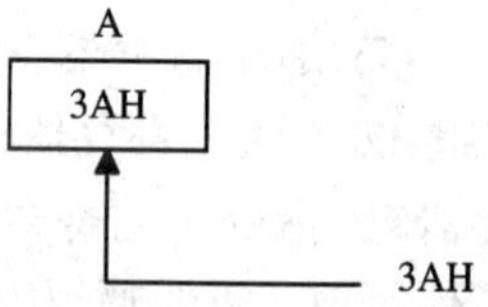

A
3AH
3AH

图 3.3　立即数寻址示意图

项目 3 中，采用立即数寻址的指令如下：

```
MOV    P1，#55H       ；将立即数 55H 送 P1 口
MOV    20H，#0F0H     ；将立即数 0F0H 送 20H 单元
MOV    A，#0F0H       ；将立即数 0F0H 送累加器 A 中
MOV    R4，#0FH       ；将立即数 0FH 送寄存器 R4 中
MOV    R0，#20H       ；将立即数 20H 送寄存器 R0 中
ANL    A，#0FH        ；将累加器 A 的内容与立即数 0FH 进行逻辑与操作
ORL    A，#0F0H       ；将累加器 A 的内容与立即数 0F0H 进行逻辑或操作
MOV    A，#01H        ；将立即数 01H 送累加器 A 中
MOV    A，#55H        ；将立即数 55H 送累加器 A 中
```

除了以上给出的 8 位立即数寻址的指令例子外，MCS-51 指令系统中还有一条 16 位立即数寻址指令，该指令如下：

```
MOV    DPTR，#2000H   ；把 16 位立即数 2000H 传送到数据指针 DPTR 中
```

4. 寄存器间接寻址

寄存器间接寻址是指将存放操作数的内存单元的地址放在寄存器中，指令中只给出该寄存器。执行指令时，首先根据寄存器的内容，找到所需要的操作数地址，再由该地址找到

操作数并完成相应操作。

在MCS-51指令系统中，用于寄存器间接寻址的寄存器有R0、R1和DPTR，它们被称为寄存器间接寻址寄存器。

注意：间接寻址寄存器前面必须加上符号“@”。

例如，指令MOV A，@R0执行的操作是将R0的内容作为内部RAM的地址，再将该地址单元中的内容取出来送到累加器A中。

设R0=3AH，内部RAM 3AH中的值是65H，则指令MOV A，@R0的执行结果是累加器A的值为65H，该指令的执行过程如图3.4所示。

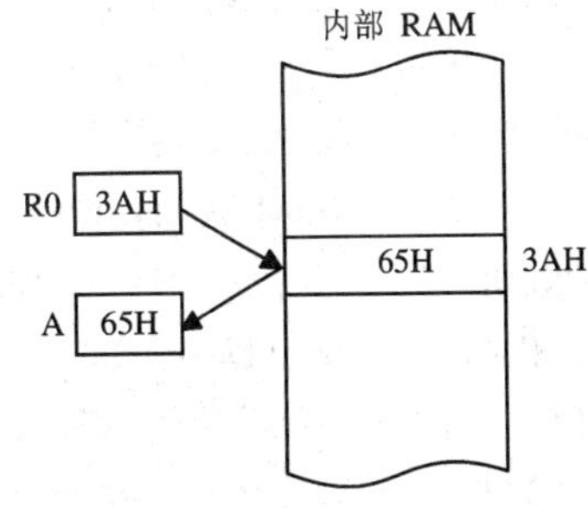

图3.4　寄存器间接寻址示意图

寄存器间接寻址的寻址范围如下：

(1) 内部RAM的低128字节。对内部RAM的低128字节单元的间接寻址，只能使用R0或R1作间接寻址寄存器，其通用形式为@Ri(i=0或1)。

(2) 外部RAM的64 K字节。对外部RAM的64 K字节的间接寻址，使用DPTR作间接寻址寄存器，其形式为@DPTR。例如：MOVX A，@DPTR，其功能是把由DPTR指定的外部RAM单元的内容送到累加器A中。

(3) 外部RAM的低256字节。外部RAM的低256字节是一个特殊的寻址区，除了可以使用DPTR作间接寻址寄存器外，还可以使用R0或R1作间接寻址寄存器，例如MOVX A，@R0，即把由R0指定的外部RAM单元的内容传送到累加器A中。

项目3中，采用寄存器间接寻址的指令如下：

```
MOV   P1，@R0                  ；将R0所指的存储单元的内容送P1口
```

5. 变址寻址

变址寻址是指将基址寄存器与变址寄存器的内容相加，结果作为操作数的地址。DPTR或PC是基址寄存器，累加器A是变址寄存器。该类寻址方式主要用于查表操作。

例如，指令MOVC A，@A+DPTR执行的操作是将累加器A和基址寄存器DPTR的内容相加，相加结果作为操作数存放的地址，再按照该地址将操作数取出来送到累加器A中。

设累加器A=02H，DPTR=0300H，外部ROM中，0302H单元的内容是55H，则指令MOVC A，@A+DPTR的执行结果是累加器A的内容为55H。该指令的执行过程如图3.5所示。

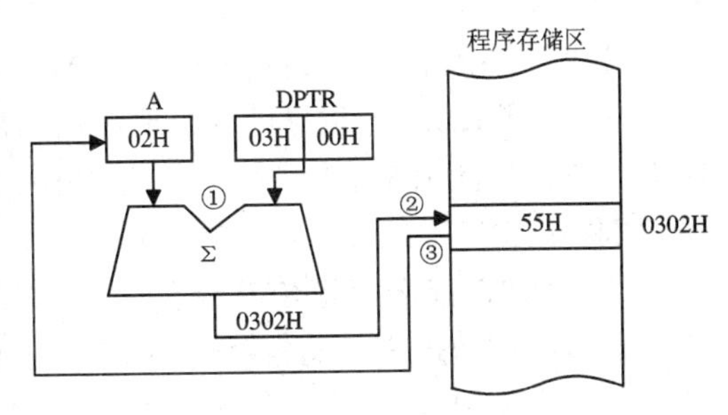

图3.5　变址寻址示意图

对变址寻址方式说明如下：

(1) 变址寻址是专门针对程序存储器的寻址方式，所以只能对程序存储器进行寻址，寻址范围为64 K字节。

(2) 变址寻址的指令只有2条：

```
MOVC    A，@A+DPTR
MOVC    A，@A+PC
```

(3) 尽管变址寻址比较复杂，但变址寻址的指令都是一字节指令。

6. 相对寻址

相对寻址是指将程序计数器PC的当前内容与指令中的操作数相加，其结果作为跳转指令的转移地址(也称目的地址)。该类寻址方式主要用于跳转指令。

例如，指令SJMP 54H执行的操作是将PC当前的内容与54H相加，结果再送回PC中，成为下一条将要执行指令的地址。

设指令SJMP 54H的机器码80H 54H存放在2000H处，当执行到该指令时，先从2000H和2001H单元取出指令，PC自动变为2002H；再把PC的内容与操作数54H相加，形成目标地址2056H，再送回PC，使得程序跳转到2056H单元继续执行。该指令的执行过程如图3.6所示。

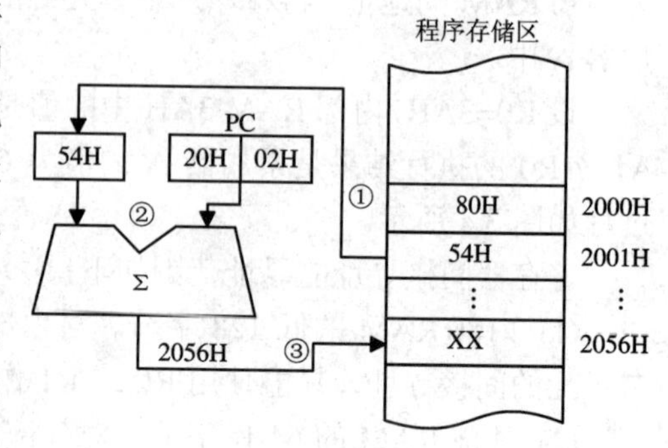

图3.6　相对寻址示意图

相对寻址是专门为改变程序执行方向而设置的，程序执行的方向由程序计数器PC控制，在程序顺序执行过程中，PC自动加1，按照指令的存放顺序逐一执行；而相对寻址则会修改PC的值，从而使程序跳转到新的目的地址执行。

7. 位寻址

位寻址是指按位进行的寻址操作，而上述介绍的指令都是按字节进行的寻址操作。MCS-51单片机中，操作数不仅可以按字节进行操作，也可以按位进行操作。当我们把某一位作为操作数时，这个操作数的地址称为位地址。

例如，指令SETB 3DH执行的操作是将内部RAM位寻址区中的3DH位置1。

设内部RAM 27H单元的内容是00H，执行SETB 3DH后，由于3DH对应内部RAM 27H的第5位，因此该位变为1，也就是27H单元的内容变为20H。该指令的执行过程如图3.7所示。

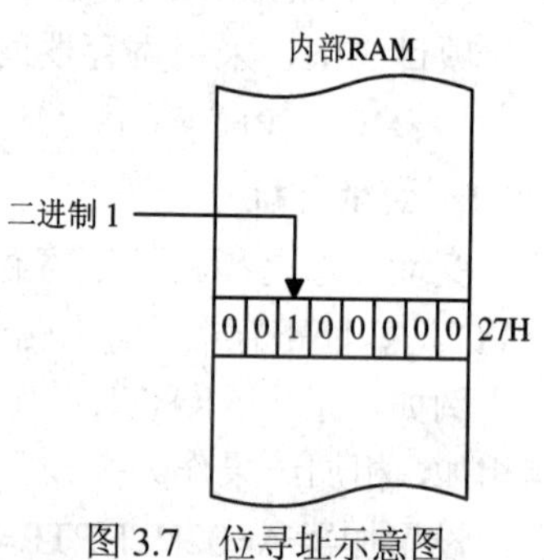

图3.7　位寻址示意图

位寻址区包括专门安排在内部RAM中的如下两个区域：

(1) 内部RAM的位寻址区，地址范围是20H～2FH，共16个RAM单元，每个单元包括8个位，共计128个位，位地址为00H～7FH。对这128个位有两种表示方式：一是位地址，例如：SETB 3DH；二是单元地址加位的方式，即点操作符写法，例如：SETB 27H.5。

(2) 特殊功能寄存器SFR中的11个寄存器可以位寻址，包括83个位(相关内容可参见有关章节中位地址定义的内容)。对这些位在指令中有如下4种表示方法：

- 直接使用位地址，例如：MOV C，0D0H。
- 点操作符表示法，例如：MOV C，0D0H.0。
- 位名称表示法，例如：MOV C，P。
- 专用寄存器符号与点操作符表示法，例如：MOV C，PSW.0。

以上4个例子中给出了4种不同的位地址表示方法，它们表示的是同一个位地址，即

PSW 寄存器中的第 0 位。多种表示方法，为程序设计带来了很多方便。

8. MCS-51 单片机寻址方式小结

以上介绍了 MCS-51 单片机的 7 种寻址方式，每一种寻址方式都有各自不同的寻址区域和特点，在此归纳总结如表 3.2 所示。

表 3.2　MCS-51 单片机寻址方式小结

寻址方式	定义	寻址区域	指令举例
寄存器寻址	操作数存放于寄存器中，指令中给出寄存器名	(1) 通用寄存器 R0～R7； (2) 部分专用寄存器，例如累加器 A、寄存器 B 以及数据指针 DPTR 等	MOV A，R1 MOV P1，R4 CLR A
直接寻址	存放操作数的内存单元地址直接写在指令中	(1) 内部 RAM 中的低 128 地址单元，地址范围为 00H～FFH； (2) 专用寄存器。专用寄存器除以单元地址形式给出外，还可以以寄存器符号形式给出	MOV A，P1 MOV R1，20H
立即数寻址	操作数直接写在指令中	源操作数为立即数，立即数前面必须加“#”号，以区别立即数和直接地址	MOV P1，#55H MOV DPTR，#2000H
寄存器间接寻址	将存放操作数的内存单元的地址放在寄存器中，指令中只给出该寄存器	(1) 内部 RAM 的低 128 字节。对内部 RAM 的低 128 字节单元的间接寻址，只能使用 R0 或 R1 作间接寻址寄存器，其通用形式为@Ri(i=0 或 1)； (2) 外部 RAM 的 64 K 字节。对外部 RAM 的 64 K 字节的间接寻址，使用 DPTR 作间接寻址寄存器，其形式为@DPTR； (3) 外部 RAM 的低 256 字节。外部 RAM 的低 256 字节是一个特殊的寻址区，除了可以使用 DPTR 作间接寻址寄存器外，还可以使用 R0 或 R1 作间接寻址寄存器	MOV A，@R0 MOVX A，@DPTR MOVX A，@R0
变址寻址	将基址寄存器与变址寄存器的内容相加，结果作为操作数的地址	(1) 变址寻址是专门针对程序存储器的寻址方式，所以只能对程序存储器进行寻址，寻址范围为 64 K 字节； (2) 变址寻址的指令只有 2 条： MOVC A，@A+PC MOVC A，@A+DPTR	MOVC A，@A+PC
相对寻址	将程序计数器 PC 的当前内容与指令中的操作数相加，其结果作为跳转指令的转移地址	专门为改变程序执行方向而设置的	SJMP 54H
位寻址	按位进行的操作	(1) 内部 RAM 的位寻址区，地址范围是 20H～2FH，共 16 个 RAM 单元，每个单元包括 8 个位，共计 128 个位，位地址为 00H～7FH； (2) 特殊功能寄存器 SFR 中的 11 个寄存器可以位寻址，包括 83 个位	MOV C，0D0H MOV C，0D0H.0 MOV C，P MOV C，PSW.0

注：指令举例中，寻址方式是指源操作数的寻址方式。

3.3 指令系统

MCS-51 单片机指令系统包括 111 条指令，按功能可以划分为以下 5 类：数据传送指令

(29 条)；算术运算指令(24 条)；逻辑运算及移位指令(24 条)；控制转移指令(17 条)和位操作指令(17 条)。

3.3.1　指令系统中的符号说明

指令的书写必须遵守一定的规则，为了叙述方便，我们采用表 3.3 的约定。

表 3.3　指令描述约定

符　号	含　　义
Rn	表示当前选定寄存器组的工作寄存器 R0～R7
Ri	表示作为间接寻址的地址指针 R0～R1
#data	表示 8 位立即数，即 00H～FFH
#data16	表示 16 位立即数，即 0000H～FFFFH
addr16	表示 16 位地址，用于 64 K 范围内寻址
addr11	表示 11 位地址，用于 2 K 范围内寻址
direct	8 位直接地址，可以是内部 RAM 区的某一单元或某一专用功能寄存器的地址
Rel	带符号的 8 位偏移量(−128～+127)
Bit	位寻址区的直接寻址位
(X)	X 地址单元中的内容，或 X 作为间接寻址寄存器时所指单元的内容
←	将←后面的内容传送到前面去

3.3.2　数据传送类指令

数据传送指令是 MCS-51 单片机汇编语言程序设计中使用最频繁的指令，包括内部 RAM、寄存器、外部 RAM 以及程序存储器之间的数据传送。

数据传送操作是指把数据从源地址传送到目的地址，源地址内容不变，即

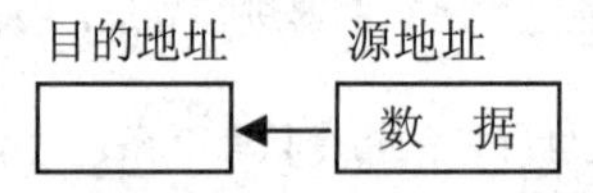

数据传送类指令分类如图 3.8 所示。

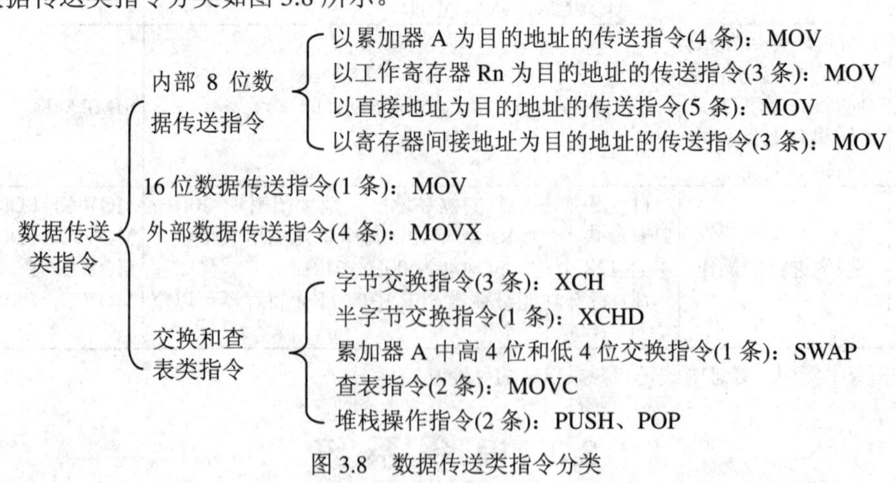

图 3.8　数据传送类指令分类

1. 内部 8 位数据传送指令(15 条)

内部 8 位数据传送指令共 15 条，主要用于 MCS-51 单片机内部 RAM 与寄存器之间的

数据传送。指令基本格式：

MOV　<目的操作数>，<源操作数>

1) 以累加器 A 为目的地址的传送指令(4 条)

助记符格式	机器码(B)	相应操作	指令说明	机器周期
MOV A，Rn	11101rrr	A←Rn	n=0～7，rrr=000～111	1
MOV A，direct	11100101 direct	A←(direct)		1
MOV A，@Ri	1110011i	A←(Ri)	i=0，1	1
MOV A，#data	01110100 data	A←#data		1

注意：以上传送指令的结果均影响程序状态字寄存器 PSW 的 P 标志。

例 3.1　已知相应单元的内容如下，请指出每条指令执行后相应单元内容的变化。

累加器 A	40H
寄存器 R0	50H
内部 RAM：40H	30H
内部 RAM：50H	10H

(1) MOV A，#20H

(2) MOV A，40H

(3) MOV A，R0

(4) MOV A，@R0

解：(1) MOV A，#20H 执行后 A=20H。

(2) MOV A，40H 执行后 A=30H。

(3) MOV A，R0 执行后 A=50H。

(4) MOV A，@R0 执行后 A=10H。

2) 以 Rn 为目的地址的传送指令(3 条)

助记符格式	机器码(B)	相应操作	指令说明	机器周期
MOV Rn，A	11111rrr	Rn←A	n=0～7，rrr=000～111	1
MOV Rn，direct	10101rrr direct	Rn←(direct)	n=0～7，rrr=000～111	1
MOV Rn，#data	01111rrr data	Rn←#data	n=0～7，rrr=000～111	1

注意：以上传送指令的结果不影响程序状态字寄存器 PSW 标志。

3) 以直接地址为目的地址的传送指令(5 条)

助记符格式	机器码(B)	相应操作	指令说明	机器周期
MOV direct，A	11111010 direct	(direct)←A		1
MOV direct，Rn	10001rrr direct	(direct)←Rn	n=0～7，rrr=000～111	1
MOV direct2，direct1	10000101 direct1 direct2	(direct2)←direct1		2
MOV direct，@Ri	1000011i direct	(direct)←(Ri)	i=0，1	2
MOV direct，#data	01110101 direct data	(direct)←#data		2

注意：以上传送指令的结果不影响程序状态字寄存器 PSW 标志。

4) 以寄存器间接地址为目的地址的传送指令(3 条)

助记符格式	机器码(B)	相应操作	指令说明	机器周期
MOV @Ri，A	1111011i	(Ri)←A	i＝0，1	1
MOV @Ri，direct	1110011i direct	(Ri)←(direct)		2
MOV @Ri，#data	0111010i data	(Ri)←#data		1

注意：以上传送指令的结果不影响程序状态字寄存器 PSW 标志。

例 3.2　已知相应单元的内容如下，请指出下列指令执行后各单元内容相应的变化。

寄存器 R0	50H
寄存器 R1	66H
寄存器 R6	30H
内部 RAM：50H	60H
内部 RAM：66H	45H
内部 RAM：70H	40H

(1) MOV A，R6

(2) MOV R6，70H

(3) MOV 70H，50H

(4) MOV 40H，@R0

(5) MOV @R1，#88H

解：(1) MOV A，R6 执行后 A=30H。

(2) MOV R6，70H 执行后 R6=40H。

(3) MOV 70H，50H 执行后 (70H)=60H。

(4) MOV 40H，@R0 执行后 (40H)=60H。

(5) MOV @R1，#88H 执行后 (66H)=88H。

2. 16 位数据传送指令(1 条)

助记符格式	机器码(B)	相应操作	指令说明	机器周期
MOV DPTR，#data16	10010000 data15～8 data7～0	(DPTR)←#data16	把 16 位常数装入数据指针	2

注意：以上指令结果不影响程序状态字寄存器 PSW 标志。

3. 外部数据传送指令(4 条)

助记符格式	机器码(B)	相应操作	指令说明	机器周期
MOVX A，@DPTR	11100000	A←(DPTR)	把 DPTR 所对应的外部 RAM 地址中的内容传送给累加器 A	2
MOVX A，@Ri	1110001i	A←(Ri)	i＝0，1	2
MOVX @DPTR，A	11110000	(DPTR)←A	结果不影响 P 标志	2
MOVX @Ri，A	1110001i	(Ri)←A	i＝0，1，结果不影响 P 标志	2

注意：① 外部 RAM 只能通过累加器 A 进行数据传送。

② 累加器 A 与外部 RAM 之间传送数据时只能用间接寻址方式，间接寻址寄存器为 DPTR、R0、R1。

③ 以上传送指令结果(未注明的)通常影响程序状态字寄存器 PSW 的 P 标志。

例 3.3　把外部数据存储器 2040H 单元中的数据传送到外部数据存储器 2560H 单元中去。

解：
```
MOV    DPTR，#2040H
MOVX   A，@DPTR          ；先将 2040H 单元的内容传送到累加器 A 中
MOV    DPTR，#2560H
MOVX   @DPTR，A          ；再将累加器 A 中的内容传送到 2560H 单元中
```

4. 交换和查表类指令(9 条)

1) 字节交换指令(3 条)

助记符格式	机器码(B)	相应操作	指令说明	机器周期
XCH A，Rn	11001rrr	A↔Rn	A 与 Rn 内容互换	1
XCH A，direct	11000101 direct	A↔(direct)		1
XCH A，@Ri	1100011i	A↔(Ri)	i＝0，1	1

注意：以上指令结果影响程序状态字寄存器 PSW 的 P 标志。

2) 低半字节交换指令(1 条)

助记符格式	机器码(B)	相应操作	指令说明	机器周期
XCHD A，@Ri	1101011i	$A_{3\sim0}$↔$(Ri)_{3\sim0}$	低 4 位交换，高 4 位不变	1

注意：以上指令结果影响程序状态字寄存器 PSW 的 P 标志。

3) 累加器 A 中高 4 位和低 4 位交换(1 条)

助记符格式	机器码(B)	相应操作	指令说明	机器周期
SWAP A	11000100	$A_{3\sim0}$↔$A_{7\sim4}$	高、低 4 位互相交换	1

注意：以上指令结果不影响程序状态字寄存器 PSW 标志。

例 3.4　设内部数据存储区 2AH、2BH 单元中连续存放有 4 个 BCD 码(1 个 BCD 码占 4 位)，试编写一程序把这 4 个 BCD 码倒序排序，即

a3　a2	a1　a0	←	a0　a1	a2　a3
2AH	2BH		2AH	2BH

解：
```
MOV    R0，#2AH      ；将立即数 2AH 传送到寄存器 R0 中
MOV    A，@R0        ；将 2AH 单元的内容传送到累加器 A 中
SWAP   A             ；将累加器 A 中的高 4 位与低 4 位交换
MOV    @R0，A        ；将累加器 A 的内容传送到 2AH 单元中
MOV    R1，#2BH
MOV    A，@R1        ；将 2BH 单元的内容传送到累加器 A 中
SWAP   A             ；将累加器 A 中的高 4 位与低 4 位交换
XCH    A，@R0        ；将累加器 A 中的内容与 2AH 单元的内容交换
MOV    @R1，A        ；将累加器 A 的内容传送到 2BH 单元
```

4) 查表指令(2 条)

助记符格式	机器码(B)	相应操作	指令说明	机器周期
MOVC A，@A+PC	10000011	A←(A+PC)	A+PC 所指外部程序存储单元内容送 A	2
MOVC A，@A+DPTR	10010011	A←(A+DPTR)	A+DPTR 所指外部程序存储单元内容送 A	2

注意：① 以上指令结果影响程序状态字寄存器 PSW 的 P 标志；

② 查表指令用于查找存放在程序存储器中的表格。

5) 堆栈操作指令(2 条)

助记符格式	机器码(B)	相应操作	指令说明	机器周期
PUSH direct	11000000 direct	SP←SP+1 (SP)←(direct)	将 SP 加 1，然后将源地址单元中的数传送到 SP 所指示的单元中去	2
POP direct	11010000 direct	(direct)←(SP) SP←SP−1	将 SP 所指示的单元中的数传送到 direct 地址单元中，然后 SP←SP−1	2

注意：① 堆栈是用户自己设定的内部 RAM 中的一块专用存储区，使用时一定先设堆栈指针，堆栈指针缺省为 SP=07H。

② 堆栈遵循后进先出的原则安排数据。

③ 堆栈操作必须是字节操作，且只能直接寻址。将累加器 A 入栈、出栈指令可以写成：

PUSH/POP　ACC

或

PUSH/POP　0E0H

而不能写成：

PUSH/POP　A

④ 堆栈通常用于临时保护数据及子程序调用时保护现场和恢复现场。

⑤ 以上指令结果不影响程序状态字寄存器 PSW 标志。

例 3.5　设堆栈指针为 30H，把累加器 A 和 DPTR 中的内容压入，然后根据需要再把它们弹出，编写实现该功能的程序段。

解：

```
MOV    SP，#30H    ；设置堆栈指针，SP=30H 为栈底地址
PUSH   ACC         ；SP+1→SP，SP=31H，ACC→(SP)
PUSH   DPH         ；SP+1→SP，SP=32H，DPH→(SP)
PUSH   DPL         ；SP+1→SP，SP=33H，DPL→(SP)
⋮
POP    DPL         ；(SP)→DPL，SP−1→SP，SP=32H
POP    DPH         ；(SP)→DPH，SP−1→SP，SP=31H
POP    ACC         ；(SP)→ACC，SP−1→SP，SP=30H
```

3.3.3　算术运算类指令

算术运算类指令分类如图 3.9 所示。

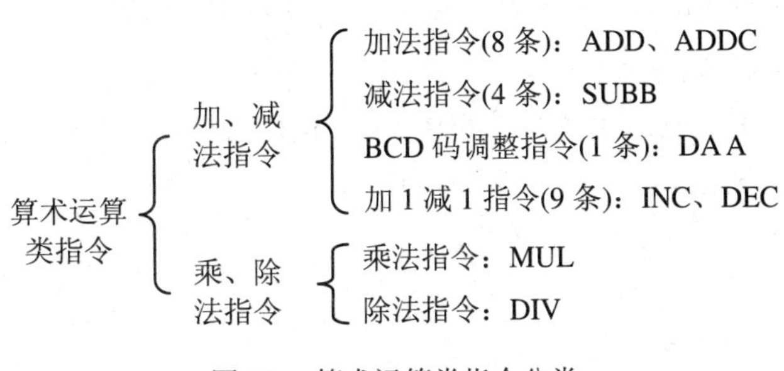

图 3.9　算术运算类指令分类

1. 加、减法指令(22 条)

1) 加法指令(8 条)

助记符格式	机器码(B)	相应操作	指令说明	机器周期
ADD A，Rn	00101rrr	A←A+Rn	n＝0～7，rrr＝000～111	1
ADD A，direct	00100101	A←A+(direct)		1
ADD A，@Ri	0010011i	A←A+(Ri)	i＝0，1	1
ADD A，#data	00100100 data	A←A+#data		1
ADDC A，Rn	00111rrr	A←A+Rn+CY	n＝0～7，rrr＝000～111	1
ADDC A，direct	00110101 direct	A←A+(direct)+CY		1
ADDC A，@Ri	0011011i	A←A+(Ri)+CY	i＝0，1	1
ADDC A，#data	00110100 data	A←A+#data+CY		1

注意：① ADD 与 ADDC 的区别为是否加进位标志位 CY；

② 指令执行结果均在累加器 A 中；

③ 以上指令结果均影响程序状态字寄存器 PSW 的 CY、OV、AC 和 P 标志。

2) 减法指令(4 条)

助记符格式	机器码(B)	相应操作	指令说明	机器周期
SUBB A，Rn	1001rrr	A←A−Rn−CY	n＝0～7，rrr＝000～111	1
SUBB A，direct	10010101 direct	A←A−(direct)−CY		1
SUBB A，@Ri	1001011i	A←A−(Ri)−CY	i＝0，1	1
SUBB A，#data	10010100 data	A←A−#data−CY		1

注意：① 减法指令中没有不带借位的减法指令，所以在需要时，必须先将 CY 清 0；

② 指令执行结果均在累加器 A 中；

③ 以上指令结果均影响程序状态字寄存器 PSW 的 CY、OV、AC 和 P 标志。

例 3.6　编写计算 12A4H+0FE7H 的程序，将结果存入内部 RAM 41H 和 40H 单元，40H 存低 8 位，41H 存高 8 位。

解： 单片机指令系统中只提供了 8 位的加减法运算指令，两个 16 位数(双字节)相加可

分为两步进行，第一步先对低 8 位相加，第二步再对高 8 位相加。

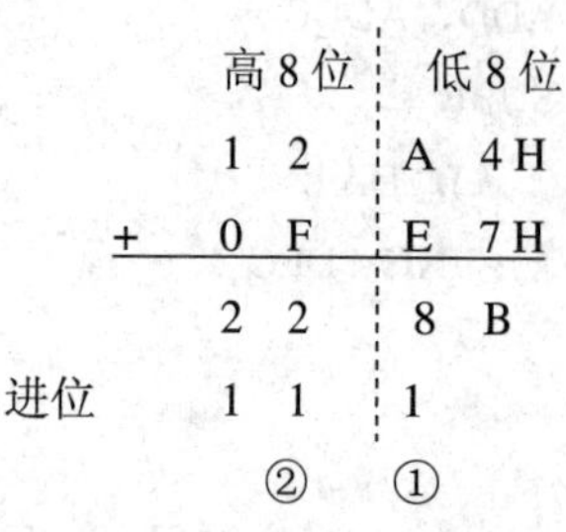

① A4H + E7H = 8BH　进位 1

② 12H + 0FH + 1 = 22H

加法指令　　ADDC　ADD

程序如下：

```
MOV    A，#0A4H        ；被加数低 8 位→A
ADD    A，#0E7H        ；加数低 8 位 E7H 与之相加，A=8BH，CY=1
MOV    40H，A          ；A→(40H)，存低 8 位结果
MOV    A，#12H         ；被加数高 8 位→A
ADDC   A，#0FH         ；加数高 8 位+A+CY，A=22H
MOV    41H，A          ；存高 8 位运算结果
```

3) BCD 码调整指令(1 条)

助记符格式	机器码(B)	指令说明	机器周期
DA　A	11010100	BCD 码加法调整指令	1

注意：① 该指令结果影响程序状态字寄存器 PSW 的 CY、OV、AC 和 P 标志。

② BCD(Binary Coded Decimal)码是用二进制形式表示十进制数，例如十进制数 45 的 BCD 码形式为 45H。BCD 码只是一种表示形式，与其数值没有关系。

BCD 码用 4 位二进制码表示一位十进制数，这 4 位二进制数的权为 8421，所以 BCD 码又称为 8421 码。十进制数码 0～9 所对应的 BCD 码如表 3.4 所示。

表 3.4　十进制数码与 BCD 码对应表

十进制数码	0	1	2	3	4	5	6	7	8	9
二进制码	0000	0001	0010	0011	0100	0101	0110	0111	1000	1001

在表 3.4 中，用 4 位二进制数表示一个十进制数位，例如 56D 和 87D 的 BCD 码可表示为

0101 0110　　(56D)

1000 0111　　(87D)

0001　0100 0011　　(143D)

③ DA　A 指令将 A 中的二进制码自动调整为 BCD 码。

④ DA　A 指令只能跟在 ADD 或 ADDC 加法指令后，不适用于减法。

例 3.7　说明指令 MOV A，#05H 和 ADD A，#08H 及 DA A 的执行结果。

解：

```
MOV   A，#05H        ；05H→A
ADD   A，#08H        ；05H+08H→A，A=0DH
DA    A              ；自动调整为 BCD 码，A=13H
```

4) 加 1 减 1 指令(9 条)

助记符格式	机器码(B)	相应操作	指令说明	机器周期
INC A	00000100	A←A+1	影响 PSW 的 P 标志	1
INC Rn	00001rrr	Rn←Rn+1	n＝0～7，rrr＝000～111	1
INC direct	00000101 direct	(direct)←(direct)+1		1
INC @Ri	0000011i	(Ri)←(Ri)+1	i=0，1	1
INC DPTR	10100011	DPTR←DPTR+1		2
DEC A	00010100	A←A−1	影响 PSW 的 P 标志	1
DEC Rn	00011rrr	Rn←Rn−1	n＝0～7，rrr＝000～111	1
DEC direct	00010101 direct	(direct)←(direct)−1		1
DEC @Ri	0001011i	(Ri)←(Ri)−1	i＝0，1	1

注意：以上指令结果通常不影响程序状态字寄存器 PSW。

例 3.8　分别指出指令 INC　R0 和 INC　@R0 的执行结果。设 R0=30H，(30H)=00H。

解： INC　R0　　；R0+1=30H+1=31H→R0，R0=31H

INC　@R0　　；(R0)+1=(30H)+1→(R0)，(30H)=01H，R0 中内容不变

2. 乘、除法指令

1) 乘法指令(1 条)

助记符格式	机器码(B)	相应操作	指令说明	机器周期
MUL AB	10100100	BA←A×B	无符号数相乘，乘积高 8 位存 B，低 8 位存 A	4

注意：乘法指令结果影响程序状态字寄存器 PSW 的 OV(积超过 0FFH 则置 1，否则为 0)和 CY(总是清 0)以及 P 标志。

2) 除法指令(1 条)

助记符格式	机器码(B)	相应操作	指令说明	机器周期
DIV AB	10000100	A←A/B 的商 B←A/B 的余数	无符号数相除，商存 A，余数存 B	4

注意：① 除法指令结果影响程序状态字寄存器 PSW 的 OV(除数为 0 则置 1，否则为 0)和 CY(总是清 0)以及 P 标志；

② 当除数为 0 时结果不能确定。

3.3.4　逻辑运算及移位类指令

逻辑运算及移位类指令分类如图 3.10 所示。

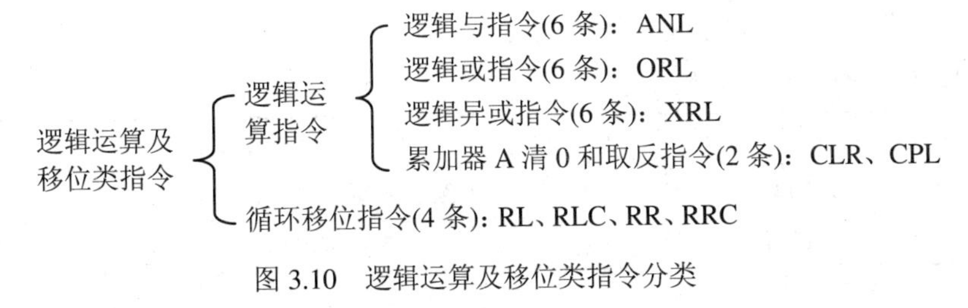

图 3.10　逻辑运算及移位类指令分类

1. 逻辑运算指令(20条)

1) 逻辑与指令(6条)

助记符格式	机器码(B)	相应操作	指令说明	机器周期
ANL A，direct	01010101 direct	A←A∧(direct)	按位相与	1
ANL A，Rn	01011rrr	A←A∧Rn	n=0～7，rrr=000～111	1
ANL A，@Ri	0101011i	A←A∧(Ri)	i=0，1	1
ANL A，#data	01010100 data	A←A∧#data		1
ANL direct，A	01010010 direct	(direct)←(direct)∧A	不影响PSW的P标志	1
ANL direct，#data	01010011 direct data	(direct)←(direct)∧#data	不影响PSW的P标志	2

注意：① 以上指令结果通常影响程序状态字寄存器PSW的P标志；

② 逻辑与指令通常用于将一个字节中的指定位清0，其他位不变。

2) 逻辑或指令(6条)

助记符格式	机器码(B)	相应操作	指令说明	机器周期
ORL A，direct	01000101 direct	A←A∨(direct)	按位相或	1
ORL A，Rn	01001rrr	A←A∨Rn	n=0～7，rrr=000～111	1
ORL A，@Ri	0100011i	A←A∨(Ri)	i=0，1	1
ORL A，#data	01000100 data	A←A∨#data		1
ORL direct，A	01000010 direct	(direct)←(direct)∨A	不影响PSW的P标志	1
ORL direct，#data	01000011 direct data	(direct)←(direct)∨#data	不影响PSW的P标志	2

注意：① 以上指令结果通常影响程序状态字寄存器PSW的P标志；

② 逻辑或指令通常用于将一个字节中的指定位置1，其余位不变。

3) 逻辑异或指令(6条)

助记符格式	机器码(B)	相应操作	指令说明	机器周期
XRL A，direct	01100101 direct	A←A⊕(direct)	按位相异或	1
XRL A，Rn	01101rrr	A←A⊕Rn	n=0～7，rrr=000～111	1
XRL A，@Ri	0110011i	A←A⊕(Ri)	i=0，1	1
XRL A，#data	01100100 data	A←A⊕#data		1
XRL direct，A	01100010 direct	(direct)←(direct)⊕A	不影响PSW的P标志	1
XRL direct，#data	01100011 direct data	(direct)← (direct)⊕#data	不影响PSW的P标志	2

注意：① 以上指令结果通常影响程序状态字寄存器PSW的P标志；

② “异或”原则是相同为0，不同为1。

4) 累加器A清0和取反指令(2条)

助记符格式	机器码(B)	相应操作	指令说明	机器周期
CLR A	11100100	A←00H	A中内容清0，影响P标志	1
CPL A	11110100	A←$\overline{A}$	A中内容按位取反，影响P标志	1

例 3.9　利用逻辑指令完成下面的操作：

(1) 将累加器 A 中的数据高 4 位清 0，低 4 位不变(该操作也称为屏蔽掉累加器 A 的高 4 位)。

(2) 将累加器 A 中的数据高 4 位置 1，低 4 位不变。

(3) 将累加器 A 中的数据低 4 位取反，高 4 位不变。

解：(1) ANL A，#00001111B 或者 ANL A，#0FH

(2) ORL A，#11110000B 或者 ORL A，#0F0H

(3) XRL A，#00001111B 或者 XRL A，#0FH

2. 循环移位指令(4 条)

助记符格式	机器码(B)	相应操作	指令说明	机器周期
RL A	00100011	←A7←A0← (循环)	循环左移	1
RLC A	00110011	CY—A7←A0 (循环)	带进位循环左移，影响 CY 标志	1
RR A	00000011	→A7→A0→ (循环)	循环右移	1
RRC A	00010011	CY→A7→A0 (循环)	带进位循环右移，影响 CY 标志	1

注意：执行带进位的循环移位指令之前，必须给 CY 置位或清 0。

例 3.10　已知累加器 A 的内容为 01H，请指出下列指令执行后累加器 A 的值各是多少？

(1) RR A　　　　(2) RL A

(3) SETB C　　　(4) SETB C
RRC A　　　　　RLC A

解：累加器 A 为 8 位寄存器，可以将其内容 01H 写成 8 位二进制形式：000000001B，记为 D7D6D5D4D3D2D1D0。

(1) 指令 RR A 执行的操作是将累加器 A 的内容循环右移一位，移位过程如下：

D7→D6、D6→D5、D5→D4、D4→D3、D3→D2、D2→D1、D1→D0、D0→D7

所以指令执行后累加器 A 的内容为 80H。

(2) 指令 RL A 执行的操作是将累加器 A 的内容循环左移一位，移位过程如下：

D0→D1、D1→D2、D2→D3、D3→D4、D4→D5、D5→D6、D6→D7、D7→D0

所以指令执行后累加器 A 的内容为 02H。

(3) 指令 SETB C 执行后，进位标志位 CY=1；

指令 RRC　A 执行的操作是将累加器 A 的内容带 CY 循环右移一位，移位过程如下：

D7→D6、D6→D5、D5→D4、D4→D3、D3→D2、D2→D1、D1→D0、D0→CY、CY→D7

所以指令执行后累加器 A 的内容为 80H，CY=1。

(4) 指令 SETB C 执行后，进位标志位 CY=1；

指令 RLC A 执行的操作是将累加器 A 的内容带 CY 循环左移一位，移位过程如下：

D0→D1、D1→D2、D2→D3、D3→D4、D4→D5、D5→D6、D6→D7、D7→CY、CY→D0

所以指令执行后累加器 A 的内容为 03H，CY=0。

3.3.5 控制转移类指令

控制转移类指令的本质是改变程序计数器 PC 的内容，从而改变程序的执行方向。控制转移类指令分为无条件转移指令、条件转移指令及调用和返回指令。具体分类如图 3.11 所示。

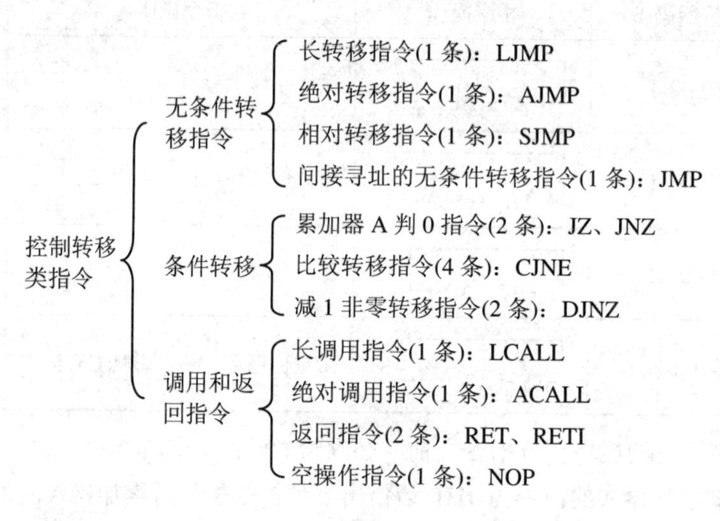

图 3.11　控制转移类指令分类

1. 无条件转移指令(4 条)

1) 长转移指令(1 条)

助记符格式	机器码(B)	相应操作	指令说明	机器周期
LJMP　addr16	00000010 $addr_{15\sim8}$ $addr_{7\sim0}$	PC←addr16	程序跳转到地址为 addr16 开始的地方执行	2

注意：① 该指令结果不影响程序状态字寄存器 PSW；

② 该指令可以转移到 64 KB 程序存储器中的任意位置。

例 3.11　假定在某程序中存在如下指令：

```
NEXT:  MOV  A，#00H        ；NEXT 为指令的标号，代表该指令在程序存储器中址，
                           ；存放的地假定该指令的存储地址为 2000H
```

请写出指令 LJMP　NEXT 执行后 PC 的值。

解：执行指令 LJMP　NEXT 之后，PC=2000H，即程序从 NEXT 标号所指向的指令开始执行。

2) 绝对转移指令(1 条)

助记符格式	机器码(B)	相应操作	指令说明	机器周期
AJMP　addr11	$a_{10}a_9a_8$00001 $addr_{7\sim0}$	$PC_{10\sim0}$←addr11	程序跳转到地址为 $PC_{15\sim11}$addr11 开始的地方执行，2 KB 内绝对转移	2

注意：① 该指令结果不影响程序状态字寄存器 PSW；

② 该指令转移范围是 2 KB。

例 3.12　指令 KWR:　AJMP　KWR1 的执行结果。

解：设 KWR 标号地址=1030H，KWR1 标号地址=1100H，该指令执行后 PC 首先加 2 变为 1032H，然后由 1032H 的高 5 位和 1100H 的低 11 位拼装成新的 PC 值 0001000100000000B，即程序从 1100H 开始执行。

3) 相对转移指令(1 条)

助记符格式	机器码(B)	相应操作	指令说明	机器周期
SJMP　rel	10000000 rel	PC←PC+2+rel	−80H(−128)～7FH(127)短转移	2

注意：① 该指令结果不影响程序状态字寄存器 PSW；

② 该指令的转移范围是以本指令的下一条指令为中心的 -128～+127 字节以内，属于相对寻址方式；

该指令的执行过程是：先执行完本指令，PC 自动增 2，然后再与 rel 相加得到新的转移地址。

在 PC←PC+2+rel 中，第一个 PC 表示新的转移地址，第二个 PC 表示本指令所在地址。

③ 在实际应用中，LJMP、AJMP 和 SJMP 后面的 addr16、addr11 或 rel 都是用标号来代替的，不一定写出它们的具体地址。

例 3.13　假定某程序中有如下指令：

```
        ⋮
        SJMP   NEXT
        ⋮
NEXT:   INC    R1
        ⋮
```

在指令 SJMP　NEXT 中，NEXT 为相对偏移量，假定该偏移值为 20H，本指令所在地址为 1000H，请计算执行完 SJMP　NEXT 指令后 PC 的值。

解：指令 SJMP　NEXT 所在地址为 1000H，执行完该指令后 PC=1002H，再利用指令中的偏移量计算新的 PC 值：

PC=1002H+20H=1022H

4) 间接寻址的无条件转移指令(1 条)

助记符格式	机器码(B)	相应操作	指令说明	机器周期
JMP　@A+DPTR	01110011	PC←A+DPTR	64 KB 内相对转移	2

注意：① 该指令结果不影响程序状态字寄存器 PSW；

② 该指令通常用于散转(多分支)程序。

例 3.14　假定 DPTR=2000H，指出当累加器 A 的内容分别为 02H、04H、06H、08H 时，执行指令 JMP @A+DPTR 后，PC 的值分别为多少。

解：当累加器 A=02H 时，执行指令 JMP @A+DPTR 后，PC=2000H+02H=2002H。

当累加器 A=04H 时，执行指令 JMP @A+DPTR 后，PC=2000H+04H=2004H。

当累加器 A=06H 时，执行指令 JMP @A+DPTR 后，PC=2000H+06H=2006H。

当累加器 A=08H 时，执行指令 JMP @A+DPTR 后，PC=2000H+08H=2008H。

2. 条件转移指令(8 条)

1) 累加器 A 判 0 指令(2 条)

助记符格式	机器码(B)	相应操作	机器周期
JZ rel	01100000	若 A=0，则 PC←PC+2+rel；否则程序顺序执行，PC←PC+2	2
JNZ rel	01110000	若 A≠0，则 PC←PC+2+rel；否则程序顺序执行，PC←PC+2	2

注意：① 以上指令结果不影响程序状态字寄存器 PSW；

② 转移范围与指令 SJMP 相同；

③ PC←PC+2+rel 中，第一个 PC 表示新的转移地址，第二个 PC 表示本指令所在地址；

④ 在实际应用中，rel 用标号代替，无需计算出具体的偏移量。

2) 比较转移指令(4 条)

助记符格式	机器码(B)	相应操作	机器周期
CJNE A，#data，rel	10110100 data rel	若 A≠#data，则 PC←PC+3+rel；否则顺序执行，PC←PC+3；若 A < #data，则 CY=1，否则 CY=0	2
CJNE Rn，#data，rel	10111rrr data rel	若 Rn≠#data，则 PC←PC+3+rel，否则顺序执行，PC←PC+3；若 Rn < #data，则 CY=1，否则 CY=0	2
CJNE @Ri，#data，rel	1011011i data rel	若(Ri) ≠#data，则 PC←PC+3+rel，否则顺序执行，PC←PC+3；若(Ri) < #data，则 CY=1，否则 CY=0	2
CJNE A，direct，rel	10110101 direct rel	若 A≠(direct)，则 PC←PC+3+rel，否则顺序执行，PC←PC+3；若 A < (direct)，则 CY=1，否则 CY=0	2

注意：① 以上指令结果影响程序状态字寄存器 PSW 的 CY 标志；

② 转移范围与 SJMP 指令相同；

③ PC←PC+3+rel 中，第一个 PC 表示新的转移地址，第二个 PC 表示本指令所在地址。

④ 在实际应用中，rel 用标号代替，无需计算出具体的偏移量。

例 3.15　假定累加器 A=20H，在程序中有如下两条指令，请指出指令执行完后 PC 的值分别为多少。

(1) CJNE　A，#20H，NEXT　；假定本指令所在地址为 1000H，偏移量为 20H

(2) CJNE　A，#30H，NEXT1　；假定本指令所在地址为 1000H，偏移量为 20H

解：(1) 在指令 CJNE　A，#20H，NEXT 中，A=20H，则顺序执行程序，PC=1000H + 3 = 1003H。

(2) 在指令 CJNE A，#30H，NEXT1 中，A ≠ 30H，则指令转移到相应标号地址处执行，新地址的计算方法是：执行完本指令后，PC 的值自动增 3，然后再与偏移量相加。

PC=1000H+3+20H=1023H。同时由于 A < #30H，所以 CY = 1。

3) 减 1 非零转移指令(2 条)

助记符格式	机器码(B)	相应操作	机器周期
DJNZ Rn，rel	11011rrr rel	Rn←Rn−1，若 Rn≠0，则 PC←PC+2+rel；否则顺序执行，PC←PC+2	2
DJNZ direct，rel	11010101 direct　rel	(direct)←(direct)−1，若(direct)≠0，则 PC←PC+3+rel；否则顺序执行，PC←PC+3	2

注意：① DJNZ 指令通常用于循环程序中控制循环次数；

② 转移范围与 SJMP 指令相同；

③ 以上指令结果不影响程序状态字寄存器 PSW。

3. 调用和返回指令(5 条)

1) 绝对调用指令(1 条)

助记符格式	机器码(B)	相应操作	机器周期
ACALL addr11	$a_{10}a_9a_8$10001 $addr_{7\sim0}$	PC←PC+2 SP←SP+1，(SP)←$PC_{0\sim7}$ SP←SP+1，(SP)←$PC_{8\sim15}$ $PC_{0\sim10}$←addr11	2

注意：① 该指令结果不影响程序状态字寄存器 PSW；

② 调用范围与 AJMP 指令相同。

2) 长调用指令(1 条)

助记符格式	机器码(B)	相应操作	机器周期
LCALL addr16	00010010 $addr_{15\sim8}$ $addr_{7\sim0}$	PC←PC+3 SP←SP+1，(SP)←$PC_{0\sim7}$ SP←SP+1，(SP)←$PC_{8\sim15}$ PC←addr16	2

注意：① 该指令结果不影响程序状态字寄存器 PSW；

② 调用范围与 LJMP 指令相同。

3) 返回指令(2 条)

助记符格式	机器码(B)	相应操作	机器周期
RET	00100010	$PC_{8\sim15}$←(SP)，SP←SP−1 $PC_{0\sim7}$←(SP)，SP←SP−1 子程序返回指令	2
RETI	00110010	$PC_{8\sim15}$←(SP)，SP←SP−1 $PC_{0\sim7}$←(SP)，SP←SP−1 中断返回指令	2

注意：该指令结果不影响程序状态字寄存器 PSW。

4) 空操作(1 条)

助记符格式	机器码(B)	相应操作	指令说明
NOP	00000000	空操作	消耗 1 个机器周期

注意：该指令结果不影响程序状态字寄存器 PSW。

3.3.6　位操作类指令

位操作指令的操作数是“位”，其取值只能是 0 或 1，故又称之为布尔操作指令。位操作指令的操作对象是片内 RAM 的位寻址区(即 20H～2FH)和特殊功能寄存器 SFR 中的 11 个可位寻址的寄存器。片内 RAM 的 20H～2FH 共 16 个单元 128 个位，我们为这 128 个位的每个位均定义一个名称：00H～7FH，称为位地址，如表 3.5 所示。对于特殊功能寄存器 SFR 中可位寻址的寄存器的每个位，也有名称定义，如表 3.6 所示。

表 3.5　片内 RAM 位寻址区的位地址分布

位地址/位名称								字节地址
D7	D6	D5	D4	D3	D2	D1	D0	
7F	7E	7D	7C	7B	7A	79	78	2FH
77	76	75	74	73	72	71	70	2EH
6F	6E	6D	6C	6B	6A	69	68	2DH
67	66	65	64	63	62	61	60	2CH
5F	5E	5D	5C	5B	5A	59	58	2BH
57	56	55	54	53	52	51	50	2AH
4F	4E	4D	4C	4B	4A	49	48	29H
47	46	45	44	43	42	41	40	28H
3F	3E	3D	3C	3B	3A	39	38	27H
37	36	35	34	33	32	31	30	26H
2F	2E	2D	2C	2B	2A	29	28	25H
27	26	25	24	23	22	21	20	24H
1F	1E	1D	1C	1B	1A	19	18	23H
17	16	15	14	13	12	11	10	22H
0F	0E	0D	0C	0B	0A	09	08	21H
07	06	05	04	03	02	01	00	20H

表 3.6 SFR 中的位地址分布

SFR	位地址/位名称								字节地址
	D7	D6	D5	D4	D3	D2	D1	D0	
B	F7H	F6H	F5H	F4H	F3H	F2H	F1H	F0H	F0H
ACC	E7H	E6H	E5H	E4H	E3H	E2H	E1H	E0H	E0H
	ACC.7	ACC.6	ACC.5	ACC.4	ACC.3	ACC.2	ACC.1	ACC.0	
PSW	D7H	D6H	D5H	D4H	D3H	D2H	D1H	D0H	D0H
	CY	AC	F0	RS1	RS0	OV	F1	P	
IP	BFH	BEH	BDH	BCH	BBH	BAH	B9H	B8H	B8H
	—	—	—	PS	PT1	PX1	PT0	PX0	
P3	B7H	B6H	B5H	B4H	B3H	B2H	B1H	B0H	B0H
	P3.7	P3.6	P3.5	P3.4	P3.3	P3.2	P3.1	P3.0	
IE	AFH	AEH	ADH	ACH	ABH	AAH	A9H	A8H	A8H
	EA	—	—	ES	ET1	EX1	ET0	EX0	
P2	A7H	A6H	A5H	A4H	A3H	A2H	A1H	A0H	A0H
	P2.7	P2.6	P2.5	P2.4	P2.3	P2.2	P2.1	P2.0	
SCON	9FH	9EH	9DH	9CH	9BH	9AH	99H	98H	98H
	SM0	SM1	SM2	REN	TB8	RB8	TI	RI	
P1	97H	96H	95H	94H	93H	92H	91H	90H	90H
	P1.7	P1.6	P1.5	P1.4	P1.3	P1.2	P1.1	P1.0	
TCON	8FH	8EH	8DH	8CH	8BH	8AH	89H	88H	88H
	TF1	TR1	TF0	TR0	IE1	IT1	IE0	IT0	
P0	87H	86H	85H	84H	83H	82H	81H	80H	80H
	P0.7	P0.6	P0.5	P0.4	P0.3	P0.2	P0.1	P0.0	

对于位寻址，有以下 4 种不同的写法。

第一种是直接地址写法，如 MOV C，0D2H，其中，0D2H 表示 PSW 中的 OV 位地址。

第二种是点操作符写法，如 MOV C，0D0H.2。

第三种是位名称写法，即在指令格式中直接采用位定义名称，这种方式只适用于可以位寻址的 SFR，如 MOV C，OV。

第四种是专用寄存器符号与点操作符表示法，如 MOV C，PSW.0。

位操作类指令分为以下 5 组：

- 位传送指令(2 条)：MOV。
- 位置位和位清 0 指令(4 条)：SETB、CLR。
- 位运算指令(6 条)：ANL、ORL、CPL。
- 位转移指令(3 条)：JB、JNB、JBC。
- 判 CY 标志指令(2 条)：JC、JNC。

1. 位传送指令(2 条)

助记符格式	机器码(B)	相应操作	指令说明	机器周期
MOV C，bit	10100010 bit	CY←bit	位传送指令，结果影响 CY 标志	2
MOV bit，C	10010010 bit	bit←CY	位传送指令，结果不影响 PSW	2

注意：位传送指令的操作数中必须有一个是进位位 C，不能在其他两个位之间直接传送。进位位 C 也称为位累加器。

2. 位置位和位清 0 指令(4 条)

助记符格式	机器码(B)	相应操作	指令说明	机器周期
CLR C	11000011	CY←0	位清 0 指令，结果影响 CY 标志	1
CLR bit	11000010 bit	bit←0	位清 0 指令，结果不影响 PSW	1
SETB C	11010011	CY←1	位置 1 指令，结果影响 CY 标志	1
SETB bit	11010010 bit	bit←1	位置 1 指令，结果不影响 PSW	1

3. 位运算指令(6 条)

助记符格式	机器码(B)	相应操作	指令说明	机器周期
ANL C，bit	10000010 bit	CY←CY∧bit	位与指令	2
ANL C，bit	10110010 bit	CY←CY∧ $\overline{\text{bit}}$	位与指令	2
ORL C，bit	01110010 bit	CY←CY∨bit	位或指令	2
ORL C，bit	10100010 bit	CY←CY∨ $\overline{\text{bit}}$	位或指令	2
CPL C	10110011	CY← $\overline{\text{CY}}$	位取反指令	2
CPL bit	10110010	bit← $\overline{\text{bit}}$	位取反指令，结果不影响 CY	2

注意：以上指令结果通常影响程序状态字寄存器 PSW 的 CY 标志。

4. 位转移指令(3 条)

助记符格式	机器码(B)	相应操作	机器周期
JB　bit，rel	00100000 bit rel	若 bit＝1，则 PC←PC+rel，否则顺序执行	2
JNB　bit，rel	00110000 bit rel	若 bit＝0，则 PC←PC+rel，否则顺序执行	2
JBC　bit，rel	00010000 bit rel	若 bit＝1，则 PC←PC+rel，bit←0，否则顺序执行	2

注意：① JBC 与 JB 指令的区别是：前者转移后把寻址位清 0，后者只转移而不把寻址位清 0；

② 以上指令结果不影响程序状态字寄存器 PSW。

5. 判 CY 标志指令(2 条)

助记符格式	机器码(B)	相应操作	机器周期
JC rel	01000000 rel	若 CY＝1，则 PC←PC+rel，否则顺序执行	2
JNC rel	01010000 rel	若 CY≠1，则 PC←PC+rel，否则顺序执行	2

注意：以上结果不影响程序状态字寄存器 PSW。

例 3.16　用位操作指令编程计算逻辑方程 $P1.7 = ACC.0 \times (B.0+P2.1)+\overline{P3.2}$，其中“+”表示逻辑或，“×”表示逻辑与。

解：程序段如下：

```
MOV    C，B.0        ；B.0→C
ORL    C，P2.1       ；C 或 P2.1→C
ANL    C，ACC.0      ；C 与 ACC.0→C，即 ACC.0×(B.0+P2.1)→C
ORL    C，/P3.2      ；C 或/P3.2，即 ACC.0×(B.0+P2.1)+P3.2→C
MOV    P1.7，C       ；C →P1.7
```

3.3.7　常用伪指令

在单片机汇编语言程序设计中，除了要使用指令系统规定的指令外，还要用到一些伪指令。伪指令又称指示性指令，具有和指令类似的形式，但汇编时伪指令并不产生可执行的目标代码，只是对汇编过程进行某种控制或提供某些汇编信息。

下面对常用的伪指令作一简单介绍。

1. 定位伪指令 ORG

格式：[标号：]　ORG　地址表达式

功能：规定程序块或数据块存放的起始位置。

例如：
```
ORG 1000H          ；表示下面的指令 MOV A，#20H 存放于 1000H 开始的单元
MOV A，#20H
```

2. 定义字节数据伪指令 DB

格式：[标号：]　DB　字节数据表

功能：字节数据表可以是多个字节数据、字符串或表达式，它表示将字节数据表中的数据从左到右依次存放在指定地址单元。

例如：
```
        ORG 1000H
TAB：DB 2BH，0A0H，'A'，2*4   ；表示从 1000H 单元开始的地方存放数据 2BH，0A0H，
                              ；41H(字母 A 的 ASCII 码)，08H
```

3. 定义字数据伪指令 DW

格式：[标号：]　DW　字数据表

功能：与 DB 类似，但 DW 定义的数据项为字，包括两个字节，存放时高位在前，低位在后。

例如：
```
        ORG 1000H
DATA：DW   324AH，3CH   ；表示从 1000H 单元开始的地方存放数据 32H，4AH，
                        ；00H，3CH(3CH 以字的形式表示为 003CH)
```

4. 定义空间伪指令 DS

格式：[标号：]　DS　表达式

功能：从指定的地址开始，保留多少个存储单元作为备用的空间。

例如：
```
        ORG   1000H
BUF：DS   50
```

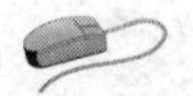

```
TAB：DB   22H     ；表示从1000H开始的地方预留50(1000H～1031H)个存储字节空间，
                  ；22H存放在1032H单元
```

5. 符号定义伪指令 EQU 或 =

格式：符号名　EQU　表达式　　或　　符号名=表达式

功能：将表达式的值或某个特定汇编符号定义为一个指定的符号名，只能定义单字节数据，并且必须遵循先定义后使用的原则，因此该语句通常放在源程序的开头部分。

例如：

```
LEN=10
SUM  EQU  21H
 ⋮
MOV  A，#LEN   ；执行指令后，累加器A中的值为0AH
 ⋮
```

6. 数据赋值伪指令 DATA

格式：符号名　DATA　表达式

功能：将表达式的值或某个特定汇编符号定义为一个指定的符号名，只能定义单字节数据，但可以先使用后定义，因此用它定义数据时可以放在程序末尾。

例如：

```
 ⋮
MOV A，#LEN
 ⋮
LEN  DATA  10
```

尽管LEN的引用在定义之前，但汇编语言系统仍可以知道A的值是0AH。

7. 数据地址赋值伪指令 XDATA

格式：符号名　XDATA　表达式

功能：将表达式的值或某个特定汇编符号定义为一个指定的符号名，可以先使用后定义，可用于双字节数据定义。

例如：

```
DELAY  XDATA  0356H
 ⋮
LCALL  DELAY   ；执行指令后，程序转到0356H单元执行
```

8. 汇编结束伪指令 END

格式：[标号：]　END

功能：汇编语言源程序结束标志，用于整个汇编语言程序的末尾处。

本章小结

程序由指令组成。一台计算机能够提供的所有指令的集合称为指令系统。指令有机器码指令和助记符指令两种形式。计算机能够直接执行的指令是机器码指令。

寻找操作数地址的方式称为寻址方式。MCS-51指令系统共使用了7种寻址方式，包括寄存器寻址、直接寻址、立即数寻址、寄存器间接寻址、变址寻址、相对寻址和位寻址等。

MCS-51单片机指令系统包括111条指令，按功能可以划分为以下5类：数据传送指令

(29 条)、算术运算指令(24 条)、逻辑运算指令(24 条)、控制转移指令(17 条)和位操作指令(17 条)。

本章简单介绍了指令系统中所包含的每一条指令，使读者可以初步了解指令的概念和基本功能。指令系统的熟练应用和深入认识还必须在下一章的汇编语言程序设计中继续学习和训练。

习 题 3

3.1 单项选择题。

(1) 单片机在与外部 I/O 口进行数据传送时，将使用_______指令。

A. MOVX B. MOV C. MOVC D. 视具体 I/O 口器件而定

(2) 在寄存器间接寻址方式中，Ri 是指_______。

A. R0～R7 B. R0～R1 C. 操作码 D. 操作数地址

(3) 下列指令中，影响堆栈指针的指令是_______。

A. LJMP addr16 B. DJNZ Rn，rel

C. LCALL addr16 D. MOVX A，@Ri

(4) MCS-51 单片机有七种寻址方式，其中：MOV A，direct 指令的源操作数属于_______寻址方式。

A. 间接 B. 变址 C. 相对 D. 直接

(5) 指令 JZ NEXT 的作用是_______。

A. 当 CY 标志为 0 时跳转到 NEXT 语句执行

B. 当累加器 A 内容不为全 0 时跳转到 NEXT 语句执行

C. 当累加器 A 内容为全 0 时跳转到 NEXT 语句执行

D. 当 CY 标志为 1 时跳转到 NEXT 语句执行

(6) 将外部数据存储单元的内容传送到累加器 A 中的指令是_______。

A. MOVX A，@A+DPTR B. MOV A，@R0

C. MOVC A，@A+DPTR D. MOVX A，@DPTR

(7) 在指令 MOV 30H，#55H 中，30H 是_______。

A. 指令的操作码 B. 操作数 C. 操作数的目的地址 D. 机器码

(8) 在下列指令中，属判位转移的指令是_______。

A. AJMP addr11 B. CJNE A，direct，rel

C. DJNZ Rn，rel D. JNC rel

(9) 8031 有 4 组工作寄存器区，将当前工作寄存器设置为第 2 组应使用的指令是_______。

A. SETB RS0 和 CLR RS1 B. SETB RS0 和 SETB RS1

C. CLR RS0 和 CLR RS1 D. CLR RS0 和 SETB RS1

(10) MCS-51 单片机中，下一条将要执行的指令地址存放在_______中。

A. SP B. DPTR C. PC D. PSW

(11) 当执行 DA A 指令时，CPU 将根据_______的状态自动调整，使 ACC 的值为正确

的 BCD 码。

A. CY　　B. MOV 20H，R4

C. CY 和 AC　　D. RS0 和 RS1

(12) 下列指令中正确的是_______。

A. MOV A，R4　　B. MOV @R1，R3

C. MOV R4，R3　　D. MOV @R4，R3

(13) 在堆栈操作中，当进栈数据全部弹出后，这时 SP 应指向_______。

A. 栈底单元　　B. 7FH 单元

C. 栈底单元地址加 1　　D. 栈底单元地址减 1

3.2　填空题。

(1) 在直接寻址方式中，只能使用_______位二进制数作为直接地址，因此，其寻址方式对象只限于_______。

(2) 在相对寻址方式中，寻址得到的结果是_______。

(3) 假定 A = 85H，(20H) = 0FFH，CY = 1，执行指令：ADDC A，20H 后，累加器 A 的内容为_______，CY 的内容为_______，AC 的内容为_______，OV 的内容为_______。

(4) 假定 A = 56H，R5 = 67H，执行如下指令后，累加器 A 的内容为_______，CY 的内容为_______。

```
ADD   A，R5
DA    A
```

(5) 假定 A=40H，B=0A0H，执行指令：MUL AB 后，寄存器 B 的内容_______，累加器 A 的内容为_______，CY 的内容为_______，OV 的内容为_______。

(6) 假定 A=0FEH，B=15H，执行指令：DIV AB 后，累加器 A 的内容为_______，寄存器 B 的内容为_______，CY 的内容为_______，OV 的内容为_______。

(7) 假定 A 的内容为 0FEH，执行完指令：SWAP A 后，累加器 A 的内容为_______。

(8) 将累加器 A 清 0 的指令有很多种，请按下面的要求写出指令：

数据传送指令_______________

逻辑与操作指令_____________

逻辑异或操作指令___________

累加器清 0 指令_____________

(9) 在位操作中，能起到字节操作中累加器作用的是_______。

(10) 假定 addr11=00100000000B，标号 next 的地址为 1030H，执行指令：next:　AJMP addr11 后，程序转移到地址_______去执行。

(11) 假定指令 SJMP next 所在地址为 0100H，标号 next 代表的地址为 0123H(即跳转的目标地址为 0123H)，那么该指令的相对偏移量为_______。

3.3　指出下列指令的寻址方式及执行的操作：

(1) MOV A，data

(2) MOV A，#data

(3) MOV A，R1

(4) MOV A，@R1

(5) MOVC A，@A+DPTR

3.4　已知：累加器 A = 20H，寄存器 R0=30H，内部 RAM(20H) = 78H，内部 RAM(30H) = 56H，请指出每条指令执行后累加器 A 内容的变化。

(1) MOV A，#20H

(2) MOV A，20H

(3) MOV A，R0

(4) MOV A，@R0

3.5　已知：R0 = 30H，R1 = 40H，R2 = 50H，内部 RAM(30H) = 34H，内部 RAM(40H) = 50H，请指出下列指令执行后各单元内容相应的变化：

(1) MOV A，R2

(2) MOV R2，40H

(3) MOV @R1，#88H

(4) MOV 30H，40H

(5) MOV 40H，@R0

3.6　编写程序段实现把外部 RAM 2000H 单元的内容传送到内部 RAM 20H 中的操作。

3.7　编写程序段实现把外部 RAM 2000H 单元的内容传送到外部 RAM 3000H 中的操作。

3.8　给出三种交换内部 RAM 20H 单元和 30H 单元的内容的操作方法。

3.9　说明利用单片机进行 25H + 9BH 运算后对各标志位的影响。

3.10　编写计算 257A126BH + 890FEA72H 的程序段，并将结果存入内部 RAM 40H～43H 单元(40H 存低位)。

3.11　编写计算 6825H − 357BH 的程序段，并将结果存入 30H、31H 单元(30H 存低位)。

3.12　已知：A = 25H，B = 3FH，指令 MUL AB 执行后寄存器 A、B 的值是什么？对各标志位有何影响？

3.13　请写出完成下列操作的指令：

(1) 使累加器 A 的低 4 位清 0，其余位不变。

(2) 使累加器 A 的低 4 位置 1，其余位不变。

(3) 使累加器 A 的低 4 位取反，其余位不变。

(4) 使累加器 A 中的内容全部取反。

3.14　用移位指令实现累加器 A 的内容乘以 10H 的操作。

3.15　分别指出无条件长转移指令、无条件绝对转移指令、无条件相对转移指令和条件转移指令的转移范围是多少。

3.16　若内部 RAM(20H)=5EH，指出下列指令的执行结果：

(1) MOV A，20H

(2) MOV C，04H

(3) MOV C，20H.3

第4章　汇编语言程序设计

程序设计是单片机应用系统设计的重要组成部分，计算机的全部动作都是在程序的控制下进行的。本章用大量的实例来介绍单片机汇编语言程序设计方法。

教学导航

教	知识重点	1. 简单程序设计 2. 分支程序设计 3. 循环程序设计 4. 查表程序 5. 子程序结构与堆栈概念
	知识难点	1. 分支程序和循环程序的编写 2. 堆栈的概念
	推荐教学方式	从训练项目入手，以信号灯变换的不同控制方法，引入各种程序结构的设计思路，通过每个典型程序的分析，让学生掌握每种程序结构的设计方法与基本步骤
	建议学时	12学时
学	推荐学习方法	通过每种典型程序的分析，注意总结各类程序结构的特点和编写技巧。不断加强逻辑思维的训练，熟练运用关键指令，是编写各类程序的技巧
	必须掌握的理论知识	1. 各类程序结构的特点与设计方法 2. 子程序的概念以及堆栈的意义
	必须掌握的技能	简单程序、分支程序、循环程序的编程思路

项目4　多彩信号灯控制

1. 训练目的

(1) 掌握汇编语言程序的基本结构。

(2) 了解汇编语言程序设计的基本方法和思路。

2. 设备与器件

(1) 设备：单片机开发系统、微机等。

(2) 器件与电路：参见项目1。

3. 步骤与要求

(1) 运行程序 1，观察 8 个发光二极管的亮灭状态。

(2) 在单片机开发调试环境中，将内部 RAM 的 20H 单元内容修改为 00H，运行程序 2，观察 8 个发光二极管的亮灭状态；重新将内部 RAM 的 20H 单元内容修改为 80H，再次运行程序 2，观察 8 个发光二极管的亮灭状态。

(3) 运行程序 3，观察 8 个发光二极管的亮灭状态。

程序 1：所有发光二极管不停地闪动。

```
        ORG     0000H           ；程序从地址 0000H 开始存放
START：  MOV     P1，#00H        ；把立即数 00H 送 P1 口，点亮所有发光二极管
        ACALL   DELAY           ；调用延时子程序
        MOV     P1，#0FFH       ；灭掉所有发光二极管
        ACALL   DELAY           ；调用延时子程序
        AJMP    START           ；重复闪烁
DELAY：  MOV     R3，#7FH        ；延时子程序
DEL2：   MOV     R4，#0FFH
DEL1：   NOP
        DJNZ    R4，DEL1
        DJNZ    R3，DEL2
        RET
        END                     ；汇编程序结束
```

程序 2：用位状态控制发光二极管的显示方式。

```
        ORG     0000H
        MOV     A，20H          ；A←(20H)，20H 单元的内容传送到累加器 A
        RLC     A               ；累加器 A 的内容带 CY 循环左移，CY←ACC.7
        JC      NEXT            ；判断 CY 是否为 1，若是，跳转到 NEXT 执行
        MOV     P1，#00H        ；否则，CY=0，点亮所有发光二极管
        SJMP    $
NEXT：   MOV     P1，#55H        ；CY=1，发光二极管交替亮灭
        SJMP    $
        END
```

程序 3：使 8 个发光二极管顺序点亮。

```
        ORG     0000H
START：  MOV     R2，#08H        ；设置循环次数
        MOV     A，#0FEH        ；送显示模式字
NEXT：   MOV     P1，A           ；点亮连接 P1.0 的发光二极管
        ACALL   DELAY
        RL      A               ；左移一位，改变显示模式字
        DJNZ    R2，NEXT        ；循环次数减 1，若不为零，则继续点亮下一个二极管
```

```
          SJMP    START
DELAY:    MOV     R3，#0FFH      ；延时子程序开始
DEL2:     MOV     R4，#0FFH
DEL1:     NOP
          DJNZ    R4，DEL1
          DJNZ    R3，DEL2
          RET
          END
```

4. 分析与总结

(1) 程序 1 的运行结果是：8 个发光二极管同时闪烁。该程序的运行过程用流程图表示如图 4.1 所示。

程序 1 的执行过程是按照指令的排列顺序逐条执行的。这种按照指令的排列顺序逐条执行的程序称为顺序结构程序。

关于顺序结构程序的详细介绍参见 4.2 节。

(2) 程序 2 的运行结果是：若内部 RAM 20H 单元的内容为 00H，则 8 个发光二极管全部处于点亮状态；若内部 RAM 20H 单元的内容为 80H，则 8 个发光二极管处于“亮灭亮灭亮灭亮灭”状态。程序 2 的流程图如图 4.2 所示。

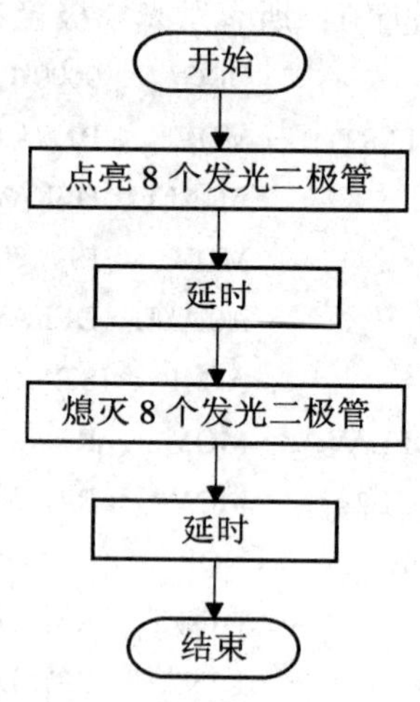

图 4.1　程序 1 流程图

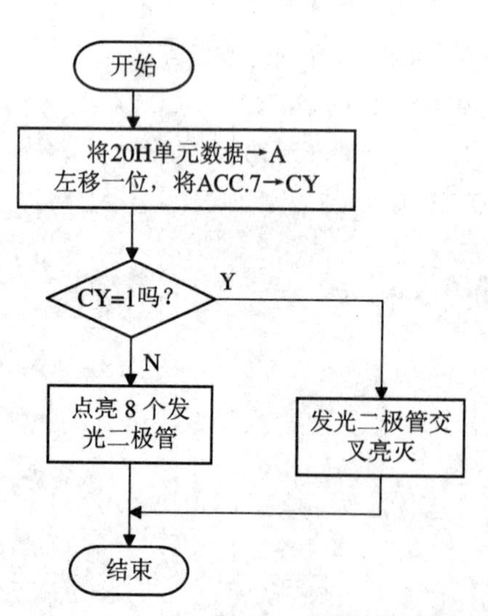

图 4.2　程序 2 流程图

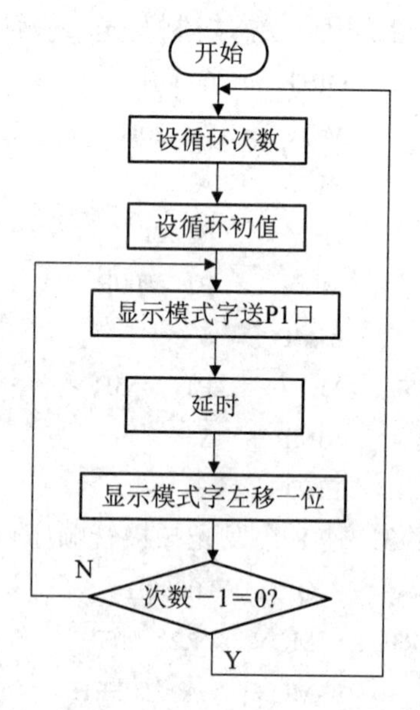

图 4.3　程序 3 流程图

程序 2 的特点是：程序不按照指令的排列顺序执行，而是根据 20H 单元中的数据的第 7 位的状态，分别执行不同的内容，即程序有两个分支，执行时根据给定的条件选择其中一个分支。这样的程序称为分支结构程序。分支结构程序的关键问题是如何根据条件选择正

确的分支。

关于分支结构程序的详细介绍参见4.3节。

(3) 程序3的运行结果是：顺序点亮8个发光二极管。该程序的流程图如图4.3所示。

程序3的特点是："点亮—延时—移位"这一程序段重复执行了8次。重复执行某一程序段的程序称为循环结构程序。该程序的设计过程见例4.6。

关于循环结构程序的详细介绍参见4.4节。

(4) 在程序1和程序3中都使用了一段相同的延时子程序DELAY，这种供其他程序反复使用的程序或程序段称为子程序。关于子程序的详细介绍参见4.6节。

5. 思考

(1) 在程序1和程序3中，如果去掉程序中的ACALL DELAY指令，程序运行结果是否有变化，为什么？如果想改变8个发光二极管的闪烁或点亮速度，如何修改程序？

(2) 在程序2中，判断累加器A中数据最高位是否为1的方法有很多，试看下面的指令是否能够实现。

① JB ACC.7 NEXT

② MOV C，ACC.7
   JC NEXT

4.1 概　　述

项目4中，我们使用的程序都是用单片机汇编语言编写的。除了汇编语言外，单片机程序设计语言还有两类：机器语言和高级语言。

机器语言(Machine Language)是指直接用机器码编写程序、能够为计算机直接执行的机器级语言。机器码是一串由二进制代码"0"和"1"组成的二进制数据，其执行速度快，但是可读性极差。机器语言一般只在简单的开发装置中使用，程序的设计、输入、修改和调试都很麻烦。在项目1和项目3中直接固化或输入的程序都是机器语言程序。

汇编语言(Assembly Language)是指用指令助记符代替机器码的编程语言。汇编语言程序结构简单，执行速度快，程序易优化，编译后占用存储空间小，是单片机应用系统开发中最常用的程序设计语言。汇编语言的缺点是可读性比较差，只有熟悉单片机指令系统并具有一定的程序设计经验的人员，才能研制出功能复杂的应用程序。项目4中的3个程序都是用汇编语言编写的。

高级语言(High-Level Language)是在汇编语言的基础上用自然语言的语句来编写程序的，例如PL/M-51、Franklin C51、MBASIC 51等。使用高级语言编写的程序可读性强，通用性好，适用于不熟悉单片机指令系统的用户。用高级语言编写程序的缺点是实时性不高，结构不紧凑，编译后占用存储空间比较大，这一点在存储器有限的单片机应用系统中没有优势。

目前，大多数用户仍然使用汇编语言进行单片机应用系统的软件设计。本章将介绍MCS-51单片机汇编语言的程序设计方法。

单片机汇编语言程序设计的基本步骤如下：

(1) 题意分析。熟悉并了解汇编语言指令的基本格式和主要特点，明确被控对象对软件

的要求，设计出算法等。

(2) 画出程序流程图。编写较复杂的程序时，画出程序流程图是十分必要的。程序流程图也称为程序框图，是根据控制流程设计的，它可以使程序清晰，结构合理，便于调试。在项目 4 中，我们给出了 3 个程序的流程图。

(3) 分配内存工作区及有关端口地址。分配内存工作区时，要根据程序区、数据区、暂存区、堆栈区等预计所占空间大小，对片内外存储区进行合理分配并确定每个区域的首地址，便于编程使用。

(4) 编制汇编源程序。

(5) 仿真、调试程序。

(6) 固化程序。

4.2　简单程序设计

简单程序也就是顺序程序。项目 4 中的程序 1 就是顺序程序结构，它是最简单、最基本的程序结构，其特点是按指令的排列顺序一条条地执行，直到全部指令执行完毕为止。不管多么复杂的程序，总是由若干顺序程序段组成。本节通过实例介绍简单程序的设计方法。

例 4.1　4 字节(双字)加法。将内部 RAM 中从 30H 开始的 4 个单元中存放的 4 字节十六进制数和内部 RAM 中从 40H 单元开始的 4 个单元中存放的 4 字节十六进制数相加，结果存放到以 40H 开始的单元中。

解：(1) 题意分析。题目的要求如图 4.4 所示。

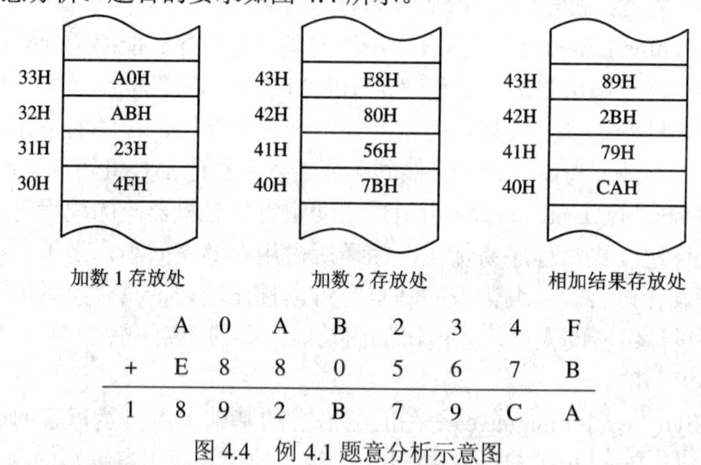

图 4.4　例 4.1 题意分析示意图

(2) 汇编语言源程序。按照双字节加法的思路，编写实现 4 字节相加的源程序如下：

```
ORG     0000H
MOV     A，30H
ADD     A，40H
MOV     40H，A        ；最低字节相加并送结果
MOV     A，31H
ADDC    A，41H
```

```
MOV     41H，A        ；第二字节相加并送结果
MOV     A，32H
ADDC    A，42H
MOV     42H，A        ；第三字节相加并送结果
MOV     A，33H
ADDC    A，43H
MOV     43H，A        ；第四字节相加并送结果，进位位在 CY 中
END
```

显然，上面程序中每一步加法的步骤很相似，因此我们可以采用循环的方法来编程，使得源程序更加简洁，结构更加紧凑。用循环方法编制的源程序见习题 4.3 题。

例 4.2　数据拼拆程序。将内部 RAM 30H 单元中存放的 BCD 码十进制数拆开并变成相应的 ASCII 码，分别存放到 31H 和 32H 单元中。

解：(1) 题意分析。题目要求如图 4.5 所示。

本题中，首先必须将两个数拆开，然后再拼装成两个 ASCII 码。数字与 ASCII 码之间的关系是：高 4 位为 0011H，低 4 位即为该数字的 8421 码。

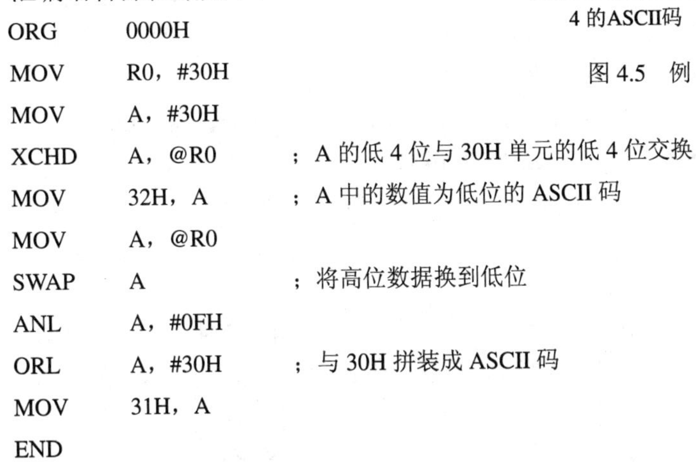

图 4.5　例 4.2 题意分析示意图

(2) 汇编语言源程序如下：

```
ORG     0000H
MOV     R0，#30H
MOV     A，#30H
XCHD    A，@R0        ；A 的低 4 位与 30H 单元的低 4 位交换
MOV     32H，A        ；A 中的数值为低位的 ASCII 码
MOV     A，@R0
SWAP    A             ；将高位数据换到低位
ANL     A，#0FH
ORL     A，#30H       ；与 30H 拼装成 ASCII 码
MOV     31H，A
END
```

4.3　分支程序设计

通常，单纯的顺序结构程序只能进行一些简单的算术、逻辑运算或者简单的查表、传送操作等。而实际问题一般都是比较复杂的，总是伴随有逻辑判断或条件选择，要求计算机能根据给定的条件进行判断，选择不同的处理路径，从而表现出某种智能。

根据程序要求改变程序执行顺序，即程序的流向有两个或两个以上的出口，并根据指定的条件选择程序流向的程序结构，称为分支程序结构，项目 4 中的程序 2 就是这样的程序结构。本节通过实例介绍分支程序设计方法。

4.3.1 分支程序实例

1. 两分支程序设计

例 4.3 两个无符号数的比较(两分支)。内部 RAM 的 20H 单元和 30H 单元各存放了一个 8 位无符号数，请比较这两个数的大小，并将比较结果显示在实验板上：若(20H)≥(30H)，则 P1.0 管脚连接的 LED 发光；若(20H) < (30H)，则 P1.1 管脚连接的 LED 发光。

解：(1) 题意分析。本例是典型的分支程序，根据两个无符号数的比较结果(判断条件)，程序可以选择两个流向之中的某一个，分别点亮相应的 LED。

比较两个无符号数常用的方法是将两个数相减，然后判断有否借位 CY。若 CY = 0，无借位，则 X≥Y；若 CY = 1，有借位，则 X < Y。程序的流程图如图 4.6 所示。

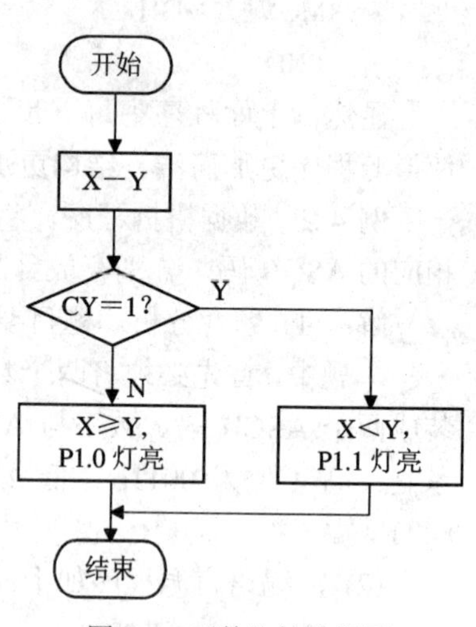

图 4.6　两数比较流程图

(2) 汇编语言源程序如下：

```
        X   DATA   20H  ；数据地址赋值伪指令 DATA
        Y   DATA   30H
        ORG   0000H
        MOV   A，X     ；(X)→A
        CLR   C        ；CY = 0
        SUBB  A，Y     ；带借位减法，A－(Y)－CY→A
        JC    L1       ；CY = 1，转移到 L1
        CLR   P1.0          ；CY = 0，(20H)≥(30H)，点亮 P1.0 连接的 LED
        SJMP  FINISH        ；直接跳转到结束等待
L1：    CLR   P1.1          ；(20H) < (30H)，点亮 P1.1 连接的 LED
FINISH：SJMP  $
        END
```

(3) 执行结果。执行该程序之前，利用单片机开发系统先往内部 RAM 的 20H 和 30H 单元存放两个无符号数(可以任意设定)，执行后观察点亮的 LED 是否和存放的数据大小相一致。

2. 三分支程序设计

例 4.4 两个有符号数的比较(三分支程序)。内部 RAM 的 20H 单元和 30H 单元各存放了一个 8 位有符号数，请比较这两个数的大小，并将比较结果显示在实验板上：

若(20H) = (30H)，则 P1.0 管脚连接的 LED 发光；

若(20H) > (30H)，则 P1.1 管脚连接的 LED 发光；

若(20H) < (30H)，则 P1.2 管脚连接的 LED 发光。

解：(1) 题意分析。有符号数在计算机中的表示方式与无符号数是不相同的：正数以原码形式表示，负数以补码形式表示，8 位二进制数的补码所能表示的数值范围为 +127～－128。

计算机本身无法区分一串二进制码组成的数字是有符号数或无符号数，也无法区分它是程序指令还是一个数据。编程员必须对程序中出现的每一个数据的含义非常清楚，并按此选择相应的操作。例如，数据 FEH 看做无符号数时其值为 254，看做有符号数时为 －2。

比较两个有符号数 X 和 Y 的大小要比比较无符号数麻烦得多。这里提供一种比较思路：先判别两个有符号数 X 和 Y 的符号，如果 X、Y 两数符号相反，则非负数大；如果 X、Y 两数符号相同，将两数相减，然后根据借位标志 CY 进行判断。这一比较过程如图 4.7 所示。

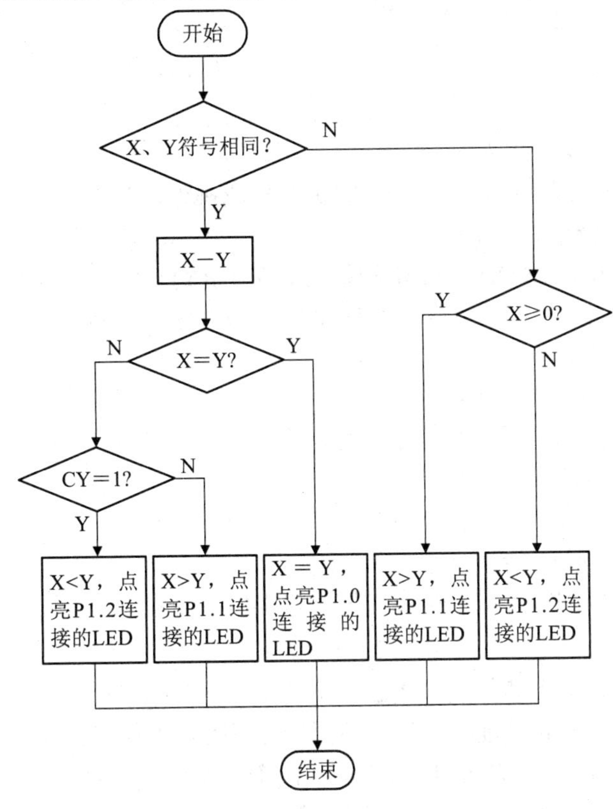

图 4.7　比较两个有符号数 X、Y 的流程图

(2) 汇编语言源程序如下：

```
        X       DATA 20H
        Y       DATA 30H
        ORG     0000H
        MOV     A，X
        XRL     A，Y                ；(X)与(Y)进行异或操作
        JB      ACC.7，NEXT1        ；累加器 A 的第 7 位为 1，两数符号不同，转移到 NEXT1
        MOV     A，X
        CJNE    A，Y，NEQUAL        ；(X) ≠ (Y)，转移到 NEQUAL
        CLR     P1.0                ；(X) = (Y)，点亮 P1.0 连接的 LED
        SJMP    FINISH
NEQUAL： JC      XXY                 ；(X) < (Y)，转移到 XXY
        SJMP    XDY                 ；否则，(X) > (Y)，转移到 XDY
NEXT1：  MOV     A，X
        JNB     ACC.7，XDY          ；判断(X)的最高位 D7，以确定其正负
```

```
XXY:      CLR    P1.2            ; (X) < (Y), 点亮 P1.2 连接的 LED
          SJMP   FINISH
XDY:      CLR    P1.1            ; (X) > (Y), 点亮 P1.1 连接的 LED
FINISH:   SJMP   $
          END
```

(3) 程序说明。

① 判断两个有符号数符号异同的方法。

本例中使用逻辑异或指令，将(X)与(Y)进行异或操作，那么，(X)的符号位(X)7 与(Y)的符号位(Y)7 异或的结果如下：

若(X)7 与(Y)7 相同，则$(X)7\oplus(Y)7 = 0$；若(X)7 与(Y)7 不相同，则$(X)7\oplus(Y)7 = 1$。

本例中，(X)与(Y)的异或结果存放在累加器 A 中，因此判断 ACC.7 是否为零即可知道两个数的符号相同与否。

② 比较两个有符号数的其他方法。

除了本例中使用的比较两个有符号数的方法之外，我们还可以利用溢出标志 OV 的状态来判断两个有符号数的大小。具体算法如下：

若 X−Y 为正数，则 OV = 0 时 X > Y；OV = 1 时 X < Y。

若 X−Y 为负数，则 OV = 0 时 X < Y；OV = 1 时 X > Y。

采用这种比较方式的汇编语言源程序见习题 4.10。

3. 散转程序

散转程序是指经过某个条件判断之后，程序有多个流向(三个以上)。在后面的键盘接口程序设计中经常会用到散转功能——根据不同的键码跳转到相应的程序段。

例 4.5　设计两个开关，使 CPU 可以察知两个开关组合出的 4 种不同状态。然后对应每种状态，使 8 个 LED 显示出不同的亮灭模式。

解：(1) 硬件设计。在项目 1 的电路中，我们使用单片机的并行口 P1 的输出功能来控制 8 个 LED 的显示。现在我们使用其 P3 口的输入功能来设计两个输入开关，硬件原理图如图 4.8 所示。如图 4.8 所示，当开关 S0 接通 2 时，P3.4 管脚接地，P3.4 = 0；当 S0 接通 1 时，P3.4 接 +5 V，P3.4 = 1。同样，当开关 S1 接通 2 时，P3.5 管脚接地，P3.5 = 0；当 S1 接通 1 时，P3.5 接 +5 V，P3.5 = 1。

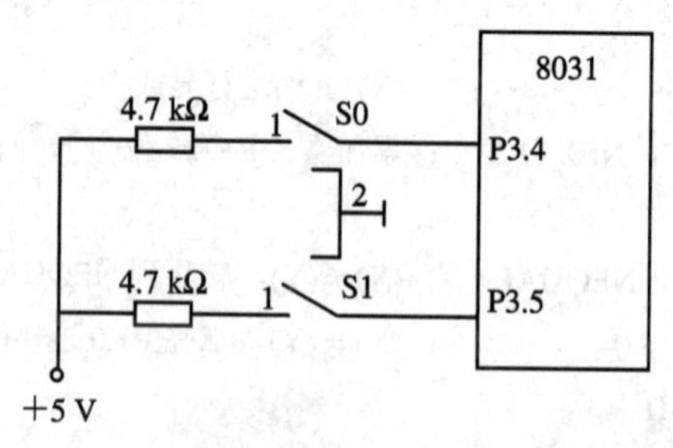

图 4.8　在项目 1 原理图基础之上的例 4.5 硬件原理图

假设要求 P3 口的开关状态对应的 P1 口的 8 个 LED 的显示方式如下：

P3.5	P3.4	显示方式
0	0	全亮

0	1	交叉亮
1	0	低 4 位连接的灯灭，高 4 位亮
1	1	低 4 位连接的灯亮，高 4 位灭

(2) 软件设计。

① 程序设计思想。散转程序的特点是利用散转指令实现向各分支程序的转移，其程序流程图如图 4.9 所示。

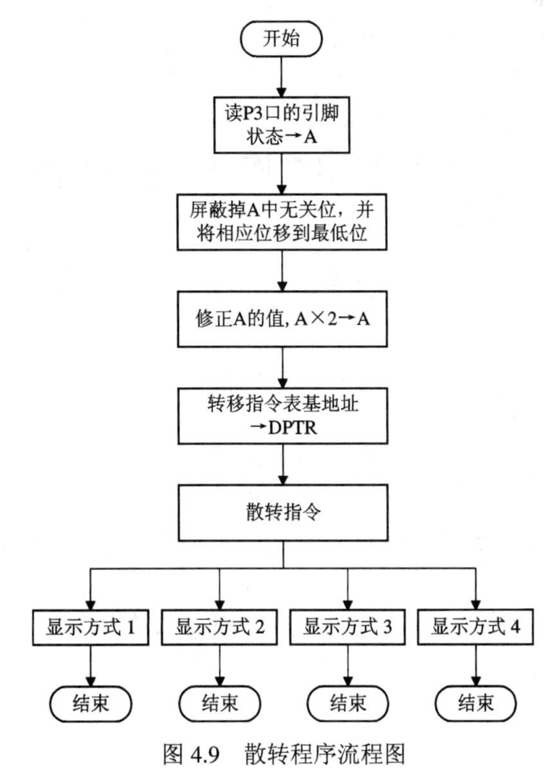

图 4.9　散转程序流程图

② 汇编语言源程序。

```
        ORG   0000H
        MOV   P3，#00110000B      ；使 P3 口锁存器相应位置位
        MOV   A，P3               ；读 P3 口相应引脚线信号
        ANL   A，#00110000B       ；"逻辑与"操作，屏蔽掉无关位
        SWAP  A                   ；将相应位移位到低位
        RL    A                   ；循环左移一位，A×2→A
        MOV   DPTR，#TABLE        ；将转移指令表的基地址送数据指针 DPTR
        JMP   @A+DPTR             ；散转指令
ONE:    MOV   P1，#00H            ；第一种显示方式，S0 接地，S1 接地
        SJMP    $
TWO:    MOV   P1，#55H            ；第二种显示方式，S0 接 +5 V，S1 接地
        SJMP  $
THREE:  MOV   P1，#0FH            ；第三种显示方式，S0 接地，S1 接 +5 V
```

```
          SJMP  $
FOUR:     MOV   P1, #0F0H        ; 第四种显示方式，S0 接 +5 V，S1 接地
          SJMP  $
TABLE:    AJMP  ONE              ; 转移指令表
          AJMP  TWO
          AJMP  THREE
          AJMP  FOUR
          END
```

(3) 程序说明。

① 读 P3 口的管脚状态。MCS-51 的 4 个 I/O 端口共有 3 种操作方式：输出数据方式、读端口数据方式和读端口引脚方式。

输出数据方式举例：

```
MOV  P1, #00H          ; 输出数据 00H→P1 端口锁存器→P1 引脚
```

读端口数据方式举例：

```
MOV  A, P3             ; A←P3 端口锁存器
```

读端口引脚方式举例：

```
MOV  P3, #0FFH         ; P3 端口锁存器各位置 1
MOV  A, P3             ; A←P3 端口引脚状态
```

注意：读引脚方式必须连续使用两条指令，首先必须使欲读的端口引脚所对应的锁存器置位，然后再读引脚状态。

② 散转指令。散转指令是单片机指令系统中专为散转操作提供的无条件转移指令，其指令格式如下：

```
JMP   @A+DPTR          ; PC←DPTR+A
```

一般情况下，数据指针 DPTR 固定，根据累加器 A 的内容，程序转入相应的分支程序中去。本例采用最常用的转移指令表法，就是先用无条件转移指令按一定的顺序组成一个转移表，再将转移表首地址装入数据指针 DPTR 中，然后将控制转移方向的数值装入累加器 A 中作变址，最后执行散转指令，实现散转。指令转移表的存储格式如图 4.10 所示。

由于无条件转移指令 AJMP 是两字节指令，因此控制转移方向的 A 中的数值如下：

```
A=0  转向   AJMP   ONE
A=2  转向   AJMP   TWO
A=4  转向   AJMP   THREE
A=6  转向   AJMP   FOUR
```

程序中，从 P3 口读入的数据分别为 0、1、2、3，因此必须乘以 2 来修正 A 的值。如果 A=2，则散转过程如下：

```
JMP  @A+DPTR → PC=TABLE+2 → AJMP TWO
```

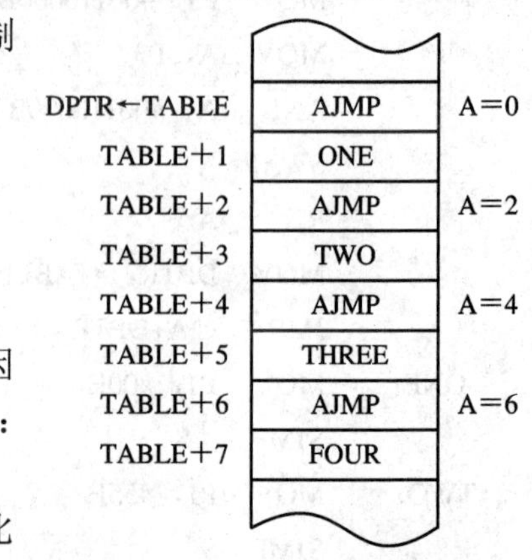

图 4.10　指令转移表的存储格式

③ 三种无条件转移指令 LJMP、AJMP 和 SJMP 的比较。三种无条件转移指令在应用上的区别有以下 3 点：

一是转移距离不同。LJMP 可在 64 KB 范围内转移，

AJMP 指令可以在本指令取出后的 2 KB 范围内转移，SJMP 可在以本指令为核心的 –126～+129 B 范围内转移。

二是汇编后机器码的字节数不同。LJMP 是三字节指令，AJMP 和 SJMP 都是两字节指令。

三是 LJMP 和 AJMP 都是绝对转移指令，可以直接得到转移目的地址，而 SJMP 是相对转移指令，只能通过转移偏移量来得到转移目的地址。

选择无条件转移指令的原则是根据跳转的远近，尽可能选择占用字节数少的指令。例如，动态暂停指令一般都选用 SJMP　$，而不用 LJMP　$。

4.3.2 分支程序结构

分支程序比顺序程序的结构复杂得多，其主要特点是程序的流向有两个或两个以上的出口，根据指定的条件进行选择确定。分支结构编程的关键是如何确定供判断或选择的条件以及选择合理的分支指令。

通常，根据分支程序中出口的个数分为单分支结构程序(两个出口)和多分支结构程序(3 个或 3 个以上出口，也称为散转程序)。

1. 单分支结构程序的形式

单分支结构在程序设计中应用最广，拥有的指令也最多。单分支结构一般为：一个入口，两个出口。如图 4.11 所示，单分支结构程序有以下两种典型形式：

图 4.11(a)表示当条件满足时执行分支程序 1，否则执行分支程序 2，例 4.3 就是这样的一种结构。

图 4.11(b)表示当条件满足时跳过程序段 2，从程序段 3 往下执行，否则顺序执行程序段 2 和 3。

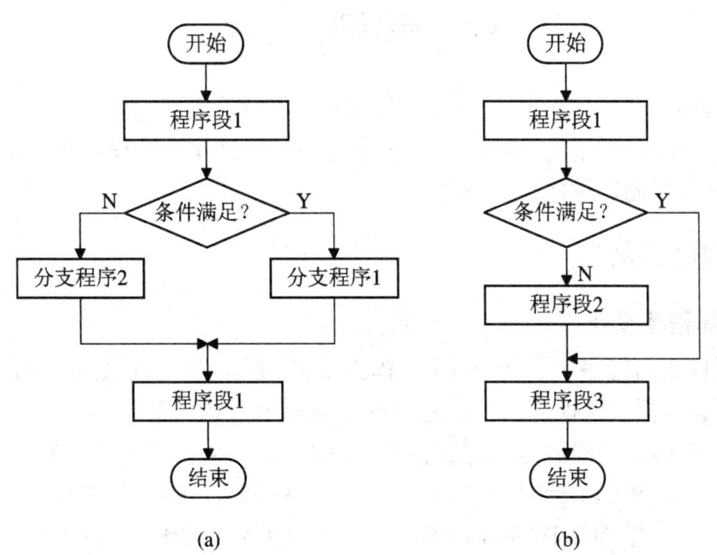

图 4.11　单分支结构程序的典型形式

另外，分支结构程序允许嵌套，即一个分支接一个分支，形成树形多级分支结构程序，例 4.4 就是这样的结构。

2. 散转程序

在实际程序中，常常需要从两个以上的出口中选一个，称为多分支程序或散转程序。MCS-51 单片机指令系统中专门提供了散转指令，使得散转程序的编制更加简洁。

例 4.5 中采用转移指令表法实现散转程序。转移表是由双字节短转移指令“AJMP”组成的，各转移指令地址依次相差两个字节，所以累加器 A 中的变址值必须作乘 2 修正。若转移表是由三字节长转移指令“LJMP”组成的，则累加器 A 中的变址值必须乘 3。当修正值有进位时，则应将进位先加在数据指针高位字节(DPH)上。

此外，转移表中使用了“AJMP”指令，这就限制了转移的入口地址 ONE、TWO、THREE、FOUR 必须和散转表首地址 TABLE 位于同一个 2 KB 范围内。为了克服上述局限性，除了可以使用“LJMP”指令组成跳转表外，还可采用双字节的寄存器存放散转值，并利用对 DPTR 进行加法运算的方法，直接修改 DPTR，然后用散转指令实现散转。

散转程序除了转移指令表法之外，还可以采用地址偏移量表法、转向地址表法及利用“RET”指令(子程序返回指令)等实现散转程序，具体实现参见习题 4.11 题。

3. 转移条件的形成

分支程序中的转移条件一般都是程序状态字(PSW)中标志位的状态，因此，保证分支程序正确流向的关键如下：

(1) 在判断之前，应执行对有关标志位有影响的指令，使该标志位能够适应问题的要求，这就要求编程员要十分了解指令对标志位的影响情况。

(2) 当某一标志位处于某一状态时，在未执行下一条影响此标志位的指令前，它一直保持原状态不变。

(3) 正确理解 PSW 中各标志位的含义及变化情况，才能正确地判断转移。

4.4 循环程序设计

循环结构程序是指利用转移指令，反复转向需要多次重复使用的程序段，从而大大缩短程序代码，减少程序占用的空间，优化程序结构。项目 4 中的程序 3 就是循环结构程序。

本节用实例介绍循环程序设计方法。

4.4.1 循环程序实例

1. 单重循环程序设计

例 4.6 项目 4 的程序 3 设计。按照从 P1.0 到 P1.7 的顺序，依次点亮 P1 口连接的 LED。

解：(1) 题意分析。这种显示方式是一种动态显示方式，逐一点亮一个灯，使人们感觉到点亮灯的位置在移动。根据点亮灯的位置，我们要向 P1 口依次送入如下的立即数：

```
FEH——点亮 P1.0 连接的 LED        MOV   P1，#0FEH
FDH——点亮 P1.1 连接的 LED        MOV   P1，#0FDH
FBH——点亮 P1.2 连接的 LED        MOV   P1，#0FBH
 ⋮                                ⋮
7FH——点亮 P1.7 连接的 LED        MOV   P1，#7FH
```

以上完全重复地执行往 P1 口传送立即数的操作，会使程序结构松散。我们看到，控制 LED 点亮的立即数 0FEH、0FDH、0FBH…7FH 之间存在着每次左移一位的规律，因此我们可以用循环程序来实现。初步设想的程序流程图如图 4.12 所示。

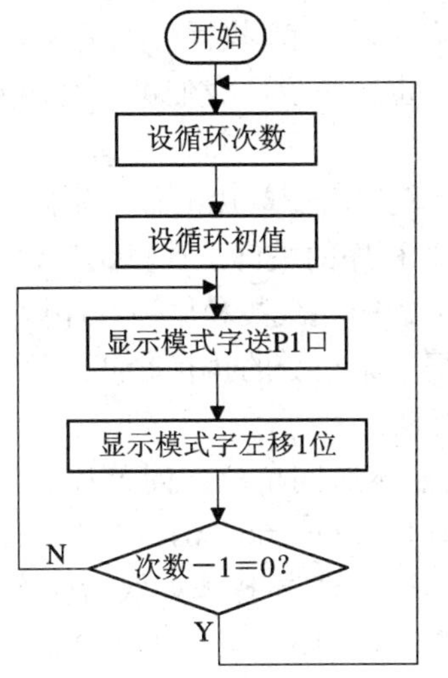

图 4.12　例 4.6 初步设想的程序流程图

用汇编语言实现的程序如下：

```
        ORG   0000H
START： MOV   R2，#08H       ；设置循环次数
        MOV   A，#0FEH       ；从 P1.0→P1.7 使 LED 逐个亮过去
NEXT：  MOV   P1，A          ；点亮 LED
        RL    A              ；左移一位
        DJNZ  R2，NEXT       ；次数减 1，不为零，继续点亮下一个 LED
        SJMP  START          ；反复点亮
        END
```

执行上面程序后，结果是 8 个灯全部被点亮，跟预想的结果不符，为什么呢？这是因为程序执行得很快，逐一点亮 LED 的间隔太短，在我们看来就是同时点亮了，因此，必须在点亮一个 LED 后加一段延时程序，使该显示状态稍许停顿一下，人眼才能区别开来。正确的程序流程图参见图 4.3。

(2) 汇编语言源程序。本例完整的汇编语言源程序见项目 4 中的程序 3。

由于程序设计中经常会出现如图 4.13 所示的次数控制循环程序结构，为了编程方便，单片机指令系统中专门提供了循环指令 DJNZ，以适用于上述结构的编程：

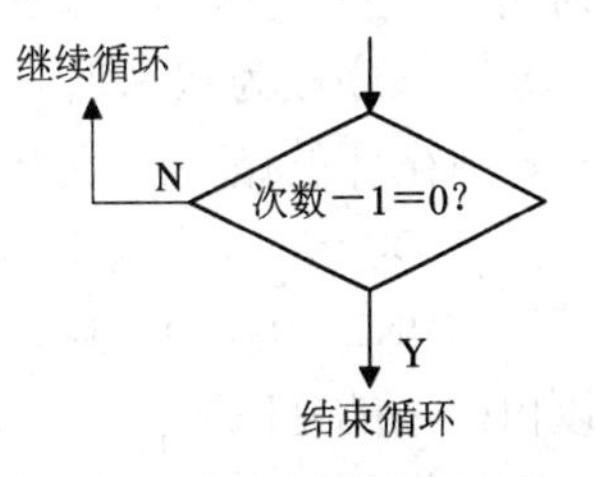

图 4.13　常见循环程序结构

```
DJNZ    R2，NEXT    ；R2 中存放控制次数，R2−1→R2。
                    ；若 R2≠0，则转移到 NEXT 继续循环，否则执行下面的指令
```

2．双重循环程序设计——延时程序设计

在上例中使用了延时程序段之后，我们才能看到正确的显示结果。延时程序在单片机

汇编语言程序设计中使用得非常广泛。例如，键盘接口程序设计中的软件消除抖动、动态LED显示程序设计、LCD接口程序设计、串行通信接口程序设计等都运用了延时程序。所谓延时，就是让CPU做一些与主程序功能无关的操作(例如将一个数字逐次减1直到0为止)来消耗掉CPU的时间。由于我们知道CPU执行每条指令的准确时间，因此执行整个延时程序的时间也可以精确计算出来。也就是说，我们可以写出延时长度任意而且精度相当高的延时程序。

例4.7　设计一个延时1 s的程序，设单片机时钟晶振频率为 $f_{osc} = 6$ MHz。

解：(1) 题意分析。设计延时程序的关键是计算延时时间。延时程序一般采用循环程序结构编程，通过确定循环程序中的循环次数和循环程序段这两个因素来确定延时时间。对于循环程序段来讲，必须知道每一条指令的执行时间，这里涉及到几个非常重要的概念——时钟周期、机器周期和指令周期。

时钟周期 $T_{时钟}$是计算机的基本时间单位，同单片机使用的晶振频率有关。题目给定 $f_{osc} = 6$ MHz，那么 $T_{时钟} = 1/f_{osc} = 1/6\ M = 166.7$ ns。

机器周期 $T_{机器}$是指CPU完成一个基本操作如取指操作、读数据操作等所需要的时间。机器周期的计算方法：$T_{机器} = 12T_{时钟} = 166.7\ ns \times 12 = 2\ \mu s$。

指令周期是指执行一条指令所需要的时间。由于指令汇编后有单字节指令、双字节指令和三字节指令，因此指令周期没有确定值，一般为1～4个 $T_{机器}$。在附录2的指令表中给出了每条指令所需的机器周期数，可以计算每一条指令的指令周期。

现在，我们可以来计算一下项目4的程序3中延时程序段的延时时间。延时程序段如下：

```
DELAY1：MOV     R3，#0FFH
DEL2：  MOV     R4，#0FFH
DEL1：  NOP
        DJNZ    R4，DEL1
        DJNZ    R3，DEL2
```

经查指令表得到：指令MOV R4，#0FFH、NOP、DJNZ的执行时间分别为2 μs、2 μs和4 μs。

NOP为空操作指令，其功能是取指、译码，然后不进行任何操作便进入下一条指令，经常用于产生一个机器周期的延迟。

延时程序段为双重循环，下面分别计算内循环和外循环的延时时间。

- 内循环的循环次数为255(0FFH)次，循环内容为以下两条指令：

```
NOP                  ；2 μs
DJNZ  R4，DEL1       ；4 μs
```

所以内循环的延时时间为：$255 \times (2 + 4) = 1530\ \mu s$。

- 外循环的循环次数为255(0FFH)次，循环内容如下：

```
MOV  R4，#0FFH       ；2 μs
1530 μs 内循环       ；1530 μs
DJNZ  R3，DEL2       ；4 μs
```

外循环循环一次的时间为 $1530\ \mu s + 2\ \mu s + 4\ \mu s = 1536\ \mu s$，循环255次，另外加上第一条指令

```
    MOV   R3，#0FFH         ；2 μs
```

的循环时间 2 μs，因此外循环总的循环时间为

$$2\ \mu s + (1530\ \mu s + 2\ \mu s + 4\ \mu s) \times 255 = 391\ 682\ \mu s \approx 392\ ms$$

以上是比较精确的计算方法，一般情况下，在外循环的计算中，经常忽略比较小的时间段，例如将上面的外循环计算公式简化为

$$1530\ \mu s \times 255 = 390\ 150\ \mu s \approx 390\ ms$$

与精确计算值相比，误差为 2 ms，在要求不是十分精确的情况下，这个误差是完全可以接受的。

了解了延时时间的计算方法后，本例我们使用三重循环结构。程序流程图如图 4.14 所示。内循环选择为 1 ms，第二层循环达到延时 10 ms(循环次数为 10)，第三层循环延时到 1 s(循环次数为 100)。

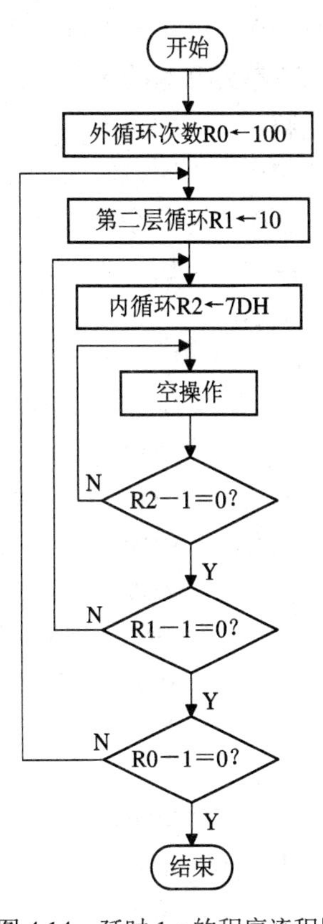

图 4.14　延时 1 s 的程序流程图

(2) 汇编语言源程序段。一般情况下，只把延时程序作为一个子程序段使用，不会独立运行它，因为单纯的延时没有实际意义。源程序如下：

```
DELAY： MOV    R0，#100     ；延时 1 s 的循环次数
DEL2：  MOV    R1，#10      ；延时 10 ms 的循环次数
DEL1：  MOV    R2，#7DH     ；延时 1 ms 的循环次数
DEL0：  NOP
        NOP
        DJNZ   R2，DEL0
        DJNZ   R1，DEL1
        DJNZ   R0，DEL2
```

(3) 程序说明。本例中，第二层循环和外循环都采用了简化计算方法，编程关键是延时 1 ms 的内循环程序如何编制。

首先确定循环程序段的内容如下：

```
    NOP                     ；2 μs
    NOP                     ；2 μs
    DJNZ R2，DEL0           ；4 μs
```

内循环次数设为 count，计算方法如下：

$$(\text{一次循环时间}) \times count = 1\ ms$$

从而得到

$$count = \frac{1\ ms}{2\ \mu s + 2\ \mu s + 4\ \mu s} = 125 = 7DH$$

本例提供了一种延时程序的基本编制方法，若需要延时更长或更短时间，只要用同样的方法采用更多重或更少重的循环即可。

值得注意的是，延时程序的执行目的是白白占用 CPU 一段时间，让它不能做任何其他工作，就像机器在不停地空转一样，这是程序延时的缺点。若在延时过程中需要 CPU 做指定的其他工作，就要采用单片机内部的硬件定时器或片外的定时芯片(如 8253 等)。

3. 数据传送程序

例 4.8　不同存储区域之间的数据传输。将内部 RAM 中从 30H 单元开始的内容依次传送到外部 RAM 中从 0100H 单元开始的区域，直到遇到传送的内容是 0 为止。

解：(1) 题意分析。本例要解决的关键问题是：数据块的传送和不同存储区域之间的数据传送。前者采用循环程序结构，以条件控制结束；后者采用间接寻址方式，以累加器 A 作为中间变量实现数据传输。程序流程图如图 4.15 所示。

图 4.15　例 4.8 程序流程图

(2) 汇编语言源程序。

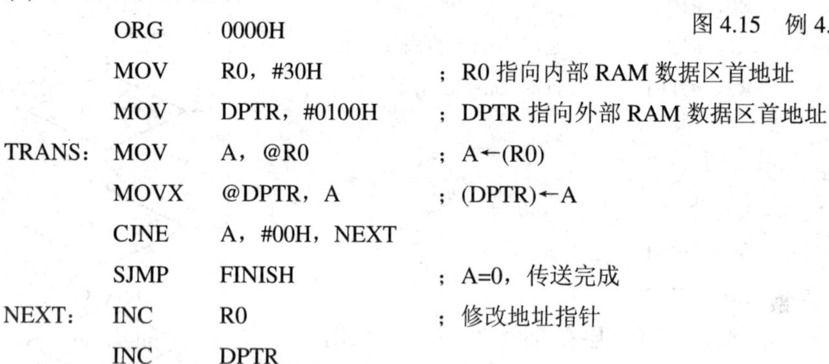

```
        ORG     0000H
        MOV     R0，#30H        ；R0 指向内部 RAM 数据区首地址
        MOV     DPTR，#0100H    ；DPTR 指向外部 RAM 数据区首地址
TRANS： MOV     A，@R0          ；A←(R0)
        MOVX    @DPTR，A        ；(DPTR)←A
        CJNE    A，#00H，NEXT
        SJMP    FINISH          ；A=0，传送完成
NEXT：  INC     R0              ；修改地址指针
        INC     DPTR
        AJMP    TRANS           ；继续传送
FINISH：SJMP    $
        END
```

(3) 程序说明。

① 间接寻址指令。在单片机指令系统中，对内部 RAM 读/写数据有两种方式：直接寻址方式和间接寻址方式。例如：

直接方式：

```
    MOV     A，30H          ；内部 RAM(30H)→累加器 A
```

间接方式：

```
    MOV     R0，#30H        ；30H→R0
    MOV     A，@R0          ；内部 RAM(R0)→累加器 A
```

对外部 RAM 的读/写数据只有间接寻址方式，间接寻址寄存器有 R0、R1(寻址范围是 00H～FFH)和 DPTR(寻址范围是 0000H～FFFFH，即整个外部 RAM 区)。

② 不同存储空间之间的数据传输。MCS-51 系列单片机存储器结构的特点之一是存在

着 4 种物理存储空间，即片内 RAM、片外 RAM、片内 ROM 和片外 ROM。不同的物理存储空间之间的数据传送一般以累加器 A 作为数据传输的中心，如图 4.16 所示。

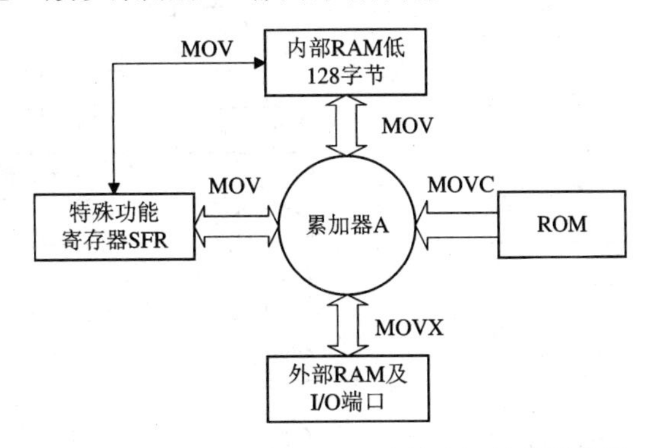

图 4.16　以累加器 A 为中心的不同存储空间的数据传送示意图

不同的存储空间是独立编址的，在传送指令中的区别在于不同的指令助记符，例如：

```
MOV     R0，#30H
MOV     A，@R0          ；内部 RAM(30H)→A
MOVX    A，@R0          ；外部 RAM(30H)→A
```

4.4.2　循环程序结构

1. 循环程序组成

从以上循环程序实例中，我们看到循环程序的特点是程序中含有可以重复执行的程序段。循环程序由以下 4 部分组成：

(1) 初始化部分。程序在进入循环处理之前必须先设立初值，例如循环次数计数器、工作寄存器以及其他变量的初始值等，为进入循环做准备。

(2) 循环体。循环体也称为循环处理部分，是循环程序的核心。循环体用于处理实际的数据，是重复执行部分。

(3) 循环控制。在重复执行循环体的过程中，不断修改和判别循环变量，直到符合循环结束条件。一般情况下，循环控制有以下几种方式：

① 计数循环——如果循环次数已知，则可以用计数器计数来控制循环次数，这种控制方式用得比较多。循环次数要在初始化部分预置，在控制部分修改，每循环一次，计数器内容减 1。例 4.6、例 4.7 都属于计数循环控制方式。

② 条件控制循环——在循环次数未知的情况下，一般通过设立结束条件来控制循环的结束，例 4.8 就是用条件 A = 0 来控制循环结束的。

③ 开关量与逻辑尺控制循环——这种方法经常用在过程控制程序设计中，这里不再详述。

(4) 循环结束处理。这部分程序用于存放执行循环程序所得结果以及恢复各工作单元的初值等。

2. 循环程序的基本结构

循环程序通常有两种基本结构：一种是先执行再判断，另一种是先判断后执行，如图 4.17 所示。

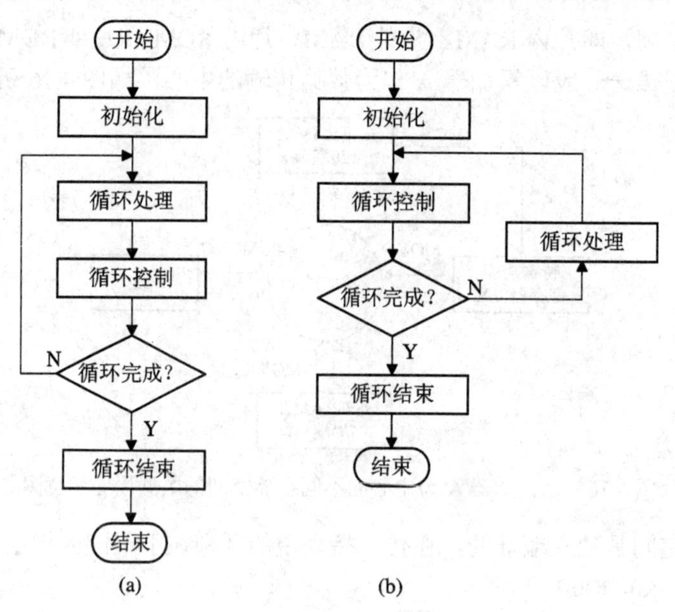

图 4.17　循环程序的两种基本结构

(a) 先执行后判断；(b) 先判断后执行

3. 多重循环结构程序

有些复杂问题，必须采用多重循环的程序结构。循环程序中包含循环程序或一个大循环中包含多个小循环程序，这种结构称为多重循环程序结构，又称循环嵌套。

多重循环程序必须注意的是各重循环不能交叉，不能从外循环跳入内循环。例 4.7 的延时程序就是一个典型的三重循环结构。

4. 循环程序与分支程序的比较

循环程序本质上是分支程序的一种特殊形式，凡是分支程序可以使用的转移指令，循环程序一般都可以使用，并且由于循环程序在程序设计中的重要性，单片机指令系统还专门提供了循环控制指令，如 DJNZ 等。

4.5　查 表 程 序

在单片机汇编语言程序设计中，查表程序的应用非常广泛，在 LED 显示程序和键盘接口程序设计中都用到了查表程序段。

例 4.9　在程序中定义一个 0～9 的平方表，利用查表指令找出累加器 A=05H 的平方值。

解：(1) 题意分析。所谓表格是指在程序中定义的一串有序的常数，如平方表、字形码表、键码表等。因为程序一般都是固化在程序存储器(通常是只读存储器)中，因此可以说表格是预先定义在程序的数据区中，然后和程序一起固化在 ROM 中的一串常数。

查表程序的关键是表格的定义和如何实现查表。

(2) 汇编语言源程序。

```
        ORG     0000H
        MOV     DPTR，#TABLE              ；表首地址→DPTR(数据指针)
        MOV     A，#05                    ；05→A
        MOVC    A，@A+DPTR                ；查表指令，25→A，A=19H
        SJMP    $                         ；程序暂停
TABLE： DB      0,1,4,9,16,25,36,49,64,81 ；定义 0～9 平方表
        END
```

(3) 程序说明。从程序存储器中读数据时，只能先读到累加器 A 中，然后送到题目要求的地方。单片机提供了两条专门用于查表操作的查表指令：

```
MOVC    A，@A+DPTR          ；(A+DPTR)→A
MOVC    A，@A+PC            ；PC+1→PC，(A+PC)→A
```

其中，DPTR 为数据指针，一般用于存放表首地址。

用指令 MOVC A，@A+PC 实现查找平方表的源程序如下：

```
        ORG     0000H
        MOV     A，#05          ；05→A
        ADD     A，#02    ；修正累加器 A 的值，修正值为查表指令距离表首地址的字节数减去 1
        MOVC    A，@A+PC        ；25→A
        SJMP  $
TABLE：  DB   0,1,4,9,16,25,36,49,64,81   ；定义 0～9 平方表
        END
```

4.6　子程序设计与堆栈技术

在解决实际问题时，经常会遇到一个程序中多次使用同一个程序段，例如延时程序、查表程序、算术运算程序段等功能相对独立的程序段。在项目 4 中，我们反复使用了延时程序段。

为了节约内存，我们把这种具有一定功能的独立程序段编成子程序，例如延时子程序。当需要时，可以去调用这些独立的子程序。调用程序称为主程序，被调用的程序称为子程序。

本节用实例介绍子程序和堆栈的使用方法。

4.6.1　子程序实例

例 4.10　延时子程序。编程使 P1 口连接的 8 个 LED 按下列方式显示：从 P1.0 连接的 LED 开始，每个 LED 闪烁 10 次，再移向下一个 LED，让其同样闪烁 10 次，循环不止。

解： (1) 题意分析。在前面的例子中，我们已经编了一些 LED 模拟霓虹灯的程序。按照题目要求画出本例的程序流程图如图 4.18 所示。

在图 4.18 中，两次使用延时程序段，因此我们把延时程序编成子程序。

(2) 汇编语言源程序。

```
        ORG     0000H
MAIN：  MOV     A，#0FEH     ；送显示初值
LP：    MOV     R0，#10      ；送闪烁次数
LP0：   MOV     P1，A        ；点亮 LED
        LCALL   DELAY        ；延时
        MOV     P1，#0FFH    ；熄灭灯
        LCALL   DELAY        ；延时
        DJNZ    R0，LP0      ；闪烁次数不够 10 次，继续
        RL      A            ；否则 A 左移，下一个灯闪烁
        SJMP    LP           ；循环不止
DELAY： MOV     R3，#0FFH    ；延时子程序
DEL2：  MOV     R4，#0FFH
DEL1：  NOP
        DJNZ    R4，DEL1
        DJNZ    R3，DEL2
        RET
```

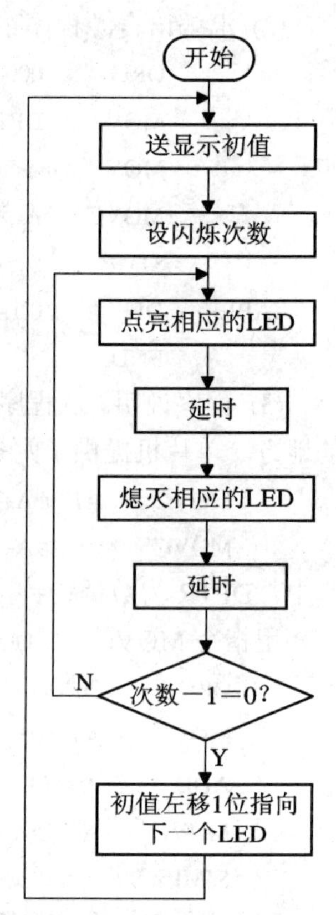

图 4.18　例 4.10 程序流程图

(3) 程序说明。

① 子程序调用和返回过程。在本例中，MAIN 为主程序，DELAY 为延时子程序。当主程序 MAIN 需要延时功能时，就用一条调用指令 ACALL(或 LCALL) DELAY 即可。子程序 DELAY 的编制方法与一般程序遵循的规则相同，同时也有它的特殊性。子程序的第一条语句必须有一个标号，如 DELAY，代表该子程序第一个语句的地址，也称为子程序入口地址，供主程序调用；子程序的最后一条语句必须是子程序返回指令 RET。

子程序一般紧接着主程序存放。例 4.10 的主程序和子程序在存储器中的存储格式如下：

主程序：

```
地址    机器码        指令
 ⋮        ⋮            ⋮
0005    12   **   LCALL   DELAY      ；第一次调用子程序
0008    ******    MOV     P1，#0FFH  ；LCALL 指令的下一条指令首址 0008H 称为断点地址
 ⋮        ⋮        ⋮
```

子程序：

```
0013    ******    MOV     R3，#0FFH  ；子程序开始
 ⋮        ⋮        ⋮
001C    22        RET                ；子程序返回
```

主程序两次调用子程序及子程序返回过程如图 4.19 所示。

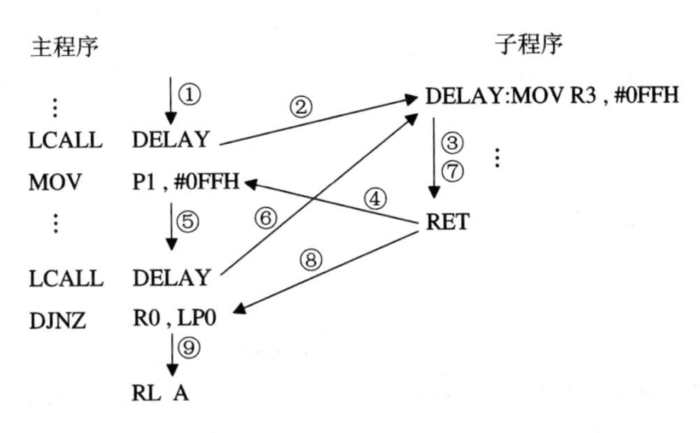

图 4.19 子程序两次被调用、返回过程示意图

子程序只需书写一次，主程序可以反复调用它。CPU 执行 LCALL 指令所进行的具体操作(以第一次调用为例)是：

(a) PC 的自动加 1 功能使 PC=0008H，指向下一条指令 MOV P1，#0FFH 的首址，PC 中即为断点地址；

(b) 保存 PC 中的断点地址 0008H；

(c) 将子程序 DELAY 的入口地址 0013H 赋给 PC，PC=0013H；

(d) 程序转向 DELAY 子程序运行。

CPU 执行 RET 指令的具体操作(以第一次调用为例)是：

(a) 取出执行调用指令时保存的断点地址 0008H，并将它赋给 PC，PC=0008H；

(b) 程序转向断点处继续执行主程序。

从以上分析来看，在子程序调用过程中，断点地址 0008H 是自动保存和取出的，那么断点地址究竟存放在什么地方呢？这里引出了一个新的存储区域概念——堆栈，它是一个存放临时数据(例如断点地址)的内存区域。堆栈的巧妙设计使程序员不必操心数据的具体存放地址。

② 子程序嵌套。修改上面的程序，将一个灯的闪烁过程也编成子程序形式。修改后的源程序如下：

```
        ORG     0000H
MAIN：  MOV     A，#0FEH          ；送显示初值
COUN：  ACALL   FLASH             ；调闪烁子程序
        RL      A                 ；A 左移，下一个灯闪烁
        SJMP    COUN              ；循环不止
FLASH： MOV     R0，#10           ；送闪烁次数
FLASH1：MOV     P1，A             ；点亮 LED
        LCALL   DELAY             ；延时
        MOV     P1，#0FFH         ；熄灭灯
        LCALL   DELAY             ；延时
        DJNZ    R0，FLASH1        ；闪烁次数不够 10 次，继续
        RET
```

```
DELAY:  MOV   R3，#0FFH        ；延时子程序
DEL2:   MOV   R4，#0FFH
DEL1:   NOP
        DJNZ  R4，DEL1
        DJNZ  R3，DEL2
        RET
        END
```

上面的程序中，主程序调用了闪烁子程序 FLASH，闪烁子程序又调用了延时子程序 DELAY，这种主程序调用子程序，子程序又调用另外的子程序的程序结构，称为子程序的嵌套。一般来说，子程序嵌套的层数理论上是无限的，但实际上，受堆栈深度的影响，嵌套层数是有限的。

与子程序的多次调用不同，嵌套子程序的调用过程如图 4.20 所示。

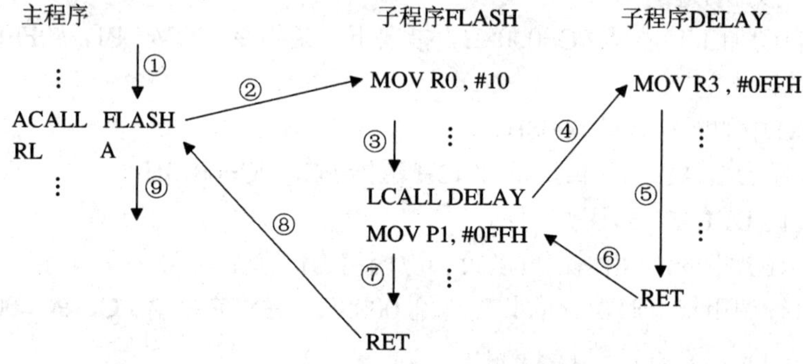

图 4.20　例 4.10 程序中嵌套子程序的执行过程

思考：图 4.20 中嵌套子程序执行过程中的标号①～⑨的具体操作是什么？

例 4.11　查表子程序。假设 a、b 均小于 10，计算 $c = a^2 + b^2$，其中 a 事先存在内部 RAM 的 31H 单元，b 事先存在 32H 单元，请把 c 存入 33H 单元。

解：(1) 题意分析。本例两次使用平方的计算，在前面的例 4.9 中已经编过查平方表得到平方值的程序，在此我们采用把求平方编为子程序的方法。

(2) 汇编语言源程序。

```
ORG    0000H          ；主程序
MOV    SP，#3FH       ；设置栈底
MOV    A，31H         ；取数 a 存放到累加器 A 中作为入口参数
LCALL  SQR
MOV    R1，A          ；出口参数——平方值存放在 A 中
MOV    A，32H
LCALL  SQR
ADD    A，R1
MOV    33H，A
SJMP   $
；子程序：SQR
；功能：通过查表求出平方值 y=x²
```

```
        ; 入口参数：x 存放在累加器 A 中
        ; 出口参数：求得的平方值 y 存放在 A 中
        ; 占用资源：累加器 A，数据指针 DPTR
SQR:    PUSH    DPH             ; 保护现场，将主程序中 DPTR 的高 8 位放入堆栈
        PUSH    DPL             ; 保护现场，将主程序中 DPTR 的低 8 位放入堆栈
        MOV     DPTR，#TABLE    ; 在子程序中重新使用 DPTR，表首地址→DPTR
        MOVC    A，@A+DPTR      ; 查表
        POP     DPL             ; 恢复现场，将主程序中 DPTR 的低 8 位从堆栈中弹出
        POP     DPH             ; 恢复现场，将主程序中 DPTR 的高 8 位从堆栈中弹出
        RET
TABLE:  DB      0，1，4，9，16，25，36，49，64，81
```

(3) 执行程序。在运行程序之前，利用单片机开发系统先在内部 RAM 的 31H、32H 单元存放两个小于 10 的数，执行完之后，结果存放在 33H 单元。

(4) 程序说明。

① 参数传递。主程序调用查表子程序时，子程序需要从主程序中得到一个参数——已知数 x，这个参数称为子程序的入口参数。查表子程序执行完以后，必须将结果传送给主程序，这个子程序向主程序传递的参数称为子程序的出口参数。

本例中入口参数和出口参数都是通过累加器 A 来传送的。

② 现场保护和现场恢复。子程序在编制过程中经常会用到一些通用单元，如工作寄存器、累加器、数据指针 DPTR 以及 PSW 等。而这些工作单元在调用它的主程序中也会用到，为此，需要将子程序用到的这些通用编程资源加以保护，称为保护现场。在子程序执行完后需恢复这些单元的内容，称为恢复现场。

本例中，保护和恢复现场是在子程序中利用堆栈操作实现的，在子程序的开始部分把子程序中要用到的编程资源都保护起来，在执行返回指令之前恢复现场，这是一种比较规范的方法。

另外，也可以在主程序中实现保护和恢复现场。在调用子程序前保护现场，子程序返回后恢复现场，这种方式比较灵活，可以根据当时的需要确定要保护的内容。

③ 子程序的说明。在查表子程序前，以程序注释的形式对子程序进行了说明，说明内容如下：

(a) 子程序名：提供给主程序调用的名字。

(b) 子程序功能：简要说明子程序能完成的主要功能。

(c) 入口参数：主程序需要向子程序提供的参数。

(d) 出口参数：子程序执行完之后向主程序返回的参数。

(e) 占用资源：该子程序中使用了哪些存储单元、寄存器等。

这些说明是写给程序员看的，供以后使用子程序时参考。

4.6.2　堆栈结构

1. 堆栈概念

堆栈实际上是内部 RAM 的一部分，堆栈的具体位置由堆栈指针 SP 确定。SP 是一个 8

位寄存器，用于存放堆栈的栈底(初始化)地址和栈顶地址。

单片机复位或上电时，SP 的初值是 07H，表示堆栈栈底为 07H，存入数据后，地址增 1，SP 中的地址值随着加 1。SP 的值总是指向最后放进堆栈的一个数，此时，SP 中的地址称为栈顶地址。堆栈结构示意图如图 4.21 所示。

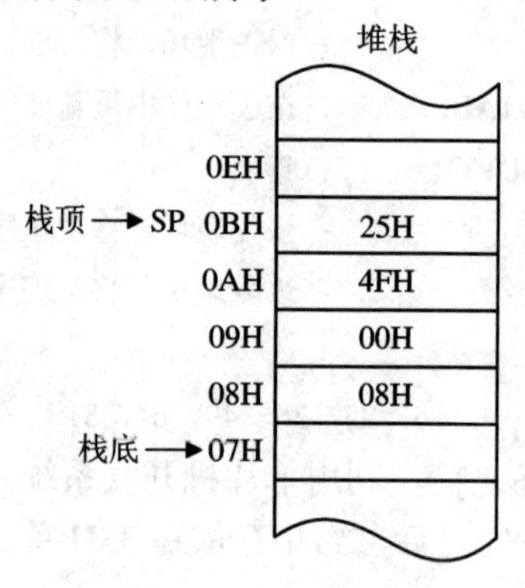

图 4.21　堆栈结构示意图

2. 堆栈操作

堆栈有两种最基本的操作：向堆栈存入数据，这称为“入栈”或“压入堆栈”(PUSH)；从堆栈取出数据，这称为“出栈”或“弹出堆栈”(POP)。堆栈中数据的存取采用后进先出方式，即后入栈的数据先弹出，类似货栈堆放货物的存取方式，“堆栈”一词因此而得名。

由于单片机初始化的堆栈区域同第 1 组工作寄存器区重合，也就是说，当把堆栈栈底设在 07H 处时，就不能使用第 1 组工作寄存器，如果存入堆栈的数据量比较大的话，甚至第 2 组和第 3 组工作寄存器也不能使用了。因此，在汇编语言程序设计中，通常总是把堆栈区的位置设在用户 RAM 区。例如：

```
MOV   SP，#60H          ；将堆栈栈底设在内部 RAM 的 60H 处
```

3. 堆栈的功能

最初，堆栈是为了子程序调用和返回而设计的，执行调用指令(LCALL、ACALL)时，CPU 自动把断点地址压栈；执行返回指令 RET 时，自动从堆栈中弹出断点地址。

由于堆栈操作简单，程序员也经常用堆栈暂存中间结果或数据。只是使用时需要注意堆栈先进后出的特点。例如，在例 4.11 的子程序 SQR 中，恢复现场的顺序就不能弄反，先保护的 DPH 后恢复出来。

另外，在子程序调用时，CPU 会自动利用堆栈进行保护现场和恢复现场。

4. 堆栈操作与 RAM 操作的比较

堆栈作为内部 RAM 的一个特殊区域，又有其独特性，为汇编语言程序设计提供了更多的方便。同内部 RAM 的操作相比较，使用堆栈有以下优点：

(1) 使用内部 RAM 必须知道单元的具体地址，而堆栈只需设置好栈底地址，就可放心使用，无需再记住单元具体地址。

(2) 当我们需要重新分配内存工作单元时，程序中使用内部 RAM 的地方，都要修改单元地址，而堆栈只需修改栈底地址就行了。

(3) 堆栈所特有的先进后出特点，使得数据弹出之后，存储单元自动回收、再次使用，

充分提高了内存的利用率；而内部 RAM 的操作是不可能实现自动回收再利用的，必须通过编程员的重新分配，才能再次使用。

4.6.3　子程序结构

1. 子程序的编程原则

在实际的单片机应用系统软件设计中，为了程序结构更加清晰，更加易于设计和修改，增强程序的可读性，基本上都要使用子程序结构。子程序作为一个具有独立功能的程序段，编程时需遵循以下原则：

(1) 子程序的第一条指令必须有标号，以明确子程序入口地址。

(2) 以返回指令 RET 结束子程序。

(3) 简明扼要的子程序说明部分。

(4) 较强的通用性和可浮动性，尽可能避免使用具体的内存单元和绝对转移地址等。

(5) 注意保护现场和恢复现场。

2. 参数传递的方法

主程序调用子程序时，主程序和子程序之间存在着参数互相传递的问题。参数传递一般有以下三种方法。

1) 寄存器传递参数

如例 4.11 一样，通过寄存器 A 传递入口参数和出口参数。

2) 利用堆栈传递参数

修改例 4.11，利用堆栈来传递参数，源程序如下：

```
        ORG     0000H          ；主程序
        MOV     SP，#3FH       ；设置栈底
        PUSH    31H            ；将数 a 存放到堆栈中，作为入口参数
        LCALL   SQR
        POP     ACC
        MOV     R1，A          ；出口参数——平方值存放在 A 中
        PUSH    ACC
        LCALL   SQR
        POP     ACC
        ADD     A，R1
        MOV     33H，A
        SJMP    $
        ；子程序：SQR
        ；功能：通过查表求出平方值 y=x2
        ；入口参数：x 存放在堆栈中
        ；出口参数：求得的平方值 y 存放在堆栈中
        ；占用资源：累加器 A，数据指针 DPTR
SQR：   MOV     R0，SP         ；R0 作为参数指针
```

```
        DEC     R0              ；堆栈指针退回子程序调用前的地址
        DEC     R0
        XCH     A，@R0          ；保护ACC，取出参数
        MOV     DPTR，#TABLE    ；表首地址→DPTR
        MOVC    A，@A+DPTR      ；查表
        XCH     A，@R0          ；查表结果放回堆栈中
        RET
TABLE:  DB      0，1，4，9，16，25，36，49，64，81
```

3) 利用地址传递参数

将要传递的参数存放在数据存储器中，将其地址通过间接寻址寄存器传递，供子程序读取参数。

3. 子程序调用中应注意的问题

由于子程序调用过程中CPU自动使用了堆栈，因此，容易出现以下几种错误：

(1) 忘记给堆栈指针SP赋栈底初值，堆栈初始化位置与第1组工作寄存器重合，如果以不同的方式使用了同一个内存区域，则可能会导致程序混乱。

(2) 程序中的PUSH和POP没有配对使用，使RET指令执行时不能弹出正确的断点地址，造成返回错误。

(3) 若堆栈设置太小，栈操作数据太多，会使栈区与其他内存单元重合。

本章小结

单片机汇编语言程序设计是单片机应用系统设计的重要组成部分。汇编语言程序基本结构包括顺序结构、分支结构、循环结构和子程序结构等。

程序设计的关键是掌握解题思路。程序设计的步骤一般分为：题意分析、画流程图、分配寄存器和内存单元、源程序设计、程序调试等。

程序设计中还要注意单片机软件资源的分配，内部RAM、工作寄存器、堆栈、位寻址区等资源的合理分配对程序的优化、可读性和可移植性等起着非常重要的作用。

习　题　4

4.1　利用单片机来计算10−7，并在项目1的实验板上用P1口连接的8个LED显示计算结果(注意：减法操作只有一条带借位减法指令SUBB，减法之前先清CY)。

4.2　将内部RAM中从30H开始的4个单元中存放的四字节十六进制数和内部RAM中从40H单元开始的4个单元中存放的四字节十六进制数相减，结果存放到从40H开始的单元中。

4.3 下面是例4.1的另外一种实现方法，分析程序并画出程序流程图。

```
        ORG     0000H
        MOV     R0，#30H
        MOV     R1，#40H
```

```
        MOV     R2，#04H
        CLR     C
LOOP:   MOV     A，@R0
        ADDC    A，@R1
        MOV     @R1，A
        INC     R0
        INC     R1
        DJNZ    R2，LOOP
        SJMP    $
        END
```

4.4　数据拼拆程序 1：将一个字节内的两个 BCD 码十进制数拆开并变成相应的 ASCII 码的程序段如下：

```
MOV   R0，#32H
MOV   A，@R0
ANL   A，#0FH
ORL   A，#30H
MOV   31H，A
MOV   A，@R0
SWAPA
ANL   A，#0FH
ORL   A，#30H
MOV   32H，A
```

分析上面的程序段，给每一条指令加上注释，并说明 BCD 码和拆开后的 ASCII 码各自存放在内部 RAM 的什么地方。

4.5　数据拼拆程序 2：分析下面的程序，已知(20H)=85H，(21H)=F9H，说明执行该程序段后，30H 单元的内容是什么。

```
MOV   30H，20H
ANL   30H，#00011111B
MOV   A，21H
SWAP  A
RL    A
ANL   A，#11100000B
ORL   30H，A
```

4.6　已知共阴极 8 段 LED 数码管显示数字的字形码如下：

0	1	2	3	4	5	6	7	8	9	A	b	C	d	E	F
3FH	06H	5BH	4FH	66H	6DH	7DH	07H	7FH	6FH	77H	83H	C6H	A1H	86H	8EH

若累加器 A 中的内容为 00H～0FH 中的一个数，请利用查表指令得到相应字符的字形码。

4.7　查找其他资料书籍，列出画程序流程图的各种图形符号，并说明用途。

4.8　分析下面程序的功能。

```
        X       DATA    30H
        Y       DATA    32H
        MOV     A, X
        JNB     ACC.7, DAYU
        CPL     A
        ADD     A, #01H
DAYU:   MOV     Y, A
        SJMP    $
        END
```

4.9　利用 CJNE 指令实现例 4.3 的程序如下：

```
        X       DATA    20H
        Y       DATA    30H
        ORG     0000H
        MOV     A, X
        CJNE    A, Y, NEQUAL    ; A-(Y), A≠(Y)时转移到标号 NEQUAL
NEQUAL: JC      L1              ; CY=1, 转移到 L1
        CLR     P1.0            ; CY=0, (X)≥(Y), 点亮 P1.0 接的 LED
        SJMP    FINISH
L1:     CLR     P1.1            ; (X)<(Y), 点亮 P1.1 接的 LED
FINISH: SJMP    $
        END
```

比较上面程序和例 4.3 程序，回答为什么可以用 CJNE 指令代替减法操作。

4.10　下面是实现有符号数比较的另一种方法的源程序清单，请画出程序流程图。

```
        ONE     DATA    40H
        TWO     DATA    41H
        MAX     DATA    42H
        CLR     C
        MOV     A, ONE
        SUBB    A, TWO
        JZ      XMAX
        JB      ACC.7, NEGG
        JB      OV, YMAX
        SJMP    XMAX
NEGG:   JB      OV, XMAX
YMAX:   MOV     A, TWO
        SJMP    DONE
XMAX:   MOV     A, ONE
DONE:   MOV     MAX, A
        SJMP    $
```

```
        END
```

4.11　除了利用例 4.5 的转移指令表法实现散转程序之外，还可利用地址偏移量表法、转向地址表法及 RET 指令等来实现散转。下面的程序段采用这三种方法实现的功能如下：根据 R7 的状态分别转向 8 个功能键处理程序，设 R7 中为键号，依次为 0、1、2、3、4、5、6、7，分别转向 SB0、SB1、SB2、SB3、SB4、SB5、SB6、SB7 这 8 个键功能处理程序。

(1) 地址偏移量表法：

```
        MOV   A，R7
        MOV   DPTR，#TAB
        MOVC  A，@A+DPTR
        JMP   @A+DPTR
TAB:    DB    SB0-TAB
        DB    SB1-TAB
        ⋮
        DB    SB7-TAB
SB0:    0 号键处理程序
SB1:    1 号键处理程序
        ⋮
SB7:    7 号键处理程序
```

(2) 转向地址表法：

```
        MOV   DPTR，#TAB
        MOV   A，R7
        ADD   A，R7
        JNC   LP
        INC   DPH
LP:     MOV   R3，A
        MOVC  A，@A+DPTR
        XCH   A，R3
        INC   A
        MOVC  A，@A+DPTR
        MOV   DPL，A
        MOV   DPH，R3
        CLR   A
        JMP   @A+DPTR
TAB:    DW    SB0
        DW    SB1
        ⋮
        DW    SB7
SB0:    0 号键处理程序
SB1:    1 号键处理程序
```

```
        ⋮
SB7:  7 号键处理程序
```

(3) 利用 RET 指令散转：

```
      MOV     SP，#30H
      MOV     DPTR，#TAB
      MOV     A，R7
      ADD     A，R7
      JNC     LP
      INC     DPH
LP:   MOV     R3，A
      MOVC    A，@A+DPTR
      XCH     A，R3
      INC     A
      MOVC    A，@A+DPTR
      PUSH    A
      MOV     A，R3
      PUSH    A
      RET
TAB:  DW      SB0
      DW      SB1
      ⋮
      DW      SB7
SB0:  0 号键处理程序
SB1:  1 号键处理程序
      ⋮
SB7:  7 号键处理程序
```

分析上面三种散转方式的转移过程。

4.12　设有 100 个有符号数，连续存放在外部 RAM 中从 1000H 地址开始的区域，编程统计其中的正数、负数和 0 的个数，并分别存放在内部 RAM 的 20H、21H、22H 单元中。

4.13　编程分别将外部 RAM 中的 0000H～000FH、1030H～1050H、2050H～3000H 地址单元清零。

4.14　编程模拟串行通信中的奇偶校验过程。要求如下：

(1) 将内部 RAM 中从 30H 开始的 10 个数传送到外部 RAM 中从 1000H 开始的区域。

(2) 传送之前对要传送的数据插入偶校验位(D7)，插入规则是：判断要传送的数(以二进制表示)的低 7 位(D6～D0)中 1 的个数，若为偶数，则 D7=0，若为奇数，则 D7=1。

(3) 传送到外部 RAM 之后，再对传送来的数据进行偶校验，即判断传送来的数据(以二进制表示)中 1 的个数是否为偶数，若是偶数个 1，表示传送的数据是正确的，则继续传送下面的数据；否则给出错误提示，并停止传送。

第 5 章　定时与中断系统

单片机应用于检测、控制及智能仪器等领域时，常需要实时时钟来实现定时或延时控制，也常需要计数器对外界事件进行计数。8051 内部的两个定时/计数器可以实现这些功能。中断系统是计算机的重要组成部分。实时控制、故障自动处理往往采用中断系统，计算机与外围设备间传送数据及实现人机联系时也常采用中断方式。中断系统的应用使计算机的功能更强，效率更高，使用更加灵活方便。本章以实例介绍了定时/计数器及中断的概念和应用。

教学导航

教	知识重点	1. 定时器结构 2. 单片机定时器工作方式 3. 单片机定时器的应用 4. 中断基本概念 5. 单片机中断系统 6. 单片机中断程序的编写
	知识难点	中断概念以及中断程序的编写
	推荐教学方式	从训练入手，逐渐认识定时器和中断的作用，以交通灯控制系统为载体，深化对定时器和中断概念的理解
	建议学时	9 学时
学	推荐学习方法	通过完成具体的工作任务，注意寻找定时器程序和中断程序的编写技巧。理解相关控制寄存器的作用，对使用定时器和中断非常有用
	必须掌握的理论知识	1. 定时器的结构和应用 2. 中断概念和单片机中断系统的组成 3. 定时器和中断程序的设计方法
	必须掌握的技能	单片机定时和中断程序的应用编程

项目 5　1 秒间隔的流水灯

1. 训练目的

(1) 利用单片机的定时与中断方式，实现对信号灯的控制。

(2) 通过定时器程序调试，学会定时器方式 1 的使用。

(3) 通过中断程序调试，熟悉中断的基本概念。

2. 设备与器件

(1) 设备：单片机开发系统、微机。

(2) 器件：电路板1套。

3. 步骤与要求

1) 定时器查询方式

(1) 要求：信号灯循环显示，时间间隔为1 s。

(2) 方法：用定时器方式1编制1 s的延时程序，实现信号灯的控制。

系统采用12 MHz晶振，采用定时器1，方式1定时50 ms，用R3作50 ms计数单元。可设计源程序如下：

```
        ORG     0000H
CONT:   MOV     R2，#07H
        MOV     A，#0FEH
NEXT:   MOV     P1，A
        ACALL   DELAY
        RL      A
        DJNZ    R2，NEXT
        MOV     R2，#07H
NEXT1:  MOV     P1，A
        RR      A
        ACALL   DELAY
        DJNZ    R2，NEXT1
        SJMP    CONT
DELAY:  MOV     R3，#14H            ；置50 ms计数循环初值
        MOV     TMOD，#10H          ；设定时器1为方式1
        MOV     TH1，#3CH           ；置定时器初值
        MOV     TL1，#0B0H
        SETB    TR1                 ；启动定时器1
LP1:    JBC     TF1，LP2            ；查询计数溢出
        SJMP    LP1                 ；未到50 ms继续计数
LP2:    MOV     TH1，#3CH           ；重新置定时器初值
        MOV     TL1，#0B0H
        DJNZ    R3，LP1             ；未到1 s继续循环
        RET                         ；返回主程序
        END
```

2) 定时器中断方式

(1) 要求：信号灯循环显示，时间间隔为1 s。

(2) 方法：用定时器中断方式编制1 s的延时程序，实现信号灯的控制。

采用定时器1，中断定时50 ms，用R3作50 ms计数单元，在此基础上再用08H位作

1 s 计数溢出标志，主程序从 0100H 开始，中断服务程序名为 CONT。可设计源程序如下：

```
        ORG     0000H           ；程序入口
        AJMP    0100H           ；指向主程序
        ORG     001BH           ；定时器 1 中断入口
        AJMP    CONT            ；指向中断服务程序
        ORG     0100H
MAIN：  MOV     TMOD，#10H      ；置定时器 1 为工作方式 1
        MOV     TH1，#3CH       ；置 50 ms 定时初值
        MOV     TL1，#0B0H
        SETB    EA              ；CPU 开中断
        SETB    ET1             ；定时器 1 开中断
        SETB    TR1             ；启动定时器 1
        CLR     08H             ；清 1 s 计满标志位
        MOV     R3，#14H        ；置 50 ms 循环初值
DISP：  MOV     R2，#07H
        MOV     A，#0FEH
NEXT：  MOV     P1，A
        JNB     08H，$          ；查询 1 s 时间到否
        CLR     08H             ；清标志位
        RL      A
        DJNZ    R2，NEXT
        MOV     R2，#07H
NEXT1： MOV     P1，A
        JNB     08H，$
        CLR     08H
        RR      A
        DJNZ    R2，NEXT1
        SJMP    DISP
CONT：  MOV     TH1，#3CH       ；重置 50 ms 定时初值
        MOV     TL1，#0B0H
        DJNZ    R3，EXIT        ；判 1 s 定时到否
        MOV     R3，#14H        ；重置 50 ms 循环初值
        SETB    08H             ；标志位置 1
EXIT：  RETI
        END
```

3) 外部中断方式

(1) 要求：信号灯循环显示，时间间隔由按键控制。

(2) 方法：由按键控制 P3.2 口，用外部中断方式 0($\overline{\text{INT0}}$)实现信号灯的控制。

设置R2为灯每轮的循环次数，实现灯的循环显示控制；设置R3为灯左、右循环的标志，实现灯的左、右循环控制。按键一端接到P3.2口，同时，通过上拉电阻接到电源；另一端接地，当按键未按下时，P3.2口为高电平，当按键按下时，P3.2口为低电平。可设计源程序如下：

```
        ORG     0000H
        AJMP    MAIN            ；指向主程序
        ORG     0003H
        AJMP    INTT0           ；指向按键中断程序
        ORG     0100H
MAIN：  MOV     TCON，#00H      ；置外部中断0、1为电平触发
        SETB    EA              ；开CPU中断
        SETB    EX0             ；开外中断0
        MOV     R2，#07H        ；设置灯左循环次数
        MOV     R3，#01H        ；设置左循环标志
        MOV     A，#0FEH
        MOV     P1，A
KEY：   SJMP    KEY             ；等待按键
INTT0： CLR     EA              ；关中断
        DJNZ    R3，RIGHT       ；判断左右循环
        MOV     R3，#01H        ；设置左循环标志
        RL      A
        MOV     P1，A
        DJNZ    R2，RTN
        MOV     R2，#07H        ；设置灯右循环次数
        MOV     R3，#02H        ；设置灯右循环标志
        SJMP    RTN
RIGHT： MOV     R3，#02H        ；设置右循环标志
        RR      A
        MOV     P1，A
        DJNZ    R2，RTN
        MOV     R2，#07H        ；设置灯左循环次数
        MOV     R3，#01H        ；设置左循环标志
RTN：   LCALL   DELAY           ；防抖延时
        SETB    EA              ；开中断
        RETI
DELAY： MOV     R5，#14H        ；置50 ms计数循环初值
        MOV     TMOD，#10H      ；设定时器1为方式1
        MOV     TH1，#3CH       ；置定时器初值
        MOV     TL1，#0B0H
```

```
        SETB    TR1             ；启动 T1
LP1：   JBC     TF1，LP2        ；查询计数溢出
        SJMP    LP1             ；未到 50 ms 继续计数
LP2：   MOV     TH1，#3CH       ；重新置定时器初值
        MOV     TL1，#0B0H
        DJNZ    R5，LP1         ；未到 1 s 继续循环
        RET                     ；返回主程序
        END
```

4．总结与分析

(1) 本项目步骤 1)和项目 4 相比，硬件电路一样，效果也一样，但二者的软件编制方法不同。后者采用软件定时，对循环体内指令机器周期数进行计数；前者采用定时器定时，用加法计数器直接对机器周期进行计数。二者的工作机理不同，置初值方式也不同，相比之下，定时器定时无论是在方便程度上还是在精确程度上都高于软件定时。

(2) 步骤 1)和步骤 2)相比，硬件电路一样，效果也一样，都采用定时器定时，但二者实现方法不同。前者采用查询工作方式，在 1 s 定时程序期间一直占用 CPU；后者采用中断工作方式，在 1 s 定时程序期间 CPU 可处理其他指令，从而可充分发挥定时/计数器的功能，大大提高 CPU 的效率。

(3) 步骤 3)和步骤 1)、步骤 2)相比，硬件除 P3.2 口多接一按键外，其他都一样；效果除显示时间由按键控制外，其他也一样。步骤 3)的参考程序中，1 s 定时程序不是用于显示控制，而是用于键盘防抖(见第 6 章)。防抖时间不一定是 1 s，读者可自行调整。通过步骤 3)，读者可初步领略单片机运行中的人机对话过程，了解单片机外部中断的概念。

5.1　定时/计数器

5.1.1　单片机定时/计数器的结构

1．定时/计数器组成框图

8051 单片机内部有两个 16 位的可编程定时/计数器，称为定时器 0(T0)和定时器 1(T1)，可编程选择其作为定时器用或作为计数器用。可编程定时/计数器的工作方式、定时时间、计数值、启动、中断请求等都可以由程序设定，其逻辑结构如图 5.1 所示。

由图可知，8051 定时/计数器由定时器 0、定时器 1、定时器方式寄存器 TMOD 和定时器控制寄存器 TCON 组成。

定时器 0、定时器 1 是 16 位加法计数器，分别由两个 8 位专用寄存器组成：定时器 0 由 TH0 和 TL0 组成，定时器 1 由 TH1 和 TL1 组成。TL0、TL1、TH0、TH1 的访问地址依次为 8AH～8DH，每个寄存器均可被单独访问。定时器 0 或定时器 1 用作计数器时，对从芯片引脚 T0(P3.4)或 T1(P3.5)上输入的脉冲进行计数，每输入一个脉冲，加法计数器加 1；用作定时器时，对内部机器周期脉冲进行计数，由于机器周期是定值，故计数值确定时，时间也随之确定。

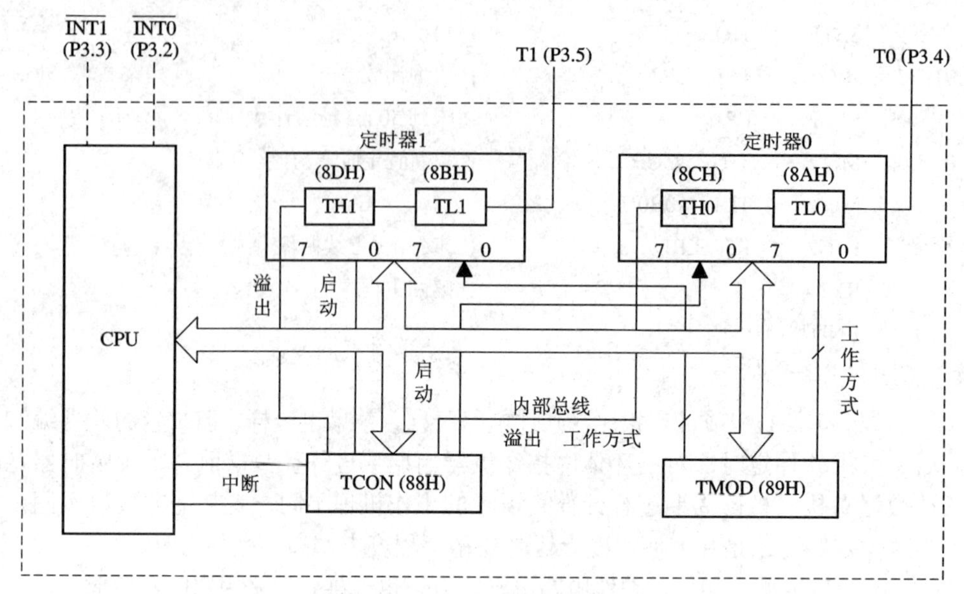

图 5.1 8051 定时/计数器逻辑结构图

TMOD、TCON 与定时器 0、定时器 1 间通过内部总线及逻辑电路连接，TMOD 用于设置定时器的工作方式，TCON 用于控制定时器的启动与停止。

2．定时/计数器工作原理

当定时/计数器设置为定时工作方式时，计数器对内部机器周期进行计数，每过一个机器周期，计数器增 1，直至计满溢出。定时器的定时时间与系统的振荡频率紧密相关，因 MCS-51 单片机的一个机器周期由 12 个振荡脉冲组成，所以，计数频率 $f_c = f_{osc}/12$。如果单片机系统采用 12 MHz 晶振，则计数周期为：$T = 1/(12 \times 10^6 \times 1/12) = 1\ \mu s$，这是最短的定时周期。适当选择定时器的初值可获取各种定时时间。

当定时/计数器设置为计数工作方式时，计数器对来自输入引脚 T0(P3.4)和 T1(P3.5)的外部信号进行计数，外部脉冲的下降沿将触发计数。在每个机器周期的 S5P2 期间采样引脚输入电平，若前一个机器周期采样值为 1，后一个机器周期采样值为 0，则计数器加 1。新的计数值是在检测到输入引脚电平发生 1 到 0 的负跳变后，于下一个机器周期的 S3P1 期间装入计数器中的，可见，检测一个由 1 到 0 的负跳变需要两个机器周期。所以，最高检测频率为振荡频率的 1/24。计数器对外部输入信号的占空比没有特别的限制，但必须保证输入信号的高电平与低电平的持续时间大于一个机器周期。

当设置了定时器的工作方式并启动定时器工作后，定时器就按被设定的工作方式独立工作，不再占用 CPU 的操作时间，只有在计数器计满溢出时才可能中断 CPU 当前的操作。关于定时器的中断将在下一节讨论。

3．定时/计数器的方式寄存器和控制寄存器

由项目 5 步骤 1)可知，在启动定时/计数器工作之前，CPU 必须将一些命令(称为控制字)写入定时/计数器中，这个过程称为定时/计数器的初始化。定时/计数器的初始化通过定时/计数器的方式寄存器 TMOD 和控制寄存器 TCON 来完成。

1) 定时/计数器方式寄存器 TMOD

TMOD 为定时器 0、定时器 1 的工作方式寄存器，其格式如下：

TMOD(89H)	D7	D6	D5	D4	D3	D2	D1	D0
	GATE	$C/\overline{T}$	M1	M0	GATE	$C/\overline{T}$	M1	M0
	定时器 1				定时器 0			

TMOD 的低 4 位为定时器 0 的方式字段，高 4 位为定时器 1 的方式字段，它们的含义完全相同。

(1) M1 和 M0：方式选择位。定义如下：

M1　M0	工作方式	功 能 说 明
0　　0	方 式 0	13 位计数器
0　　1	方 式 1	16 位计数器
1　　0	方 式 2	自动再装入 8 位计数器
1　　1	方 式 3	定时器 0：分成两个 8 位计数器 定时器 1：停止计数

(2) $C/\overline{T}$：功能选择位。$C/\overline{T}=0$ 时，设置为定时器工作方式；$C/\overline{T}=1$ 时，设置为计数器工作方式。

(3) GATE：门控位。当 GATE = 0 时，软件控制位 TR0 或 TR1 置 1 即可启动定时器；当 GATE = 1 时，软件控制位 TR0 或 TR1 需置 1，同时还需 $\overline{\text{INT0}}$ (P3.2)或 $\overline{\text{INT1}}$ (P3.3)为高电平方可启动定时器，即允许外中断 $\overline{\text{INT0}}$ 、$\overline{\text{INT1}}$ 启动定时器。

TMOD 不能位寻址，只能用字节指令设置高 4 位来定义定时器 1 的工作方式，用低 4 位来定义定时器 0 的工作方式。复位时，TMOD 所有位均置 0。

项目 5 步骤 1)中设置定时器 1 工作于方式 1，定时工作方式与外部中断无关，则 M1 = 0，M0 = 1，$C/\overline{T}=0$，GATE=0，因此，高 4 位应为 0001；定时器 0 未用，低 4 位可随意置数，但低两位不可为 11(因为此时的工作方式为方式 3，定时器 1 停止计数)，一般将其设为 0000。因此，指令形式为：MOV　TMOD，#10H。

2) 定时/计数器控制寄存器 TCON

TCON 的作用是控制定时器的启动、停止，标志定时器的溢出和中断情况。定时器控制字 TCON 的格式如下：

TCON(88H	8FH	8EH	8DH	8CH	8BH	8AH	89H	88H
	TF1	TR1	TF0	TR0	IE1	IT1	IE0	IT0

各位含义如下：

(1) TCON.7(TF1)：定时器 1 溢出标志位。当定时器 1 计满数产生溢出时，由硬件自动置 TF1 = 1。在中断允许时，该位向 CPU 发出定时器 1 的中断请求；进入中断服务程序后，该位由硬件自动清 0。在中断屏蔽时，TF1 可作查询测试用，此时只能由软件清 0。

(2) TCON.6(TR1)：定时器 1 运行控制位。由软件置 1 或清 0 来启动或关闭定时器 1。当 GATE = 1，且 $\overline{\text{INT1}}$ 为高电平时，TR1 置 1 启动定时器 1；当 GATE = 0 时，TR1 置 1 即可启动定时器 1。

(3) TCON.5(TF0)：定时器 0 溢出标志位。其功能及操作情况同 TF1。

(4) TCON.4(TR0)：定时器 0 运行控制位。其功能及操作情况同 TR1。

(5) TCON.3(IE1)：外部中断 1($\overline{INT1}$)请求标志位。

(6) TCON.2(IT1)：外部中断 1 触发方式选择位。

(7) TCON.1(IE0)：外部中断 0($\overline{INT0}$)请求标志位。

(8) TCON.0(IT0)：外部中断 0 触发方式选择位。

TCON 中的低 4 位用于控制外部中断，与定时/计数器无关，它们的含义将在下一节中介绍。当系统复位时，TCON 的所有位均清 0。

TCON 的字节地址为 88H，可以位寻址，清溢出标志位或启动定时器时都可以用位操作指令，如项目 5 步骤 1)中的 SETB TR1、JBC TF1，LP2 指令。

3) 定时/计数器的初始化

由于定时/计数器的功能是由软件编程确定的，因此，一般在使用定时/计数器前都要对其进行初始化。初始化步骤如下：

(1) 确定工作方式——对 TMOD 赋值。

项目 5 步骤 1)中的赋值语句 MOV TMOD，#10H，表明定时器 1 工作于方式 1，且为定时器方式。

(2) 预置定时或计数的初值——直接将初值写入 TH0、TL0 或 TH1、TL1。

定时/计数器的初值因工作方式的不同而不同。设最大计数值为 M，则各种工作方式下的 M 值如下：

方式 0：$M = 2^{13} = 8192$

方式 1：$M = 2^{16} = 65\,536$

方式 2：$M = 2^{8} = 256$

方式 3：定时器 0 分成两个 8 位计数器，所以两个定时器的 M 值均为 256。

因定时/计数器工作的实质是做“加 1”计数，所以，当最大计数值 M 值已知时，初值 X 可计算如下：

$$X = M - 计数值$$

项目 5 步骤 1)中定时器 1 采用方式 1 定时，M = 65 536，因要求每 50 ms 溢出一次，如采用 12 MHz 晶振，则计数周期 T=1 μs，计数值 = (50 × 1000)/1 = 50 000，所以，计数初值为

$$X = 65\,536 - 50\,000 = 15\,536 = 3CB0H$$

将 3C、B0 分别预置给 TH1、TL1。

(3) 根据需要开启定时/计数器中断——直接对 IE 寄存器赋值。

项目 5 步骤 1)中未采用中断计数方式，因此没有相关语句，下一节讲述中断的概念时将讨论这部分内容。

(4) 启动定时/计数器工作——将 TR0 或 TR1 置 1。

GATE = 0 时，直接由软件置位启动；GATE = 1 时，除软件置位外，还必须在外中断引脚处加上相应的电平值才能启动。项目 5 步骤 1)中因 GATE = 0，所以直接由软件置位启动，其指令为：SETB　TR1。

至此为止，定时/计数器的初始化过程已完毕，读者可通过项目 5 步骤 1)熟悉其应用。

5.1.2　定时/计数器的工作方式

由前述内容可知，通过对 TMOD 寄存器中 M0、M1 位进行设置，可选择 4 种工作方式，下面逐一进行论述。

1. 方式 0

方式 0 构成一个 13 位定时/计数器。图 5.2 是定时器 0 在方式 0 时的逻辑电路结构，定时器 1 的结构和操作与定时器 0 完全相同。

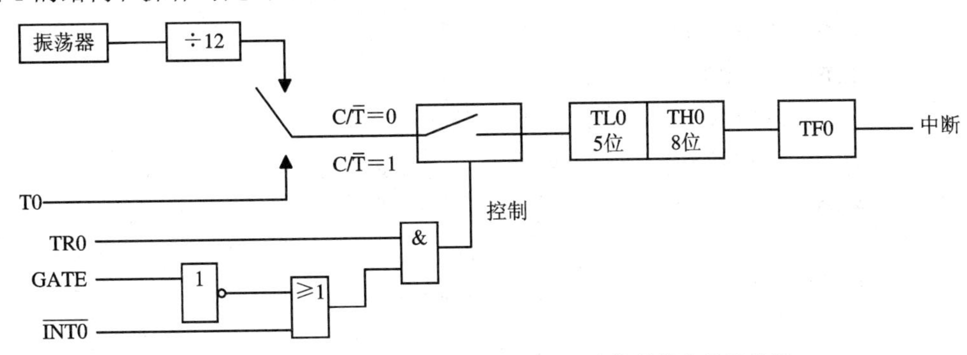

图 5.2　定时器 0(或定时器 1)在方式 0 时的逻辑电路结构图

由图可知：16 位加法计数器(TH0 和 TL0)只用了 13 位。其中，TH0 占高 8 位，TL0 占低 5 位(只用低 5 位，高 3 位未用)。当 TL0 低 5 位溢出时自动向 TH0 进位，而 TH0 溢出时向中断位 TF0 进位(硬件自动置位)并申请中断。

当 $C/\overline{T}=0$ 时，多路开关连接 12 分频器输出，定时器 0 对机器周期计数，此时，定时器 0 为定时器。其定时时间为

$$(M-定时器0初值)\times 时钟周期\times 12=(8192-定时器0初值)\times 时钟周期\times 12$$

当 $C/\overline{T}=1$ 时，多路开关与 T0(P3.4)相连，外部计数脉冲由 T0 脚输入，当外部信号电平发生由 1 到 0 的负跳变时，计数器加 1，此时，定时器 0 为计数器。

当 GATE = 0 时，或门被封锁，$\overline{INT0}$ 信号无效。或门输出常 1，打开与门，TR0 直接控制定时器 0 的启动和关闭。TR0 = 1，接通控制开关，定时器 0 从初值开始计数直至溢出。溢出时，16 位加法计数器为 0，TF0 置位并申请中断。如要循环计数，则定时器 0 需重置初值，且需用软件将 TF0 复位。项目 5 步骤 1)中就采用了重置初值语句和 JBC 命令。TR0 = 0，则与门被封锁，控制开关被关断，停止计数。

当 GATE = 1 时，与门的输出由 $\overline{INT0}$ 的输入电平和 TR0 位的状态来确定。若 TR0 = 1，则与门打开，外部信号电平通过 $\overline{INT0}$ 引脚直接开启或关断定时器 0，当 $\overline{INT0}$ 为高电平时，允许计数，否则停止计数；若 TR0 = 0，则与门被封锁，控制开关被关断，停止计数。

例 5.1　用定时器 1，方式 0 实现项目 5 步骤 1)中 1 s 的延时。

解：因方式 0 采用 13 位计数器，其最大定时时间为：8192 × 1 μs = 8.192 ms，所以，定时时间不可能像项目 5 步骤 1)那样选择 50 ms，可选择定时时间为 5 ms，再循环 200 次。定时时间选定后，再确定计数值为 5000，则定时器 1 的初值为

$$X=M-计数值=8192-5000=3192=C78H=0110001111000B$$

因 13 位计数器中 TL1 的高 3 位未用，应填写 0，TH1 占高 8 位，所以，X 的实际填写

值应为

$$X = 0110001100011000B = 6318H$$

即 TH1 = 63H，TL1 = 18H，又因采用方式 0 定时，故 TMOD = 00H。

可编写 1 s 延时子程序如下：

```
DELAY： MOV    R3，#200       ；置 5 ms 计数循环初值
        MOV    TMOD，#00H     ；设定时器 1 为方式 0
        MOV    TH1，#63H      ；置定时器初值
        MOV    TL1，#18H
        SETB   TR1            ；启动 T1
LP1：   JBC    TF1，LP2       ；查询计数溢出
        SJMP   LP1            ；未到 5 ms 继续计数
LP2：   MOV    TH1，#63H      ；重新置定时器初值
        MOV    TL1，#18H
        DJNZ   R3，LP1        ；未到 1 s 继续循环
        RET                   ；返回主程序
```

将此程序替代项目 5 步骤 1)中的延时程序，可得到与项目 5 步骤 1)同样的效果。请读者自行验证。

2. 方式 1

定时器工作于方式 1 时，其逻辑结构图如图 5.3 所示。

由图 5.3 可知，方式 1 下构成一个 16 位定时/计数器，其结构与操作几乎完全与方式 0 相同，唯一差别是二者计数位数不同。方式 1 下定时器的定时时间为

(M − 定时器 0 初值) × 时钟周期 × 12 = (65 536 − 定时器 0 初值) × 时钟周期 × 12

方式 1 的应用已在项目 5 步骤 1)中的 1 s 延时程序中说明，这里不再赘述。

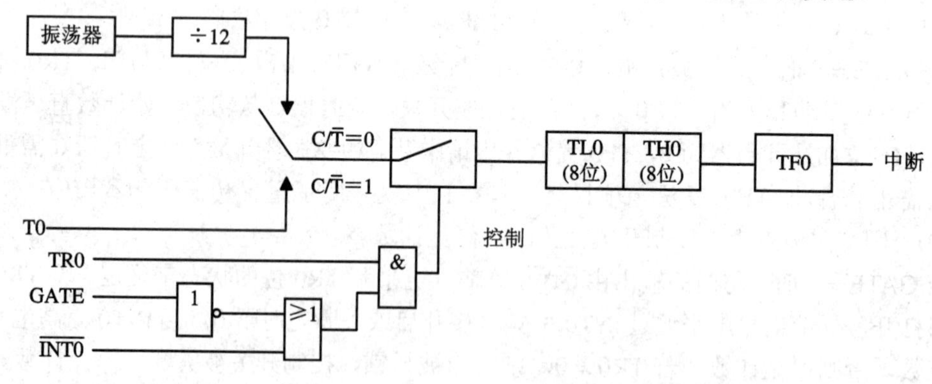

图 5.3　定时器 0(或定时器 1)在方式 1 时的逻辑结构图

3. 方式 2

定时/计数器工作于方式 2 时，其逻辑结构图如图 5.4 所示。

由图 5.4 可知，方式 2 下，16 位加法计数器的 TH0 和 TL0 具有不同功能，其中，TL0 是 8 位计数器，TH0 是重置初值的 8 位缓冲器。

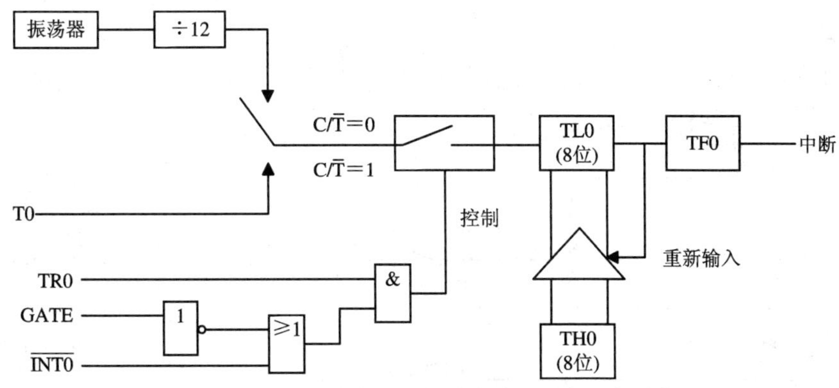

图 5.4　定时器 0(或定时器 1)在方式 2 时的逻辑结构图

从项目 5 步骤 1)和例 5.1 中可看出，方式 0 和方式 1 用于循环计数，在每次计满溢出后，计数器都复位为 0，所以要进行新一轮计数时还需重置计数初值。这不仅导致编程麻烦，而且影响定时时间精度。方式 2 具有初值自动装入功能，避免了上述缺陷，适合用作较精确的定时脉冲信号发生器。其定时时间为

$$(M - 定时器0初值) \times 时钟周期 \times 12=(256 - 定时器0初值) \times 时钟周期 \times 12$$

方式 2 中 16 位加法计数器被分割为两个，TL0 用作 8 位计数器，TH0 用以保持初值。在程序初始化时，TL0 和 TH0 由软件赋予相同的初值。一旦 TL0 计数溢出，TF0 将被置位，同时，TH0 中的初值装入 TL0，从而进入新一轮计数，如此循环不止。

例 5.2　试用定时器 1，方式 2 实现项目 5 步骤 1)中 1 s 的延时。

解：因方式 2 是 8 位计数器，其最大定时时间为 256 × 1 μs = 256 μs，为实现 1 s 延时，可选择定时时间为 250 μs，再循环 4000 次。定时时间选定后，可确定计数值为 250，则定时器 1 的初值为：X = M – 计数值 = 256 – 250 = 6 = 6H。采用定时器 1，方式 2 工作，因此，TMOD = 20H。

可编写 1 s 延时子程序如下：

```
DELAY:  MOV    R5，#28H       ；置 25 ms 计数循环初值
        MOV    R6，#64H       ；置 250 μs 计数循环初值
        MOV    TMOD，#20H     ；置定时器 1 为方式 2
        MOV    TH1，#06H      ；置定时器初值
        MOV    TL1，#06H
        SETB   TR1            ；启动定时器
LP1:    JBC    TF1，LP2       ；查询计数溢出
        SJMP   LP1            ；无溢出则继续计数
LP2:    DJNZ   R6，LP1        ；未到 25 ms 继续循环
        MOV    R6，#64H
        DJNZ   R5，LP1        ；未到 1 s 继续循环
        RET
```

将此程序替代项目 5 步骤 1)中的延时子程序，可得到与项目 5 步骤 1)同样的效果。请读者自行验证。

4. 方式3

定时/计数器工作于方式3时，其逻辑结构图如图5.5所示。

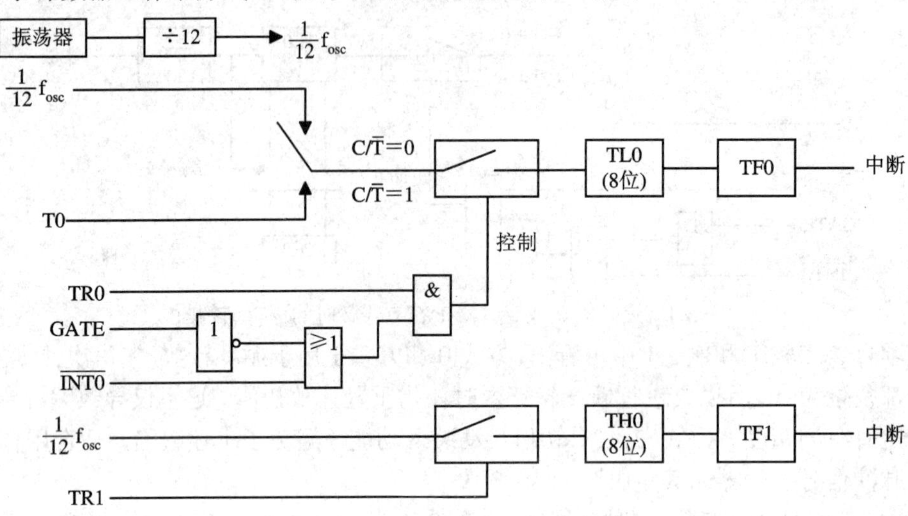

图5.5　定时器0在方式3时的逻辑结构

由图可知，方式3下，定时器0被分解成两个独立的8位计数器TL0和TH0。其中，TL0占用原定时器0的控制位、引脚和中断源，即$C/\overline{T}$、GATE、TR0、TF0和T0(P3.4)引脚、$\overline{INT0}$(P3.2)引脚，除计数位数不同于方式0、方式1外，其功能、操作与方式0、方式1完全相同，可定时亦可计数。TH0不仅占用了原定时器1的控制位TF1和TR1，同时还占用了定时器1的中断源，其启动和关闭仅受TR1置1或清0控制。TH0只能对机器周期进行计数，因此，它只能用于简单的内部定时，不能用于对外部脉冲进行计数，是定时器0附加的一个8位定时器。TL0和TH0的定时时间分别为

TL0：(M − TL0初值) × 时钟周期 × 12 = (256 − TL0初值) × 时钟周期 × 12

TH0：(M − TH0初值) × 时钟周期 × 12 = (256 − TH0初值) × 时钟周期 × 12

方式3时，定时器1仍可设置为方式0、方式1或方式2。但由于TR1、TF1及T1的中断源已被定时器0占用，因此，定时器1仅由控制位$C/\overline{T}$切换其定时或计数功能，当计数器计满溢出时，只能将输出送往串行口。在这种情况下，定时器1一般用作串行口波特率发生器或用于不需要中断的场合。因定时器1的TR1被占用，因此其启动和关闭较为特殊。当设置好工作方式时，定时器1即自动开始运行。若要停止操作，只需送入一个设置定时器1为方式3的方式字即可。

例5.3　用定时器0，方式3实现项目5步骤1)中1 s的延时。

解： 根据题意，定时器0中的TH0只能作为定时器，定时时间可设为250 μs；TL0设置为计数器，计数值可设为200。TH0计满溢出后，用软件复位的方法使T0(P3.4)引脚产生负跳变，TH0每溢出一次，T0引脚便产生一个负跳变，TL0便计数一次。TL0计满溢出时，延时时间应为50 ms，循环20次便可得到1 s的延时。

由上述分析可知，TH0计数初值为

$$X = (256 - 250) = 6 = 06H$$

TL0计数初值为

$$X = (256 - 200) = 56 = 38H$$
$$TMOD = 00000111B = 07H$$

可编写 1 s 延时子程序如下：

```
DELAY:  MOV     R3，#14H        ；置 50 ms 计数循环初值
        MOV     TMOD，#07H      ；置定时器 0 为方式 3 计数
        MOV     TH0，#06H       ；置 TH0 初值
        MOV     TL0，#38H       ；置 TL0 初值
        SETB    TR0             ；启动 TL0
        SETB    TR1             ；启动 TH0
LP1:    JBC     TF1，LP2        ；查询 TH0 计数溢出
        SJMP    LP1             ；未到 500 μs 继续计数
LP2:    MOV     TH0，#06H       ；重置 TH0 初值
        CLR     P3.4            ；T0 引脚产生负跳变
        NOP                     ；负跳变持续
        NOP
        SETB    P3.4            ；T0 引脚恢复高电平
        JBC     TF0，LP3        ；查询 TL0 计数溢出
        SJMP    LP1             ；50 ms 未到继续计数
LP3:    MOV     TL0，#38H       ；重置 TL0 初值
        DJNZ    R3，LP1         ；未到 1 s 继续循环
        RET
```

将此程序替代项目 5 步骤 1)中的延时子程序，可得到与项目 5 步骤 1)同样的效果。请读者自行验证。

5.1.3　定时/计数器的编程和应用

定时/计数器是单片机应用系统中的重要部件，通过下面的实例将可以看到，灵活应用定时/计数器可提高编程技巧，减轻 CPU 的负担，简化外围电路。

例 5.4　用单片机定时/计数器设计一个秒表，由 P1 口连接的 LED 采用 BCD 码显示，发光二极管亮表示 0，灭表示 1。计满 60 s 后从头开始，依次循环。

解：定时器 0 工作于定时方式 1，产生 1 s 的定时，程序类似于项目 5 步骤 1)，这里不再重复。定时器 1 工作在方式 2，当 1 s 时间到时，由软件复位 T1(P3.5)脚，产生负跳变，再由定时器 1 进行计数，计满 60 次(1 分钟)溢出，再重新开始计数。

按上述设计思路可知：方式寄存器 TMOD 的控制字应为 61H；定时器 1 的初值应为

$$256 - 60 = 196 = C4H$$

其源程序可设计如下：

```
        ORG     0000H
MOV     TMOD，#61H      ；定时器 0 以方式 1 定时，定时器 1 以方式 2 计数
MOV     TH1，#0C4H      ；定时器 1 置初值
```

```
        MOV     TL1，#0C4H
        SETB    TR1              ；启动定时器 1
DISP：  MOV     A，#00H          ；计数显示初始化
        MOV     P1，A
CONT：  ACALL   DELAY
        CLR     P3.5             ；T1 引脚产生负跳变
        NOP
        NOP
        SETB    P3.5             ；T1 引脚恢复高电平
        ADD     A，#01H          ；累加器加 1
        DA      A                ；将十六进制数转换成 BCD 数
        MOV     P1，A            ；点亮发光二极管
        JBC     TF1，DISP        ；查询定时器 1 计数溢出
        SJMP    CONT             ；60 s 不到继续计数
DELAY： MOV     R3，#14H         ；置 50 ms 计数循环初值
        MOV     TH0，#3CH        ；置定时器初值
        MOV     TL0，#0B0H
        SETB    TR0              ；启动定时器 0
LP1：   JBC     TF0，LP2         ；查询计数溢出
        SJMP    LP1              ；未到 50 ms 继续计数
LP2：   MOV     TH0，#3CH        ；重新置定时器初值
        MOV     TL0，#0B0H
        DJNZ    R3，LP1          ；未到 1 s 继续循环
        RET                      ；返回主程序
        END
```

通过本节叙述可知，定时/计数器既可用作定时亦可用作计数，而且其应用方式非常灵活。同时还可看出，软件定时不同于定时器定时(也称硬件定时)。软件定时是对循环体内指令机器数进行计数，而定时器定时是采用加法计数器直接对机器周期进行计数。二者工作机理不同，置初值方式也不同，相比之下，定时器定时在方便程度和精确程度上都高于软件定时。此外，软件定时在定时期间一直占用 CPU；而定时器定时如采用查询工作方式，则一样占用 CPU，如采用中断工作方式，则在其定时期间 CPU 可处理其他指令，从而可以充分发挥定时/计数器的功能，大大提高 CPU 的效率。中断方式如何工作，将在下一节介绍。

5.2 中断系统

中断系统是计算机的重要组成部分。实时控制、故障自动处理、计算机与外围设备间的数据传送往往采用中断系统。中断系统的应用大大提高了计算机效率。

5.2.1 MCS-51的中断系统

由项目5可知，步骤1)采用查询方式编程，步骤2)采用中断方式编程，二者的效果相同，但有质的区别。前者采用查询法用子程序调用方式延时，在1 s延时期间，CPU只能在延时子程序中运行；后者采用中断方式延时，在1 s延时期间，除定时器1发生中断时CPU以极短的时间运行中断服务程序之外，其余时间均可用来运行其他程序。后者尽管程序较长，但CPU的效率明显较高。那么，中断是什么？如何使用中断？这是本节所要阐述的内容。

1. 中断的概念

中断是通过硬件来改变CPU的运行方向的。计算机在执行程序的过程中，当CPU运行当前程序时，CPU之外的其他硬件(例如定时器、串行口等)会出现某些特殊情况，这些特殊情况会以一定的方式向CPU发出中断请求信号，要求CPU暂时中断当前程序的执行而转去执行相应的处理程序，待处理程序执行完毕后，再继续执行原来被中断的程序。这种程序在执行过程中由于外界的原因而被中间打断的情况称为“中断”。如项目5步骤2)中，50 ms定时时间到则发生定时器1中断，程序转去执行相应的处理程序CONT。

“中断”之后所执行的相应的处理程序通常称为中断服务或中断处理子程序，原来正常运行的程序称为主程序。主程序被断开的位置(或地址)称为“断点”。引起中断的原因或能发出中断申请的来源称为“中断源”。中断源要求服务的请求称为“中断请求”(或“中断申请”)。如项目5步骤2)中的中断服务程序是CONT程序，主程序中有两处断点(读者自行查找)，中断源是定时器1，在50 ms定时时间到后，由硬件置位TCON寄存器中的TF1位，向CPU发出中断请求。

调用中断服务程序的过程类似于调用子程序，其区别在于何时调用子程序在程序中是事先安排好的，而何时调用中断服务程序事先却无法确定，因为“中断”的发生是由外部因素决定的，程序中无法事先安排调用指令。因此，调用中断服务程序的过程是由硬件自动完成的。

2. 中断的特点

1) 分时操作

中断可以解决快速的CPU与慢速的外设之间的矛盾，使CPU和外设同时工作。CPU在启动外设工作后继续执行主程序，同时外设也在工作。每当外设做完一件事后就发出中断申请，请求CPU中断它正在执行的程序，转去执行中断服务程序(一般情况是处理输入/输出数据)，中断处理完之后，CPU恢复执行主程序，外设也继续工作。这样可使CPU与多个外设同时工作，大大地提高了CPU的效率。

2) 实时处理

在实时控制中，现场的各种参数、信息均随时间和现场而变化。这些外界变量可根据要求随时向CPU发出中断申请，请求CPU及时处理中断请求。如中断条件满足，CPU马上就会响应，进行相应的处理，从而实现实时处理。

3) 故障处理

针对难以预料的情况或故障，如掉电、存储出错、运算溢出等，可通过中断系统由故

障源向 CPU 发出中断请求，再由 CPU 转到相应的故障处理程序进行处理。

3. MCS-51 中断系统的结构框图

中断过程是在硬件基础上再配以相应的软件而实现的，不同的计算机，其硬件结构和软件指令是不完全相同的，因此，中断系统也是不相同的。

MCS-51 中断系统的结构框图如图 5.6 所示。

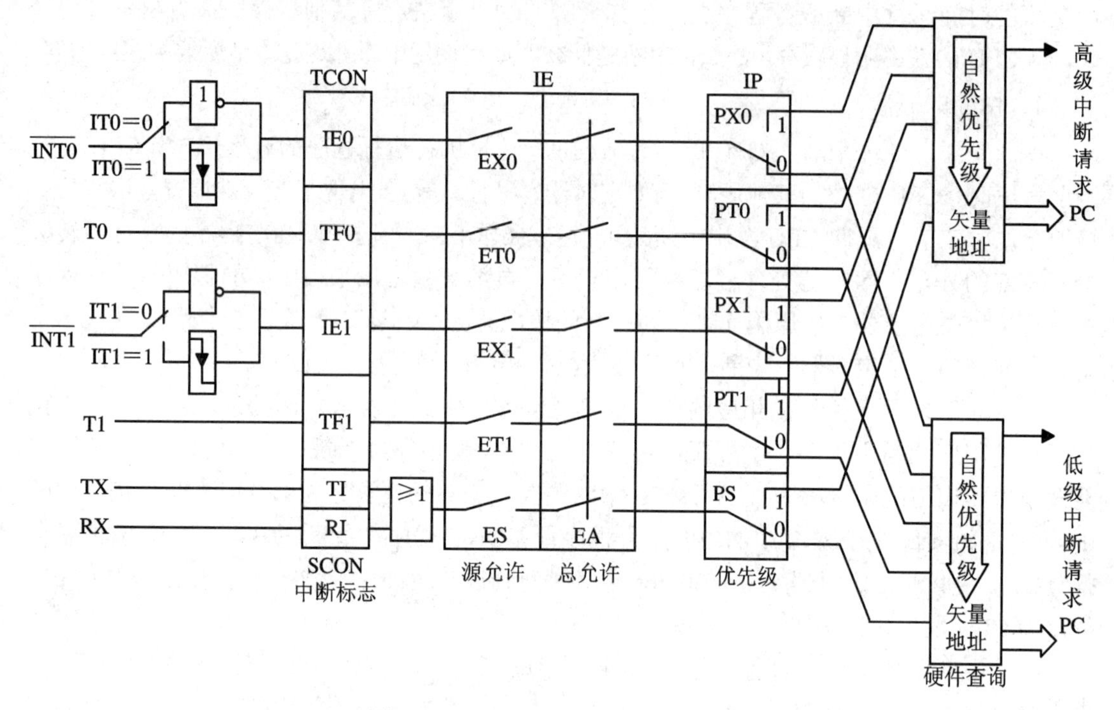

图 5.6　MCS-51 中断系统的结构框图

由图可知，与中断有关的寄存器有 4 个，分别为中断源寄存器 TCON 和 SCON、中断允许控制寄存器 IE 和中断优先级控制寄存器 IP；中断源有 5 个，分别为外部中断 0 请求 $\overline{INT0}$、外部中断 1 请求 $\overline{INT1}$、定时器 0 溢出中断请求 TF0、定时器 1 溢出中断请求 TF1 和串行中断请求 RI 或 TI。5 个中断源的排列顺序由中断优先级控制寄存器 IP 和顺序查询逻辑电路共同决定。5 个中断源分别对应 5 个固定的中断入口地址。

5.2.2　中断有关概念和寄存器

1. 中断源

通常，计算机的中断源有如下几种：

(1) 一般的输入/输出设备。如键盘、打印机等，它们通过接口电路向 CPU 发出中断请求。

(2) 实时时钟及外界计数信号。如定时时间或计数次数一到，在中断允许时，由硬件向 CPU 发出中断请求。

(3) 故障源。当采样或运算结果溢出或系统掉电时，可通过报警、掉电等信号向 CPU 发出中断请求。

(4) 为调试程序而设置的中断源。调试程序时，为检查中间结果或寻找问题所在，往往要求设置断点或进行单步工作(一次执行一条指令)，这些人为设置的中断源的申请与响应均由中断系统来实现。

MCS-51 的 5 个中断源详述如下：

(1) $\overline{\text{INT0}}$：外部中断 0 请求，由 P3.2 脚输入。通过 IT0 脚(TCON.0)来决定是低电平有效还是下跳变有效。一旦输入信号有效，就向 CPU 申请中断，并建立 IE0 标志。

(2) $\overline{\text{INT1}}$：外部中断 1 请求，由 P3.3 脚输入。通过 IT1 脚(TCON.2)来决定是低电平有效还是下跳变有效。一旦输入信号有效，就向 CPU 申请中断，并建立 IE1 标志。

(3) TF0：定时器 0 溢出中断请求。当定时器 0 产生溢出时，定时器 0 溢出中断标志位(TCON.5)置位(由硬件自动执行)，请求中断处理。

(4) TF1：定时器 1 溢出中断请求。当定时器 1 产生溢出时，定时器 1 溢出中断标志位(TCON.7)置位(由硬件自动执行)，请求中断处理。

(5) RI 或 TI：串行中断请求。当接收或发送完一个串行帧时，内部串行口中断请求标志位 RI(SCON.0)或 TI(SCON.1)置位(由硬件自动执行)，请求中断。

2. 中断标志

1) TCON 寄存器中的中断标志

TCON 为定时器 0 和定时器 1 的控制寄存器，同时也锁存定时器 0 和定时器 1 的溢出中断标志及外部中断 $\overline{\text{INT0}}$ 和 $\overline{\text{INT1}}$ 的中断标志等。

与中断有关的位如下：

(1) TCON.7(TF1)：定时器 1 的溢出中断标志。定时器 1 被启动计数后，从初值做加 1 计数，计满溢出后由硬件置位 TF1，同时向 CPU 发出中断请求。此标志一直保持到 CPU 响应中断后才由硬件自动清 0。也可由软件查询该标志，并由软件清 0。

(2) TCON.5(TF0)：定时器 0 的溢出中断标志。其操作功能与 TF1 相同。

(3) TCON.3(IE1)：$\overline{\text{INT1}}$ 中断标志。IE1 = 1，外部中断 1 向 CPU 申请中断。

(4) TCON.2(IT1)：$\overline{\text{INT1}}$ 中断触发方式控制位。当 IT1 = 0 时，外部中断 1 控制为电平触发方式。在这种方式下，CPU 在每个机器周期的 S5P2 期间对 $\overline{\text{INT1}}$ (P3.3)引脚采样，若为低电平，则认为有中断申请，随即使 IE1 标志置位；若为高电平，则认为无中断申请或中断申请已撤除，随即使 IE1 标志复位。在电平触发方式下，CPU 响应中断后不能由硬件自动清除 IE1 标志，也不能由软件清除 IE1 标志，所以，在中断返回之前必须撤消 $\overline{\text{INT1}}$ 引脚上的低电平，否则将再次中断，导致出错。

(5) TCON.1(IE0)：$\overline{\text{INT0}}$ 中断标志。其操作功能与 IE1 相同。

(6) TCON.0(IT0)：$\overline{\text{INT0}}$ 中断触发方式控制位。其操作功能与 IT1 相同。

2) SCON 寄存器中的中断标志

SCON 是串行口控制寄存器，其低两位 TI 和 RI 锁存串行口的发送中断标志和接收中断标志。

(1) SCON.1(TI)：串行发送中断标志。CPU 将数据写入发送缓冲器 SBUF 时，就启动发送，每发送完一个串行帧，硬件都使 TI 置位。但 CPU 响应中断时并不清除 TI，必须由软件清除。

(2) SCON.0(RI)：串行接收中断标志。在串行口允许接收时，每接收完一个串行帧，硬件都使 RI 置位。同样，CPU 在响应中断时不会清除 RI，必须由软件清除。

8051 系统复位后，TCON 和 SCON 均清 0，应用时要注意各位的初始状态。

3) 中断的开放和禁止

计算机中断系统有两种不同类型的中断：一类为非屏蔽中断，另一类为可屏蔽中断。对于非屏蔽中断，用户不能用软件的方法加以禁止，一旦有中断申请，CPU 必须予以响应。对于可屏蔽中断，用户可以通过软件方法来控制是否允许某中断源的中断，允许中断称为中断开放，不允许中断称为中断屏蔽。

MCS-51 系列单片机的 5 个中断源都是可屏蔽中断，其中断系统内部设有一个专用寄存器 IE，用于控制 CPU 对各中断源的开放或屏蔽。

IE 寄存器的格式如下：

IE(A8H)	D7	D6	D5	D4	D3	D2	D1	D0
	EA	×	×	ES	ET1	EX1	ET0	EX0

各位定义如下：

(1) IE.7(EA)：总中断允许控制位。EA = 1，开放所有中断，各中断源的允许和禁止可通过相应的中断允许位单独加以控制；EA = 0，禁止所有中断。

(2) IE.4(ES)：串行口中断允许位。ES = 1，允许串行口中断；ES = 0，禁止串行口中断。

(3) IE.3(ET1)：定时器 1 中断允许位。ET1 = 1，允许定时器 1 中断；ET1 = 0，禁止定时器 1 中断。

(4) IE.2(EX1)：外部中断 1($\overline{\text{INT1}}$)中断允许位。EX1 = 1，允许外部中断 1 中断；EX1 = 0，禁止外部中断 1 中断。

(5) IE.1(ET0)：定时器 0 中断允许位。ET0 = 1，允许定时器 0 中断；ET0 = 0，禁止定时器 0 中断。

(6) IE.0(EX0)：外部中断 0($\overline{\text{INT0}}$)中断允许位。EX0 = 1，允许外部中断 0 中断；EX0 = 0，禁止外部中断 0 中断。

8051 单片机系统复位后，IE 中各中断允许位均被清 0，即禁止所有中断。

项目 5 步骤 2)中，开中断过程是：首先开总中断(SETB EA)，然后开定时器 1 中断(SETB ET1)。这两条位操作指令也可合并为一条字节指令：

```
MOV   IE，#88H
```

4) 中断的优先级别

8051 单片机有两个中断优先级，每个中断源都可以通过编程确定为高优先级中断或低优先级中断，因此，可实现中断二级嵌套。同一优先级别中的中断源可能不止一个，因此，也有一个中断优先权排队的问题。

专用寄存器 IP 为中断优先级寄存器，它锁存各中断源优先级控制位。IP 中的每一位均可由软件来置 1 或清 0，且 1 表示高优先级，0 表示低优先级。其格式如下：

IP(B8H)	D7	D6	D5	D4	D3	D2	D1	D0
	×	×	×	PS	PT1	PX1	PT0	PX0

各位定义如下：

(1) IP.4(PS)：串行口中断优先控制位。PS = 1，设定串行口中断为高优先级中断；PS = 0，设定串行口中断为低优先级中断。

(2) IP.3(PT1)：定时器 1 中断优先控制位。PT1 = 1，设定定时器 1 中断为高优先级中断；PT1 = 0，设定定时器 1 中断为低优先级中断。

(3) IP.2(PX1)：外部中断 1 中断优先控制位。PX1 = 1，设定外部中断 1 中断为高优先级中断；PX1 = 0，设定外部中断 1 中断为低优先级中断。

(4) IP.1(PT0)：定时器 0 中断优先控制位。PT0 = 1，设定定时器 0 中断为高优先级中断；PT0 = 0，设定定时器 0 中断为低优先级中断。

(5) IP.0(PX0)：外部中断 0 中断优先控制位。PX0 = 1，设定外部中断 0 中断为高优先级中断；PX0 = 0，设定外部中断 0 中断为低优先级中断。

当系统复位后，IP 低 5 位全部清 0，所有中断源均设定为低优先级中断。

如果几个同一优先级的中断源同时向 CPU 申请中断，CPU 将通过内部硬件查询逻辑，按自然优先级顺序确定先响应哪个中断请求。

自然优先级由硬件形成，排列如下：

项目 5 步骤 2)中，未用到中断优先级设定，因为只有一个中断源，没有必要设置优先级。如果程序中没有中断优先级设置指令，则中断源按自然优先级进行排列。实际应用中常把 IP 寄存器和自然优先级相结合，使中断的使用更加方便、灵活。

5.2.3 中断处理过程

1. 中断系统的功能

1) 实现中断响应和中断返回

CPU 收到中断请求后，能根据具体情况决定是否响应中断，如果 CPU 没有更急、更重要的工作，则在执行完当前指令后响应这一中断请求。CPU 中断响应过程如下：首先，将断点处的 PC 值(即下一条应执行指令的地址)推入堆栈保留起来，这称为保护断点，由硬件自动执行；然后，将有关的寄存器内容和标志位状态推入堆栈保留起来，这称为保护现场，由用户自己编程完成。保护断点和现场后即可执行中断服务程序。执行完中断服务程序后，CPU 由中断服务程序返回主程序。中断返回过程如下：首先，恢复保留的寄存器内容和标志位状态，这称为恢复现场，由用户编程完成；然后，执行返回指令 RETI，RETI 指令的功能是恢复 PC 值，使 CPU 返回断点，这称为恢复断点。恢复现场和断点后，CPU 将继续执行原主程序，中断响应过程到此为止。中断响应过程流程图如图 5.7 所示。

2) 实现优先权排队

通常，系统中有多个中断源。当有多个中断源同时发出中断请求时，要求计算机能确定哪个中断更紧迫，以便首先响应。为此，计算机给每个中断源规定了优先级别，称为优先权。这样，当多个中断源同时发出中断请求时，优先权高的中断能先被响应，只有对优先权高的中断处理结束后才能响应优先权低的中断。计算机按中断源优先权高低逐次响应的过程称为优先权排队。这个过程可通过硬件电路来实现，亦可通过软件查询来实现。

3) 实现中断嵌套

当CPU响应某一中断时，若有优先权高的中断源发出中断请求，则CPU会中断正在进行的中断服务程序，并保留这个程序的断点(类似于子程序嵌套)，响应高级中断。高级中断处理结束以后，再继续进行被中断的中断服务程序，这个过程称为中断嵌套，其流程图如图5.8所示。如果发出新的中断请求的中断源的优先权级别与正在处理的中断源同级或更低，则CPU不会响应这个中断请求，直至正在处理的中断服务程序执行完以后才能去处理新的中断请求。

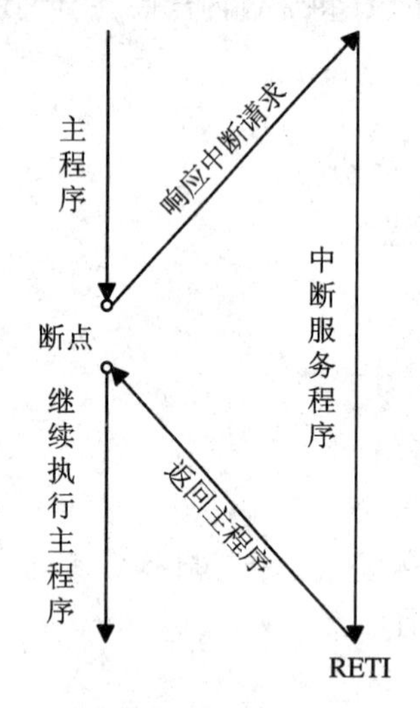

图5.7　中断响应过程流程图

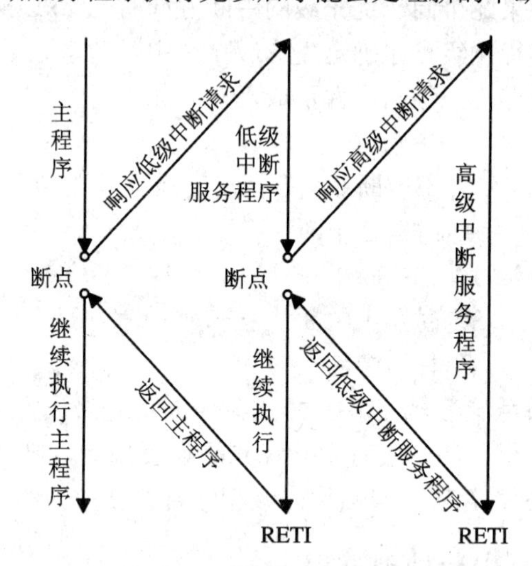

图5.8　中断嵌套流程图

2．中断处理过程

中断处理过程可分为中断响应、中断处理和中断返回三个阶段。不同的计算机因其中断系统的硬件结构不同，而使其中断响应的方式也有所不同。这里，仅以8051单片机为例进行叙述。

1) 中断响应

中断响应是CPU对中断源中断请求的响应，包括保护断点和将程序转向中断服务程序的入口地址(通常称为矢量地址)。CPU并非任何时刻都响应中断请求，而是在中断响应条件满足之后才会响应。

CPU响应中断的条件有：① 有中断源发出中断请求；② 中断总允许位EA = 1；③ 申请中断的中断源允许。

满足以上基本条件，CPU一般会响应中断，但若有下列任何一种情况存在，则中断响应会受到阻断：① CPU正在响应同级或高优先级的中断；② 当前指令未执行完；③ 正在执行 RETI 中断返回指令或访问专用寄存器 IE 和 IP 的指令。

若存在上述任何一种情况，中断查询结果即被取消，CPU 不响应中断请求而在下一机器周期继续查询；否则，CPU 在下一机器周期响应中断。

CPU 在每个机器周期的 S5P2 期间查询每个中断源，并设置相应的标志位，在下一机器周期 S6 期间按优先级顺序查询每个中断标志，如查询到某个中断标志为 1，则在再下一个机器周期 S1 期间按优先级进行中断处理。

2) 中断响应过程

中断响应过程包括保护断点和将程序转向中断服务程序的入口地址。首先，中断系统通过硬件自动生成长调用指令(LACLL)，该指令将自动把断点地址压入堆栈保护(不保护累加器 A、状态寄存器 PSW 和其他寄存器的内容)，然后，将对应的中断入口地址装入程序计数器 PC 中(由硬件自动执行)，使程序转向该中断入口地址，执行中断服务程序。MCS-51 系列单片机各中断源的入口地址由硬件事先设定，分配如下：

中断源	入口地址
外部中断 0	0003H
定时器 0 中断	000BH
外部中断 1	0013H
定时器 1 中断	001BH
串行口中断	0023H

使用时，通常在这些中断入口地址处存放一条绝对跳转指令，使程序跳转到用户安排的中断服务程序的起始地址上去。

项目 5 步骤 2)中采用定时器 1 中断，其中断入口地址为 001BH，中断服务程序名为 CONT，因此，指令形式为

```
ORG     001BH          ；定时器 1 中断入口
AJMP    CONT           ；转向中断服务程序
```

3. 中断处理

中断处理就是执行中断服务程序。中断服务程序从中断入口地址开始执行，到返回指令“RETI”为止，一般包括两部分内容，一是保护现场，二是完成中断源请求的服务。

通常，主程序和中断服务程序都会用到累加器 A、状态寄存器 PSW 及其他一些寄存器。当 CPU 进入中断服务程序并用到上述寄存器时，会破坏原来存储在寄存器中的内容，一旦中断返回，将会导致主程序的混乱。因此，在进入中断服务程序后，一般要先保护现场，然后执行中断处理程序，在中断返回之前再恢复现场。

编写中断服务程序时还需注意以下几点：

(1) 各中断源的中断入口地址之间只相隔 8 个字节，容纳不下普通的中断服务程序，因此，在中断入口地址单元通常存放一条无条件转移指令，可将中断服务程序转至存储器的其他任何空间。

(2) 若要在执行当前中断程序时禁止其他更高优先级中断，则需先用软件关闭 CPU 中断，或用软件禁止相应高优先级的中断，在中断返回前再开放中断。

(3) 在保护和恢复现场时，为了不使现场数据遭到破坏或造成混乱，一般规定此时 CPU

不再响应新的中断请求。因此，在编写中断服务程序时，要注意在保护现场前关中断，在保护现场后则应开中断。同样，在恢复现场前也应先关中断，恢复之后再开中断。

项目 5 步骤 2)中的中断服务程序不与主程序共用累加器和任何寄存器，所以无需保护现场，在程序中也就没有保护和恢复现场的指令。

4．中断返回

中断返回是指执行完中断服务程序后，计算机返回原来断开的位置(即断点)，继续执行原来的程序。中断返回由中断返回指令 RETI 来实现。该指令的功能是把断点地址从堆栈中弹出，送回到程序计数器 PC 中。此外，它还通知中断系统已完成中断处理，并同时清除优先级状态触发器。特别要注意不能用“RET”指令代替“RETI”指令。

中断处理过程流程图如图 5.9 所示。

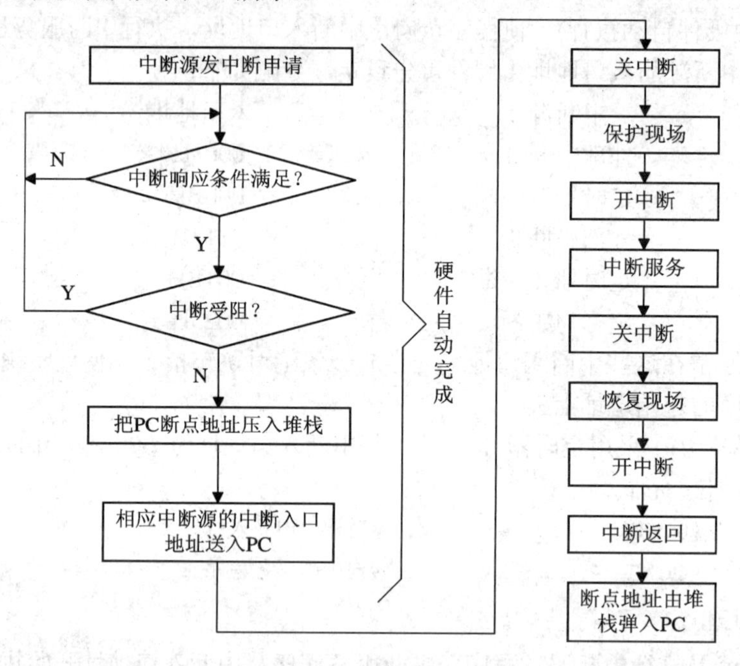

图 5.9　中断处理过程流程图

5．中断请求的撤除

CPU 响应中断请求后即进入中断服务程序，在中断返回前，应撤除该中断请求，否则会引起重复中断，从而导致错误。

MCS-51 各中断源中断请求撤除的方法有以下几种。

1) 定时器中断请求的撤除

对于定时器 0 或 1 溢出中断，CPU 在响应中断后即由硬件自动清除其中断标志位 TF0 或 TF1，无需采取其他措施。

2) 串行口中断请求的撤除

对于串行口中断，CPU 在响应中断后，硬件不能自动清除中断请求标志位 TI、RI，必须在中断服务程序中用软件将其清除。

3) 外部中断请求的撤除

外部中断可分为边沿触发型和电平触发型。

对于边沿触发的外部中断 0 或 1，CPU 在响应中断后，由硬件自动清除其中断标志位 IE0 或 IE1，无需采取其他措施。

对于电平触发的外部中断，其中断请求撤除方法较复杂。因为对于电平触发的外部中断，CPU 在响应中断后，硬件不会自动清除其中断请求标志位 IE0 或 IE1，而且也不能用软件将其清除，所以在 CPU 响应中断后，应立即撤除 $\overline{\text{INT0}}$ 或 $\overline{\text{INT1}}$ 引脚上的低电平，否则就会引起重复中断而导致错误。但是，CPU 又不能控制 $\overline{\text{INT0}}$ 或 $\overline{\text{INT1}}$ 引脚的信号，因此，只有通过硬件再配合相应软件才能解决这个问题。图 5.10 是可行方案之一。

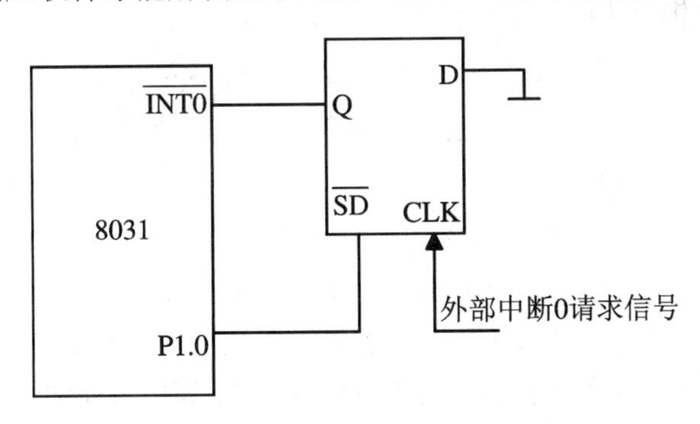

图 5.10　撤除外部中断请求的电路

由图可知，外部中断请求信号不直接加在 $\overline{\text{INT0}}$ 或 $\overline{\text{INT1}}$ 引脚上，而是加在 D 触发器的 CLK 端。由于 D 端接地，因此当外部中断请求的正脉冲信号出现在 CLK 端时，Q 端输出为 0，$\overline{\text{INT0}}$ 或 $\overline{\text{INT1}}$ 为低，外部中断向单片机发出中断请求。利用 P1 口的 P1.0 作为应答线，当 CPU 响应中断后，可在中断服务程序中采用两条指令：

```
ANL     P1，#0FEH
ORL     P1，#01H
```

来撤除外部中断请求。第一条指令使 P1.0 为 0，因 P1.0 与 D 触发器的异步置 1 端 $\overline{\text{SD}}$ 相连，Q 端输出为 1，从而撤除了中断请求。第二条指令使 P1.0 变为 1，Q 继续受 CLK 控制，即新的外部中断请求信号又能向单片机申请中断。第二条指令是必不可少的，若不加该指令，则无法再次形成新的外部中断。

项目 5 步骤 2)采用定时器 1 中断，其中断请求的撤除由硬件自动完成，无需采取其他措施。

6．中断响应时间

中断响应时间是指从中断请求标志位置位到 CPU 开始执行中断服务程序的第一条指令所持续的时间。CPU 并非每时每刻对中断请求都予以响应，另外，对于不同的中断请求，其响应时间也是不同的。以外部中断为例，CPU 在每个机器周期的 S5P2 期间采样其输入引脚 $\overline{\text{INT0}}$ 或 $\overline{\text{INT1}}$ 端的电平，如果中断请求有效，则置位中断请求标志位 IE0 或 IE1，然后在下一个机器周期再对这些值进行查询。这就意味着中断请求信号的低电平至少应维持一个机器周期。如果此时满足中断响应条件，则 CPU 响应中断请求，在下一个机器周期执行一条硬件长调用指令“LACLL”，使程序转入中断矢量入口。该调用指令的执行时间是两个机

器周期。因此，外部中断响应时间至少需要 3 个机器周期，这是最短的中断响应时间。

如果中断请求不能满足前面所述的三个条件而被阻断，则中断响应时间将延长。例如一个同级或更高级的中断正在进行，则附加的等待时间取决于正在进行的中断服务程序的长度。如果正在执行的一条指令还没有进行到最后一个机器周期，则附加的等待时间为 1～3 个机器周期(因为一条指令的最长执行时间为 4 个机器周期)。如果正在执行的指令是 RETI 指令或访问 IE 或 IP 的指令，则附加的等待时间在 5 个机器周期之内(最多用一个机器周期完成当前指令，再加上最多 4 个机器周期完成下一条指令)。

若系统中只有一个中断源，则中断响应时间为 3～8 个机器周期。

5.2.4　外部中断源的扩展

8051 单片机仅有两个外部中断请求输入端 $\overline{INT0}$ 和 $\overline{INT1}$。在实际应用中，若外部中断源超过两个，则需扩充外部中断源，这里介绍两种简单可行的方法。

1．用定时器作外部中断源

MCS-51 单片机有两个定时器，具有两个内中断标志和外计数引脚，如在某些应用中不被使用，则它们的中断可作为外部中断请求使用。此时，可将定时器设置成计数方式，计数初值可设为满量程，则当它们的计数输入端 T0(P3.4)或 T1(P3.5)引脚发生负跳变时，计数器将加 1 产生溢出中断。利用此特性，可把 T0 脚或 T1 脚作为外部中断请求输入线，把计数器的溢出中断作为外部中断请求标志。

例 5.5　将定时器 0 扩展为外部中断源。

解：将定时器 0 设定为方式 2(自动恢复计数初值)，TH0 和 TF0 的初值均设置为 FFH，允许定时器 0 中断，CPU 开放中断。源程序如下：

```
MOV     TMOD，#06H
MOV     TH0，#0FFH
MOV     TL0，#0FFH
SETB    TR0
SETB    ET0
SETB    EA
  ⋮
```

当连接在 T0(P3.4)引脚上的外部中断请求输入线发生负跳变时，TL0 加 1 溢出，TF0 置 1，向 CPU 发出中断申请；同时，TH0 的内容自动送至 TL0，使 TL0 恢复初值。这样，T0 引脚每输入一个负跳变，TF0 都会置 1，向 CPU 请求中断。此时，T0 脚相当于边沿触发的外部中断源输入线。

同样，也可将定时器 1 扩展为外部中断源。

2．中断和查询相结合

两根外部中断输入线($\overline{INT0}$ 和 $\overline{INT1}$ 脚)的每一根都可以通过线或的关系连接多个外部中断源。利用这两根外部中断输入线和并行输入端口线作为多个中断源的识别线，可达到扩展外部中断源的目的，其电路原理图如图 5.11 所示。

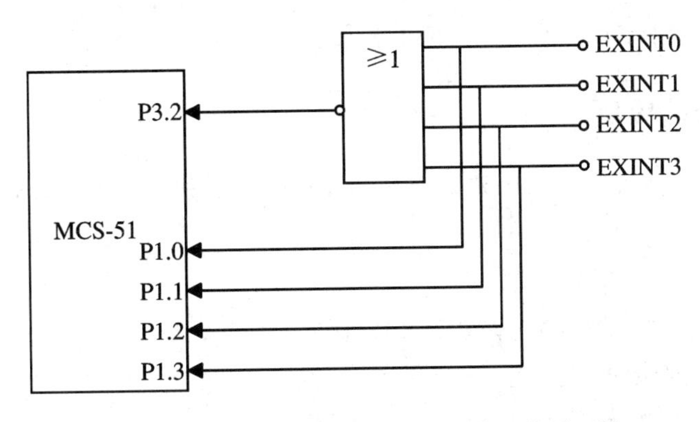

图 5.11　一个外中断扩展成多个外中断的原理图

由图可知，4 个外部扩展中断源通过 1 个 OC 门电路组成线或取非后再与 $\overline{\text{INT0}}$ (P3.2)相连；若 4 个外部扩展中断源 EXINT0～EXINT3 中有一个或几个出现高电平，则输出为 0，使 $\overline{\text{INT0}}$ 脚为低电平，从而发出中断请求。因此，这些扩充的外部中断源都是电平触发方式(高电平有效)。CPU 执行中断服务程序时，先依次查询 P1 口的中断源输入状态，然后转入相应的中断服务程序执行。4 个扩展中断源的优先级顺序由软件查询顺序决定，即最先查询的优先级最高，最后查询的优先级最低。

中断服务程序如下：

```
        ORG     0003H               ；外部中断 0 入口
        AJMP    INTT0               ；转向中断服务程序入口
        ⋮
INTT0:  PUSH    PSW                 ；保护现场
        PUSH    ACC
        JB      P1.0，EXT0          ；中断源查询并转相应中断服务程序
        JB      P1.1，EXT1
        JB      P1.2，EXT2
        JB      P1.3，EXT3
EXIT:   POP     ACC                 ；恢复现场
        POP     PSW
        RETI
        ⋮
EXT0:   ⋮                           ；EXINT0 中断服务程序
        AJMP    EXIT
EXT1:   ⋮                           ；EXINT1 中断服务程序
        AJMP    EXIT
EXT2:   ⋮                           ；EXINT2 中断服务程序
        AJMP    EXIT
EXT3:   ⋮                           ；EXINT3 中断服务程序
        AJMP    EXIT
```

同样，外部中断 1($\overline{INT1}$)也可作相应的扩展。

5.2.5　中断系统的应用

中断控制实质上是对 4 个与中断有关的特殊功能寄存器 TCON、SCON、IE 和 IP 进行管理和控制，具体实施如下：

(1) CPU 的开、关中断。

(2) 具体中断源中断请求的允许和禁止(屏蔽)。

(3) 各中断源优先级别的控制。

(4) 外部中断请求触发方式的设定。

中断管理和控制程序一般都包含在主程序中，根据需要通过几条指令来完成。中断服务程序是一种具有特定功能的独立程序段，可根据中断源的具体要求进行服务。下面通过实例来说明其具体应用。

例 5.6　用 8051 单片机设计一交通信号灯模拟控制系统，晶振采用 12 MHz。具体要求如下：

(1) 正常情况下，A、B 道(A、B 道交叉组成十字路口，A 是主道，B 是支道)轮流放行，A 道放行 60 s(其中 5 s 用于警告)，B 道放行 30 s(其中 5 s 用于警告)。

(2) 一道有车而另一道无车(用按键开关 S_1、S_2 模拟)时，使有车车道放行。

(3) 有紧急车辆通过(用按键开关 S_0 模拟)时，A、B 道均为红灯。

解：根据题意，整体设计思路如下：

(1) 正常情况下运行主程序，以 0.5 s 延时子程序的反复调用来实现各种定时时间。

(2) 一道有车而另一道无车时，采用外部中断 1 方式进入与其相应的中断服务程序，并设置该中断为低优先级中断。

(3) 有紧急车辆通过时，采用外部中断 0 方式进入与其相应的中断服务程序，并设置该中断为高优先级中断，实现中断嵌套。

硬件设计过程如下：

用 12 只发光二极管模拟交通信号灯，以单片机的 P1 口控制这 12 只发光二极管。在 P1 口与发光二极管之间采用 74LS07 作驱动电路，口线输出高电平则“信号灯”熄，口线输出低电平则“信号灯”亮。

各口线控制功能及相应控制码(P1 端口数据)如表 5.1 所示。

表 5.1　控 制 码 表

P1.7 (空)	P1.6 (空)	P1.5 B 线绿灯	P1.4 B 线黄灯	P1.3 B 线红灯	P1.2 A 线绿灯	P1.1 A 线黄灯	P1.0 A 线红灯	控制码(P1 端口数据)	状态说明
1	1	1	1	0	0	1	1	F3H	A 线放行，B 线禁止
1	1	1	1	0	1	0	1	F5H	A 线警告，B 线禁止
1	1	0	1	1	1	1	0	DEH	A 线禁止，B 线放行
1	1	1	0	1	1	1	0	EEH	A 线禁止，B 线警告

分别以按键 S_1、S_2 模拟 A、B 道的车辆检测信号：当 S_1、S_2 为高电平(不按按键)时，表示有车；当 S_1、S_2 为低电平(按下按键)时，表示无车。S_1、S_2 相同时属正常情况，S_1、S_2 不相同时属一道有车另一道无车的情况，因此产生外部中断 1 中断的条件应是：$\overline{\text{INT1}}=\overline{S_1 \oplus S_2}$，可用 74LS266(如无 74LS266，可用 74LS86 与 74LS04 组合)来实现。另外，还需将 S_1、S_2 信号接入单片机，以便单片机查询有车车道，可将其分别接至单片机的 P3.0 口和 P3.1 口。

以按键 S_0 模拟紧急车辆通过开关：当 S_0 为高电平时属正常情况；当 S_0 为低电平时属紧急车辆通过的情况。直接将 S_0 信号接至 $\overline{\text{INT0}}$ 脚即可实现外部中断 0 中断。

综上所述，可设计出硬件电路，如图 5.12 所示。

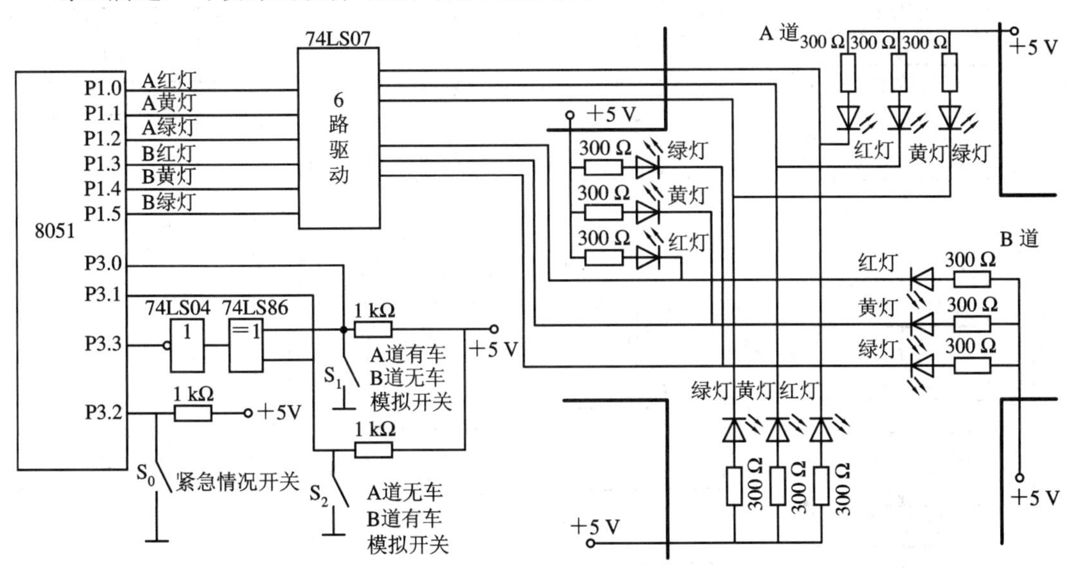

图 5.12　交通灯模拟控制系统电路图

软件设计过程如下：

主程序采用查询方式定时，由 R2 寄存器确定调用 0.5 s 延时子程序的次数，从而获取交通灯的各种时间。子程序采用定时器 1 方式 1，查询方式定时，定时器定时 50 ms，R3 寄存器确定 50 ms 循环 10 次，从而获取 0.5 s 的延时时间。

一道有车而另一道无车的中断服务程序首先要保护现场，因需用到延时子程序和 P1 口，故需保护的寄存器有 R3、P1、TH1 和 TL1。保护现场时还需先关中断，以防止高优先级中断(紧急车辆通过所产生的中断)出现时导致程序混乱；然后开中断，由软件查询 P3.0 和 P3.1 口，判别哪一道有车，再根据查询情况执行相应的服务。待交通灯信号出现后，保持 5 s 的延时(延时不能太长，读者可自行调整)，然后关中断，恢复现场，再开中断，返回主程序。

紧急车辆出现时的中断服务程序也需保护现场，但无需关中断(因其为高优先级中断)，然后执行相应的服务，待交通灯信号出现后延时 20 s，确保紧急车辆通过交叉路口；然后恢复现场，返回主程序。

交通信号灯模拟控制系统主程序及中断服务程序的流程图如图 5.13 所示。

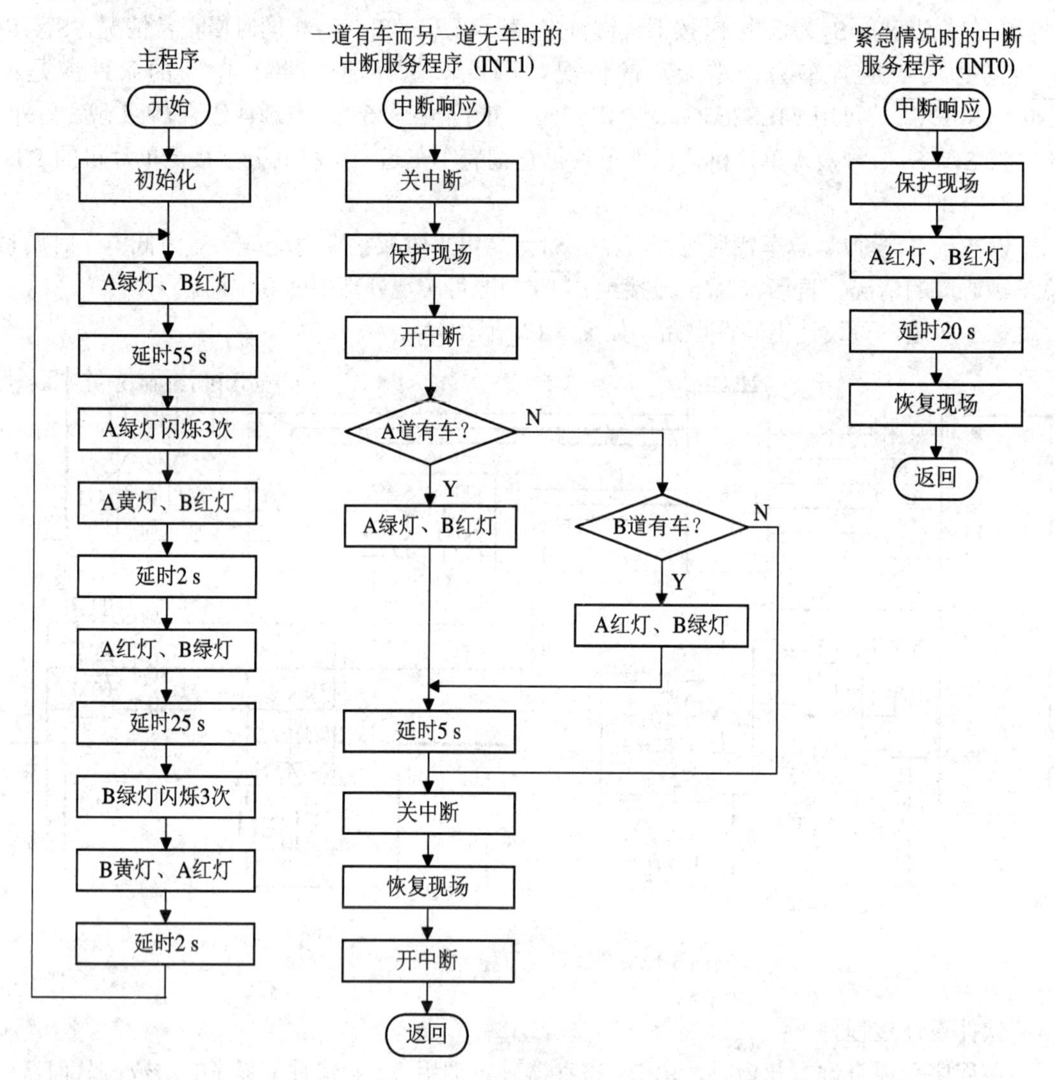

图 5.13　交通信号灯模拟控制系统的程序流程图

源程序设计如下：

```
        ORG     0000H
        AJMP    MAIN            ；指向主程序
        ORG     0003H
        AJMP    INTT0           ；指向紧急车辆出现中断程序
        ORG     0013H
        AJMP    INTT1           ；指向一道有车而另一道无车中断程序
        ORG     0100H
MAIN:   SETB    PX0             ；置外部中断 0 为高优先级中断
        MOV     TCON，#00H      ；置外部中断 0、1 为电平触发
```

```
         MOV     TMOD，#10H        ；置定时器 1 为方式 1
         MOV     IE，#85H          ；开 CPU 中断，开外部中断 0、1 中断
DISP:    MOV     P1，#0F3H         ；A 绿灯放行，B 红灯禁止
         MOV     R2，#6EH          ；置 0.5 s 循环次数
DISP1:   ACALL   DELAY             ；调用 0.5 s 延时子程序
         DJNZ    R2，DISP1         ；55 s 不到继续循环
         MOV     R2，#06H          ；置 A 绿灯闪烁循环次数
WARN1:   CPL     P1.2              ；A 绿灯闪烁
         ACALL   DELAY
         DJNZ    R2，WARN1         ；闪烁次数未到继续循环
         MOV     P1，#0F5H         ；A 黄灯警告，B 红灯禁止
         MOV     R2，#04H
YEL1:    ACALL   DELAY
         DJNZ    R2，YEL1          ；2 s 未到继续循环
         MOV     P1，#0DEH         ；A 红灯，B 绿灯
         MOV     R2，#32H
DISP2:   ACALL   DELAY
         DJNZ    R2，DISP2         ；25 s 未到继续循环
         MOV     R2，#06H
WARN2:   CPL     P1.5              ；B 绿灯闪烁
         ACALL   DELAY
         DJNZ    R2，WARN2
         MOV     P1，#0EEH         ；A 红灯，B 黄灯
         MOV     R2，#04H
YEL2:    ACALL   DELAY
         DJNZ    R2，YEL2
         AJMP    DISP              ；循环执行主程序
INTT0:   PUSH    P1                ；P1 口数据压栈保护
         PUSH    03H               ；R3 寄存器压栈保护
         PUSH    TH1               ；TH1 压栈保护
         PUSH    TL1               ；TL1 压栈保护
         MOV     P1，#0F6H         ；A、B 道均为红灯
         MOV     R5，#28H          ；置 0.5 s 循环初值
DELAY0:  ACALL   DELAY
         DJNZ    R5，DELAY0        ；20 s 未到继续循环
         POP     TL1               ；弹栈恢复现场
         POP     TH1
         POP     03H
```

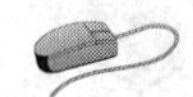

```
        POP     P1
        RETI                    ；返回主程序
INTT1： CLR     EA              ；关中断
        PUSH    P1              ；压栈保护现场
        PUSH    03H
        PUSH    TH1
        PUSH    TL1
        SETB    EA              ；开中断
        JNB     P3.0，BP        ；A 道无车转向
        MOV     P1，#0F3H       ；A 绿灯，B 红灯
        SJMP    DELAY1          ；转向 5 s 延时子程序
BP：    JNB     P3.1，EXIT      ；B 道无车退出中断
        MOV     P1，#0DEH       ；A 红灯，B 绿灯
DELAY1：MOV     R6，#0AH        ；置 0.5 s 循环初值
NEXT：  ACALL   DELAY
        DJNZ    R6，NEXT        ；5 s 未到继续循环
EXIT：  CLR     EA
        POP     TL1             ；弹栈恢复现场
        POP     TH1
        POP     03H
        POP     P1
        SETB    EA
        RETI
DELAY： MOV     R3，#0AH
        MOV     TH1，#3CH
        MOV     TL1，#0B0H
        SETB    TR1
LP1：   JBC     TF1，LP2
        SJMP    LP1
LP2：   MOV     TH1，#3CH
        MOV     TL1，#0B0H
        DJNZ    R3，LP1
        RET
        END
```

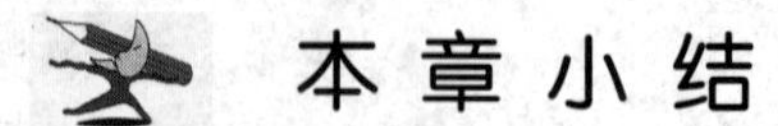

本章小结

MCS-51 单片机内部有两个可编程定时/计数器 0 和 1，每个定时/计数器有 4 种工作方

式：方式 0～方式 3。方式 0 是 13 位的定时/计数器；方式 1 是 16 位的定时/计数器；方式 2 是初值重载的 8 位定时/计数器；方式 3 只适用于定时器 0，将定时器 0 分为两个独立的定时/计数器，同时定时器 1 可以作为串行接口波特率发生器。不同位数的定时/计数器，其最大计数值也不同。

对于定时/计数器的编程包括设置方式寄存器、初值及控制寄存器(可位寻址)。初值由定时时间及定时/计数器的位数决定。本章通过用以上 4 种工作方式设计 1 s 定时实例及秒表设计实例，详细介绍了定时/计数器的工作原理、编程方法及应用。

中断是单片机中的一个重要概念。中断指当机器正在执行程序的过程中，一旦遇到某些异常情况或特殊请求时，暂停正在执行的程序，转入必要的处理(中断服务子程序)，处理完毕后，再返回到原来被停止程序的间断处(断点)继续执行。引起中断的原因称为中断源。MCS-51 单片机提供了 5 个中断源：$\overline{\text{INT0}}$、$\overline{\text{INT1}}$、TF0、TF1 和串行中断请求。中断请求的优先级由用户编程和内部优先级共同确定。中断编程包括中断入口地址设置、中断源优先级设置、中断开放或关闭、中断服务子程序等。本章通过交通灯控制实例详细介绍了中断过程、中断编程方法及应用。

习　题　5

5.1　单项选择题。

(1) 8031 单片机的定时器 T1 用作定时方式时是______。

A. 由内部时钟频率定时，一个时钟周期加 1

B. 由内部时钟频率定时，一个机器周期加 1

C. 由外部时钟频率定时，一个时钟周期加 1

D. 由外部时钟频率定时，一个机器周期加 1

(2) 8031 单片机的定时器 T1 用作计数方式时计数脉冲是______。

A. 外部计数脉冲，由 T1(P3.5)输入

B. 外部计数脉冲，由内部时钟频率提供

C. 外部计数脉冲，由 T0(P3.4)输入

D. 由外部计数脉冲计数

(3) 若 8031 的定时器 T1 用作定时方式，方式 1，则工作方式控制字为______。

A. 01H　　　　B. 05H

C. 10H　　　　D. 50H

(4) 若 8031 的定时器 T1 用作计数方式，方式 2，则工作方式控制字为______。

A. 60H　　　　B. 02H

C. 06H　　　　D. 20H

(5) 若 8031 的定时器 T1 用作定时方式，方式 1，则初始化编程为______。

A. MOV　TOMD，#01H

B. MOV　TOMD，#50H

C. MOV　TOMD，#10H

D. MOV　TCON，#02H

(6) 启动定时器 0 开始计数的指令是使 TCON 的______。

A. TF0 位置 1　　B. TR0 位置 1
C. TR0 位置 0　　D. TR1 位置 0

(7) 使 8031 的定时器 T0 停止计数的指令是______。

A. CLR TR0　　B. CLR TR1
C. SETB TR0　　D. SETB TR1

(8) 下列指令中，若定时器 T0 计满数就转 LP 的是______。

A. JB T0，LP　　B. JNB TF0，LP
C. JNB TR0，LP　　D. JB　TF0，LP

(9) 当 CPU 响应定时器 T1 的中断请求后，程序计数器 PC 的内容是______。

A. 0003H　　B. 000BH
C. 00013H　　D. 001BH

(10) 当 CPU 响应外部中断 0($\overline{\text{INT0}}$)的中断请求后，程序计数器 PC 的内容是______。

A. 0003H　　B. 000BH
C. 00013H　　D. 001BH

(11) MCS-51 单片机在同一级别里除串行口外，级别最低的中断源是______。

A. 外部中断 1　　B. 定时器 T0
C. 定时器 T1　　D. 外部中断 2

(12) 当外部中断 0 发出中断请求后，中断响应的条件是______。

A. SETB ET0　　B. SETB EX0
C. MOV IE，#81H　　D. MOV IE，#61H

(13) MCS-51 单片机 CPU 开中断的指令是_______。

A. SETB　EA　　B. SETB　ES
C. CLR　EA　　D. SETB　EX0

(14) 在 8051 单片机计数初值的计算中，若设最大计数值为 M，在方式 1 下，M 值为_____。

A. $M = 2^{13} = 8192$　　B. $M = 2^{8} = 256$
C. $M = 2^{4} = 16$　　D. $M = 2^{16} = 65\,536$

(15) 8031 响应中断后，中断的一般处理过程是______。

A. 关中断，保护现场，开中断，中断服务，关中断，恢复现场，开中断，中断返回
B. 关中断，保护现场，保护断点，开中断，中断服务，恢复现场，中断返回
C. 关中断，保护现场，保护中断，中断服务，恢复断点，开中断，中断返回
D. 关中断，保护断点，保护现场，中断服务，关中断，恢复现场，开中断，中断返回

(16) 8031 单片机共有 5 个中断入口，在同一级别里，5 个中断源同时发出中断请求时，程序计数器 PC 的内容变为______。

A. 000BH　　B. 0003H
C. 0013H　　D. 001BH

(17) MCS-51 单片机串行口发送/接收中断源的工作过程是：当串行口接收或发送完一

帧数据时，将 SCON 中的______，向 CPU 申请中断。

A. RI 或 TI 置 1　　　　B. RI 或 TI 置 0

C. RI 置 1 或 TI 置 0　　　　D. RI 置 0 或 TI 置 1

(18) MCS-51 单片机响应中断的过程是______。

A. 断点 PC 自动压栈，对应中断矢量地址装入 PC

B. 关中断，程序转到中断服务程序

C. 断点压栈，PC 指向中断服务程序地址

D. 断点 PC 自动压栈，对应中断矢量地址装入 PC，程序转到该矢量地址，再转至中断服务程序首地址

(19) 执行中断处理程序最后一句指令 RETI 后，______。

A. 程序返回到 ACALL 的下一句　　　　B. 程序返回到 LCALL 的下一句

C. 程序返回到主程序开始处　　　　D. 程序返回到响应中断时指令的下一句

5.2　填空题

(1) MCS-51 单片机的内部设置有两个 16 位可编程的定时/计数器，简称定时器 T0 和 T1，通过编程可设置__________、__________、__________、__________、__________。

(2) MCS-51 单片机的定时器内部结构由以下 4 部分组成：

①____________　②____________　③____________　④____________。

(3) 对于 8031 的定时器，若用软启动，应使 TOMD 中的__________。

(4) 使定时器 T0 未计满数就原地等待的指令是__________。

(5) 若 8031 的定时器 T0 用作计数方式，方式 1(16 位)，则工作方式控制字为__________。

(6) 定时器方式寄存器 TMOD 的作用是__________。定时器控制寄存器 TCON 的作用是__________。

(7) MCS-51 的中断系统由__________、__________、__________、__________等寄存器组成；其中断源有__________、__________、__________、__________、__________。

(8) MCS-51 单片机的中断矢量地址有__________、__________、__________、__________、__________。

(9) 对定时器控制寄存器 TCON 中的 IT1 和 IT0 位清 0 后，外部中断请求信号方式为__________。

(10) 单片机中 PUSH 和 POP 指令通常用来__________。

(11) 中断源中断请求撤除包括__________、__________、__________等三种形式。

(12) 中断响应条件是__________、__________、__________。阻止 CPU 响应中断的因素可能是__________、__________、__________。

5.3　MCS-51 定时/计数器的定时功能和计数功能有什么不同?分别应用在什么场合下?

5.4　软件定时与硬件定时的原理有何异同?

5.5　MCS-51 单片机的定时/计数器是增 1 计数器还是减 1 计数器？增 1 和减 1 计数器在计数和计算计数初值时有什么不同?

5.6　当定时/计数器工作于方式 1 时，晶振频率为 6 MHz，请计算最短定时时间和最长定时时间。

5.7　简述 MCS-51 单片机定时/计数器的 4 种工作方式的特点及如何选择和设定这 4 种

工作方式。

5.8　什么叫中断？中断有什么特点？

5.9　MCS-51 单片机有哪几个中断源？如何设定它们的优先级？

5.10　外部中断有哪两种触发方式？对触发脉冲或电平有什么要求？如何选择和设定？

5.11　叙述 CPU 响应中断的过程。

第 6 章　单片机显示和键盘接口

单片机应用系统常需连接键盘、显示器、打印机、A/D 和 D/A 转换器等外设，其中，键盘和显示器是使用最频繁的外设，它们是构成人机对话的一种基本方式。本章将介绍常用外设的工作原理以及它们如何与单片机接口，如何相互传送信息等内容。

教学导航

教	知识重点	1. LED 数码管显示和接口 2. LED 大屏幕显示和接口 3. LCD 液晶显示和接口 4. 独立式按键接口 5. 矩阵式按键接口
	知识难点	1. LED 动态显示接口 2. LED 点阵大屏幕显示接口 3. LCD 液晶显示和接口 4. 矩阵式按键接口
	推荐教学方式	从训练项目入手，通过简易秒表的完成，让学生逐步熟悉各种显示器件和键盘的工作原理、接口及编程方法
	建议学时	12 学时
学	推荐学习方法	1. 学习数码管时可以先回忆发光二极管的控制，学习数码管接口控制时可以先接 1 个数码管再扩展到多个数码管。 2. 类比法，LED 数码管的动态显示和 LED 大屏幕显示的原理相似，可以比较学习
	必须掌握的理论知识	1. LED 数码管显示接口 2. LED 点阵大屏幕显示接口 3. 独立式按键接口与矩阵式按键接口
	必须掌握的技能	1. LED 数码管显示控制 2. LED 大屏幕显示器的制作与调试 3. 独立式按键接口和矩阵式按键接口

项目 6　简易秒表的制作

1. 训练目的

(1) 利用单片机的定时器中断实现秒定时，进一步掌握中断程序的编程技巧。

(2) 通过对 LED 显示程序的调试，熟悉 8051 与 LED 的接口技术，熟悉 LED 动态显示的控制过程。

(3) 熟悉独立式键盘的接口技术，熟悉键盘中断扫描原理。

(4) 通过阅读和调试简易秒表整体程序，学会如何编制含 LED 动态显示、键盘扫描和定时器中断等多种功能的综合程序，初步体会大型程序的编制和调试技巧。

2. 设备与器件

(1) 设备：单片机开发系统、微机。

(2) 器件：参见电路图 6.1。

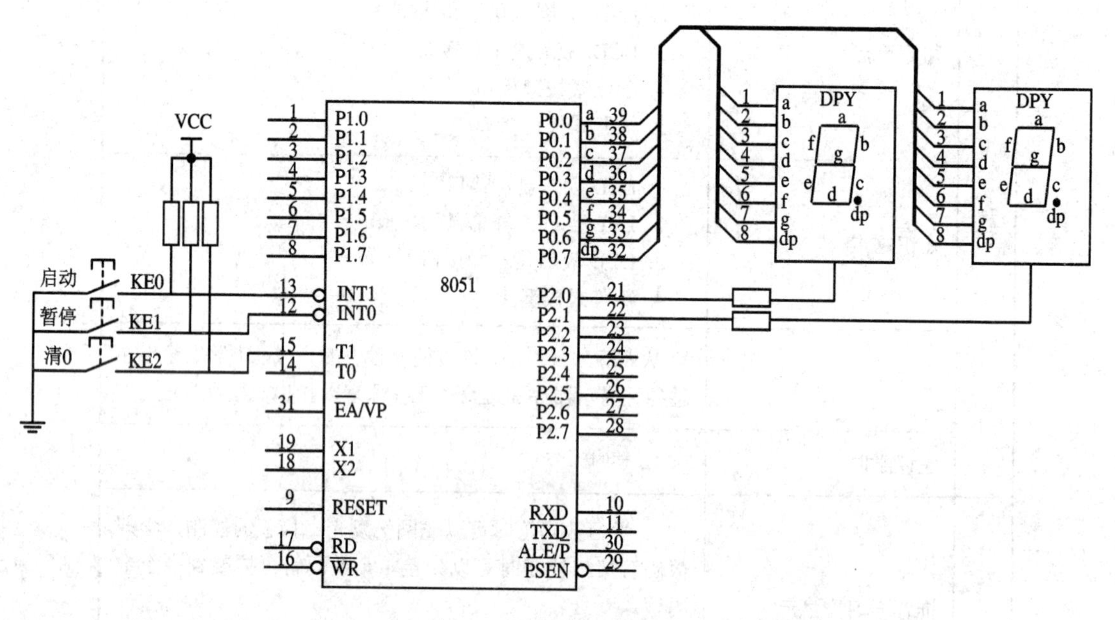

图 6.1　简易秒表电路连接

3. 步骤与要求

(1) 要求：利用电路板，以 2 位 LED 显示秒值，实现秒表计时显示。以 3 个独立式按键 KE0、KE1、KE2 分别实现启动、停止、清零等功能。

(2) 方法：用中断的编程思路使用定时器 T0，定时器工作在定时方式，实现 1 秒定时，每 50 ms 溢出中断一次，中断 20 次后就到 1 秒钟；秒表计时显示用动态显示方式实现；通过键盘扫描方式取得 KE0、KE1、KE2 的键值，用键盘的中断处理程序实现秒表的启动、停止、清 0 等功能。

(3) 实验线路分析：原理图参见图 6.1。2 位 LED 显示的位码由单片机的 P2 口输出，段码由 P0 口输出，P2 口线与 LED 之间接有 200 Ω 限流电阻；LED 为共阳极数码管，显示方式为动态显示方式；3 个按键可以采用独立式键盘，其中两个按键分别连接到外部中断 INT0、INT1，第 3 个按键连接到定时器 1 的 T1 端口，以中断方式实现键盘的扫描。

(4) 软件设计：软件整体设计思路是以动态显示作为主程序，按键查询采用中断方式；秒定时采用定时器 T0 中断方式进行，定时器 T0 定时时间为 50 ms，定时器 50 ms 溢出一次，溢出 20 次后秒值加 1；计时的开启与关闭受控于按键处理程序。由上述设计思路可设计出软件流程图如图 6.2 所示。

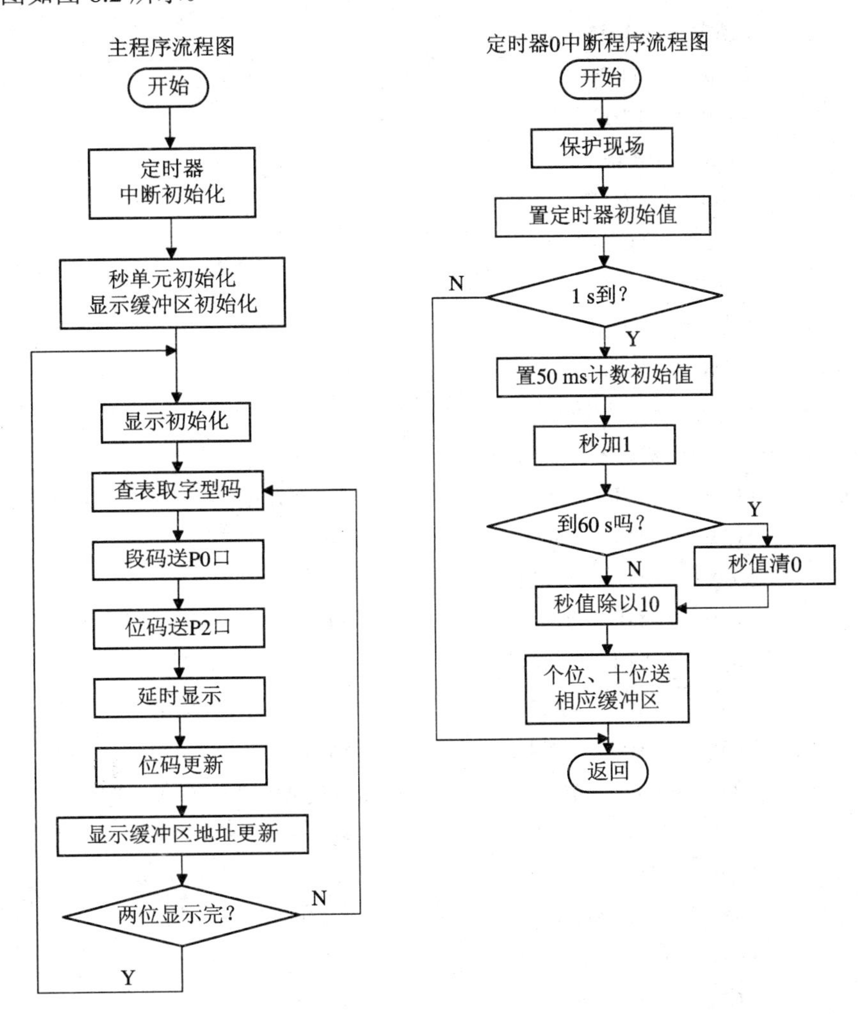

图 6.2　简易秒表软件流程图

(5) 程序编制：编程时置 KE0 键为“启动”，置 KE1 键为“停止”，置 KE2 键为“清 0”，因按键较少，所以采用独立式按键即可满足条件，其中两个按键分别连接到外部中断接口 INT0、INT1，另外一个连接到外部引脚 T1，编程时置 T1 为 8 位计数方式，初始值设定为 0FFH。程序中，INT0、INT1 和 T1 均允许中断，故按键的处理通过各相应中断子程序来完成。2 位 LED 显示的数据由显示缓冲区 30H～31H 单元中的数据决定，顺序是从左至右。动态显示时，每位显示持续时间为 1 ms，1 ms 延时由软件实现，2 位显示约耗时 2 ms。

1 秒定时采用定时器 T0 方式 1 中断，每 50 ms 中断一次，用 21H(MSEC)作 50 ms 计数单元，每 20 次为一个循环，计满 20 次，秒计数单元 20H(SEC)加 1。20H 单元的数据采用十进制计数，该数据被拆成个位和十位两个数据后分别送至显示缓冲区的 30H、31H 单元。

按照上述思路可编制如下源程序：

```
            SEC     EQU 20H
            MSEC    EQU 21H
            ORG     0000H
            AJMP    MAIN
            ORG     0003H
            AJMP    KE1
            ORG     000BH
            AJMP    CONT
            ORG     0013H
            AJMP    KE0
            ORG     001BH
            AJMP    KE2
；－－－－－－－－－－－－主程序－－－－－－－－－－－－－－
；－－－－－－－－－－－初始化部分－－－－－－－－－－－－－
    MAIN：  MOV     TMOD，#61H          ；置 T0 方式 1 定时，T1 方式 2 计数
            MOV     TH0，#3CH           ；T0 置初值
            MOV     TL0，#0B0H
            MOV     TH1，#0FFH          ；T1 置初值
            MOV     TL1，#0FFH
            MOV     SEC，#00H           ；60 s 计数单元置初值
            MOV     MSEC，#14H          ；50 ms 计数单元置初值
            MOV     SP，#3FH            ；堆栈指针置初值
            MOV     30H，#00H           ；显示缓冲区清 0
            MOV     31H，#00H
            MOV     IE，#8FH            ；打开中断源
            SETB    TR1                 ；启动定时器 1
            CLR     A                   ；累加器清 0
；－－－－－－－－－－－－显示程序部分－－－－－－－－－－－
    DISP：  MOV     R2，#02H            ；LED 待显示位数送 R2
            MOV     R1，#00H            ；设定显示时间
            MOV     R4，#01H            ；选中最右端 LED
            MOV     R0，#30H            ；显示缓冲区首址送 R0
            MOV     A，@R0              ；秒显示个位送 A
    DISP1： MOV     DPTR，#TAB          ；指向字形表首址
```

```
          MOVC    A，@A+DPTR              ；查表取得字形码
          MOV     P0，A                   ；字形码送 P0 口
          MOV     A，R4                   ；取位选字
          MOV     P2，A                   ；位码送 P2 口
          DJNZ    R1，$                   ；延时 0.5 ms
          DJNZ    R1，$                   ；延时 0.5 ms
          RL      A                       ；位选字移位
          MOV     R4，A                   ；移位后的位选字送 R4
          INC     R0                      ；指向下一位缓冲区地址
          MOV     A，@R0                  ；缓冲区数据送 A
          DJNZ    R2，DISP1               ；未扫描完，继续循环
          SJMP    DISP
    TAB： DB      0C0H，F9H，0A4H，0B0H，99H    ；共阳极 LED 字型表
          DB      92H，82H，0F8H，80H，90H
；————————————按键 0 中断服务程序————————————
；功能：启动
    KE0： SETB    TR0                     ；启动定时器 0，开始计时
          RETI                            ；中断返回
；————————————按键 1 中断服务程序————————————
；功能：暂停
    KE1： CLR     TR0                     ；关闭定时器 0，暂停计时
          RETI                            ；中断返回
；————————————按键 2 中断服务程序————————————
；功能：清 0
    KE2： MOV     SEC，#00H               ；秒清 0
          MOV     30H，#00H               ；显示缓冲区清 0
          MOV     31H，#00H               ；显示缓冲区清 0
          RETI
；———————————定时器 0 中断服务程序———————————————
；功能：秒值的刷新
    CONT：PUSH    ACC                     ；保护现场
          MOV     TH0，#3CH               ；定时器 T1 重置初值
          MOV     TL0，#0B0H
          DJNZ    MSEC，EXIT              ；判断是否到 1 s？
          MOV     MSEC，#14H              ；若到 1 s，则重置 50 ms 初始值
          INC     SEC                     ；秒单元加 1
          CJNE    SEC，#60，CHAI          ；判断秒是否到 60？
          MOV     SEC，#00                ；到 60 后，清 0
```

```
CHAI:   MOV   A，SEC
        MOV   B，#10
        DIV   AB          ；秒单元内容除以 10
        MOV   30H，A      ；秒的十位送显示缓冲区 30H
        MOV   31H，B      ；秒的个位送显示缓冲区 31H
EXIT:   POP   ACC         ；恢复现场
        RETI              ；中断返回
        END
```

4. 总结与分析

(1) 例 5.4 与本项目相比，二者均是秒表，但差别较大。前者采用发光二极管显示，后者采用 7 段码 LED(俗称数码管)显示，显示效果更直观；前者计时采用软件延时，后者采用定时器中断，后者更准确；前者功能单一，程序一旦开始运行，中间过程无法控制，后者功能齐全，可随时启动、停止、清 0，智能化程度更高。综上所述，后者更实用。

(2) 设计、调试大型程序时，需先根据要求划分模块，优化结构；再根据各模块的特点确定主程序、子程序、中断服务程序以及相互间的调用关系；再根据各模块的性质和功能将各模块细化，设计出程序流程图；最后才根据各模块的流程图编制具体程序。调试时应先调试主程序，实现最基本、最主要的功能，在此基础上再将各模块功能往主程序上堆砌，直至各模块联调、统调，实现全部功能。本项目将整个程序划分为键盘程序、动态显示程序、秒计时程序三大模块，根据各模块的特点确定动态显示程序为主程序，秒计时程序为定时器中断服务程序，键盘的扫描也用中断来实现。

三大模块之间的关系是：系统上电后，不断运行动态显示子程序，显示初始时间 00；无键按下时，一直显示初始值，有键按下时，进入按键的中断服务程序；按键启动定时器后，开始计时，在定时器的中断程序中完成显示时间的刷新；回到主程序继续运行动态显示程序，显示内容不断更新。经上述处理后，三大模块的运行协调一致，既保持了动态显示的稳定性，又保持了键盘的可靠性，还保持了秒计时的准确性，较好地实现了全部功能。

(3) 本项目只用到实验线路板的两位 LED 显示和 3 个独立式按键，当采用 4×4 矩阵式按键和 8 位动态显示时，其功能还有较大的扩展空间。只要将上述程序稍加改动即可实现秒、分、时、日显示，作为可全方位修改的实时时钟的程序使用。如增加 LED 显示位数或将显示改为 LCD 显示模块，可实现年、月、周、日、时、分、秒显示。

6.1 单片机与显示器接口

单片机应用系统最常用的显示器是 LED(发光二极管显示器)和 LCD(液晶显示器)，这两种显示器可显示数字、字符及系统的状态，它们的驱动电路简单、易于实现且价格低廉，因而得到广泛应用。

LED 7 段数码管有静态显示和动态显示两种方式，下面分别加以叙述。

6.1.1　LED 静态显示器

常用的 LED 显示器有 LED 状态显示器(俗称发光二极管)、LED 7 段显示器(俗称数码管)、LED 16 段显示器以及点阵 LED 显示。发光二极管可显示两种状态，用于显示系统状态；数码管用于显示数字；LED 16 段显示器用于显示字符；点阵 LED 用于显示一些简单图形和字符。本节重点介绍 LED 7 段显示器的静态显示方式。

例 6.1　设计一个一位简单秒表的显示电路，显示内容从 0 开始，每隔 1 s 显示内容加 1，秒值到 9 后自动清 0，依次循环显示。系统采用 12 MHz 晶振。

解：根据题意可设计出硬件电路如图 6.3 所示。

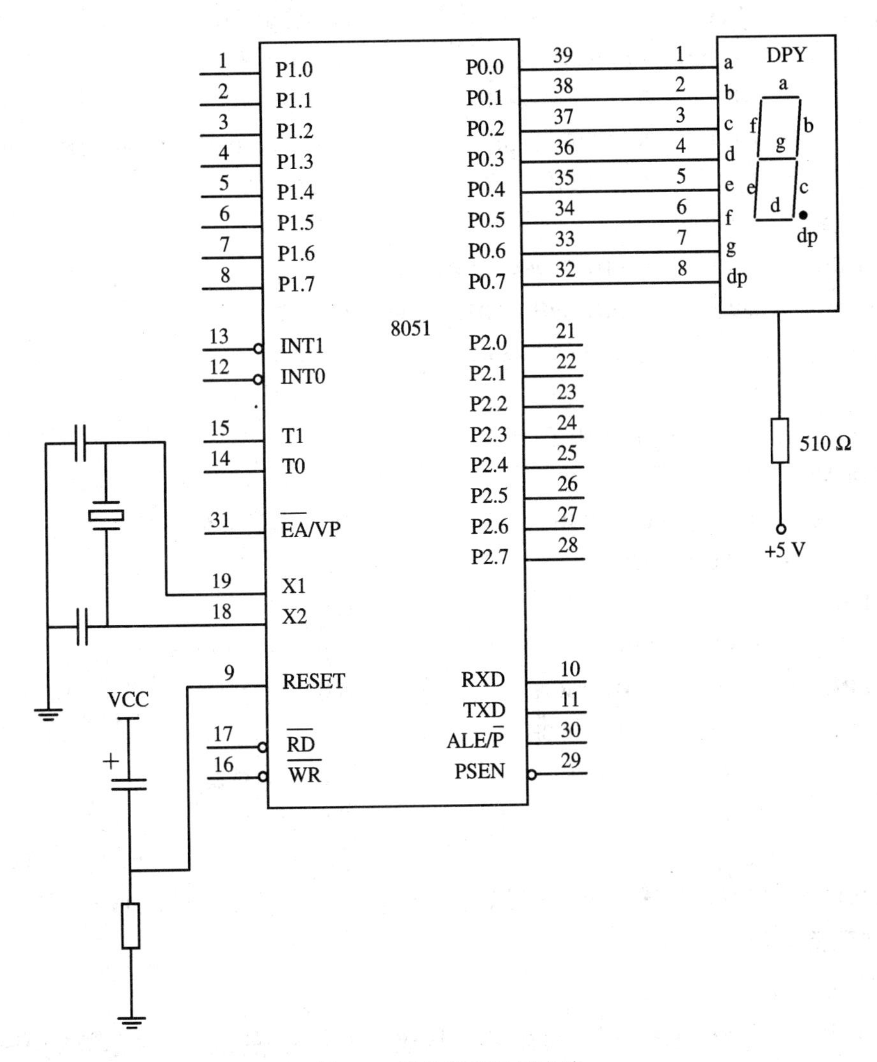

图 6.3　简单秒表显示电路

其源程序可设计如下：

```
        ORG     0000H
```

```
        ALMP    MAIN
        ORG     0030H
MAIN：  MOV     TMOD，#10H          ；定时器 T1 工作在方式 1
        MOV     TH1，#3CH           ；T1 置 50 ms 计数初值
        MOV     TL1，#0B0H
SATRT： MOV     R1，#00H            ；计数显示初始化
        MOV     DPTR，#TAB
DISP：  MOV     A，R1
        MOVC    A，@A+DPTR          ；查表得显示的字型码
        MOV     P1，A               ；数码管显示 0
        ACALL   DELAY1S             ；延时 1 s
        INC     R1                  ；计数值加 1
        CJNE    R1，#10，DISP       ；秒值不到 10，继续显示；否则清 0
        MOV     R1，#00H            ；计数值清 0
        SJMP    DISP
TAB：   DB      0C0H，0F9H，0A4H    ；0，1，2
        DB      0B0H，99H，92H      ；3，4，5
        DB      82H，0F8H，80H      ；6，7，8
        DB      90H                 ；9
；————————————1 s 延时子程序————————————
DEALY1S：
        MOV     R3，#14H            ；置 50 ms 计数循环初值
        SETB    TR1                 ；启动 T1
LP1：   JBC     TF1，LP2            ；查询计数溢出
        SJMP    LP1                 ；未到 50 ms 继续计数
LP2：   MOV     TH1，#3CH           ；重新置定时器初值
        MOV     TL1，#0B0H
        DJNZ    R3，LP1             ；未到 1 s 继续循环
        RET                         ；返回主程序
        END
```

下面从例 6.1 出发，具体剖析一下数码管的结构，并分析其工作原理。

1. 数码管简介

1) 数码管结构

数码管由 8 个发光二极管(以下简称字段)构成，通过不同的组合可显示数字 0～9、字符 A～F、H、L、P、R、U、Y、符号“–”及小数点“.”。数码管的外型结构如图 6.4(a)所示。数码管又分为共阴极和共阳极两种结构，分别如图 6.4(b)和图 6.4(c)所示。

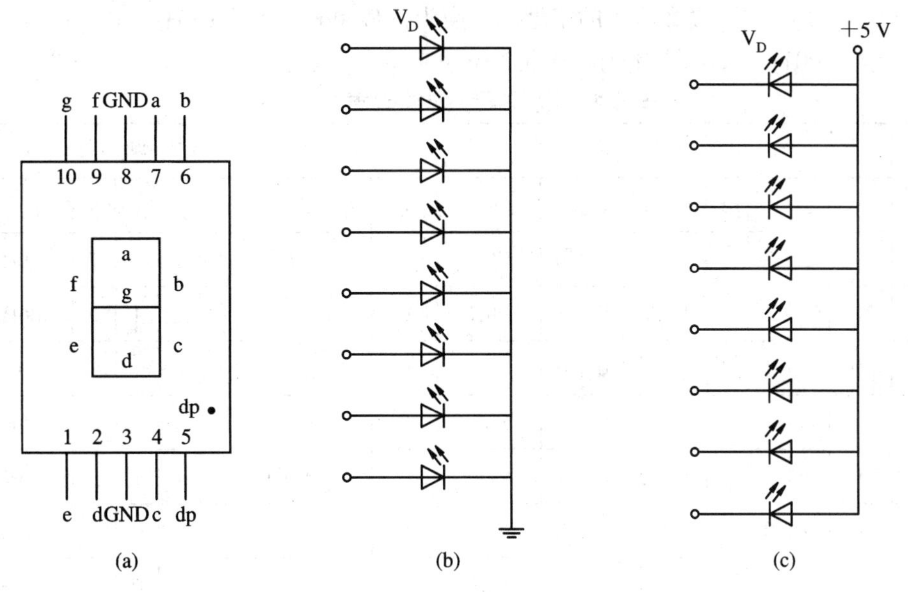

图6.4 数码管结构图

(a) 外型结构；(b) 共阴极；(c) 共阳极

2) 数码管工作原理

共阳极数码管的8个发光二极管的阳极(二极管正端)连接在一起，通常接高电平(一般接电源)，其他管脚接段驱动电路输出端。当某段驱动电路的输出端为低电平时，该端所连接的字段导通并点亮，根据发光字段的不同组合可显示出各种数字或字符。此时，要求段驱动电路能吸收额定的段导通电流，还需根据外接电源及额定段导通电流来确定相应的限流电阻。

共阴极数码管的8个发光二极管的阴极(二极管负端)连接在一起，通常接低电平(一般接地)，其他管脚接段驱动电路输出端。当某段驱动电路的输出端为高电平时，该端所连接的字段导通并点亮，根据发光字段的不同组合可显示出各种数字或字符。此时，要求段驱动电路能提供额定的段导通电流，还需根据外接电源及额定段导通电流来确定相应的限流电阻。

例6.1 采用共阳极数码管与单片机P1口直接连接，其电路连接如图6.3所示。数码管公共阳极接+5 V电源，其他管脚分别接P1口的8个端口，限流电阻为510 Ω，数码管字段导通电流约为6 mA(额定字段导通电流一般为5～20 mA)。

3) 数码管字型编码

要使数码管显示出相应的数字或字符，必须使段数据口输出相应的字型编码。对照图6.3，字型码各位定义如下：

数据线：	D7	D6	D5	D4	D3	D2	D1	D0
I/O口线：	P0.7	P0.6	P0.5	P0.4	P0.3	P0.2	P0.1	P0.0
LED段：	dp	g	f	e	d	c	b	a

数据线D0与a字段对应，D1字段与b字段对应……，依次类推。如使用共阳极数码管，则数据为0表示对应字段亮，数据为1表示对应字段暗；如使用共阴极数码管，则相

反。例如要显示“0”，共阳极数码管的字型编码应为：11000000B(即 C0H)；共阴极数码管的字型编码应为：00111111B(即 3FH)。依此类推可求得数码管字型编码如表 6.1 所示。

表 6.1 数码管字型编码表

显示字符	字形	共阳极									共阴极								
		dp	g	f	e	d	c	b	a	字型码	dp	g	f	e	d	c	b	a	字形码
0	0	1	1	0	0	0	0	0	0	C0H	0	0	1	1	1	1	1	1	3FH
1	1	1	1	1	1	1	0	0	1	F9H	0	0	0	0	0	1	1	0	06H
2	2	1	0	1	0	0	1	0	0	A4H	0	1	0	1	1	0	1	1	5BH
3	3	1	0	1	1	0	0	0	0	B0H	0	1	0	0	1	1	1	1	4FH
4	4	1	0	0	1	1	0	0	1	99H	0	1	1	0	0	1	1	0	66H
5	5	1	0	0	1	0	0	1	0	92H	0	1	1	0	1	1	0	1	6DH
6	6	1	0	0	0	0	0	1	0	82H	0	1	1	1	1	1	0	1	7DH
7	7	1	1	1	1	1	0	0	0	F8H	0	0	0	0	0	1	1	1	07H
8	8	1	0	0	0	0	0	0	0	80H	0	1	1	1	1	1	1	1	7FH
9	9	1	0	0	1	0	0	0	0	90H	0	1	1	0	1	1	1	1	6FH
A	A	1	0	0	0	1	0	0	0	88H	0	1	1	1	0	1	1	1	77H
B	B	1	0	0	0	0	0	1	1	83H	0	1	1	1	1	1	0	0	7CH
C	C	1	1	0	0	0	1	1	0	C6H	0	0	1	1	1	0	0	1	39H
D	D	1	0	1	0	0	0	0	1	A1H	0	1	0	1	1	1	1	0	5EH
E	E	1	0	0	0	0	1	1	0	86H	0	1	1	1	1	0	0	1	79H
F	F	1	0	0	0	1	1	1	0	8EH	0	1	1	1	0	0	0	1	71H
H	H	1	0	0	0	1	0	0	1	89H	0	1	1	1	0	1	1	0	76H
L	L	1	1	0	0	0	1	1	1	C7H	0	0	1	1	1	0	0	0	38H
P	P	1	0	0	0	1	1	0	0	8CH	0	1	1	1	0	0	1	1	73H
R	R	1	1	0	0	1	1	1	0	CEH	0	0	1	1	0	0	0	1	31H
U	U	1	1	0	0	0	0	0	1	C1H	0	0	1	1	1	1	1	0	3EH
Y	Y	1	0	0	1	0	0	0	1	91H	0	1	1	0	1	1	1	0	6EH
–	–	1	0	1	1	1	1	1	1	BFH	0	1	0	0	0	0	0	0	40H
.	.	0	1	1	1	1	1	1	1	7FH	1	0	0	0	0	0	0	0	80H
熄灭	灭	1	1	1	1	1	1	1	1	FFH	0	0	0	0	0	0	0	0	00H

例 6.1 使用的是共阳极数码管，因此，应采用表 6.1 中的共阳极字型码。具体实施是通过编程将需要显示的字型码存放在程序存储器的固定区域中，构成显示字型码表。需要显示某字符时，通过查表指令获取该字符所对应的字型码。

2. 静态显示接口

在例 6.1 的电路中，LED 的连接方式即为静态显示方式。静态显示是指数码管显示某一字符时，相应的发光二极管恒定导通或恒定截止。两位的 LED 数码管静态显示可采用如图 6.5 所示的电路。

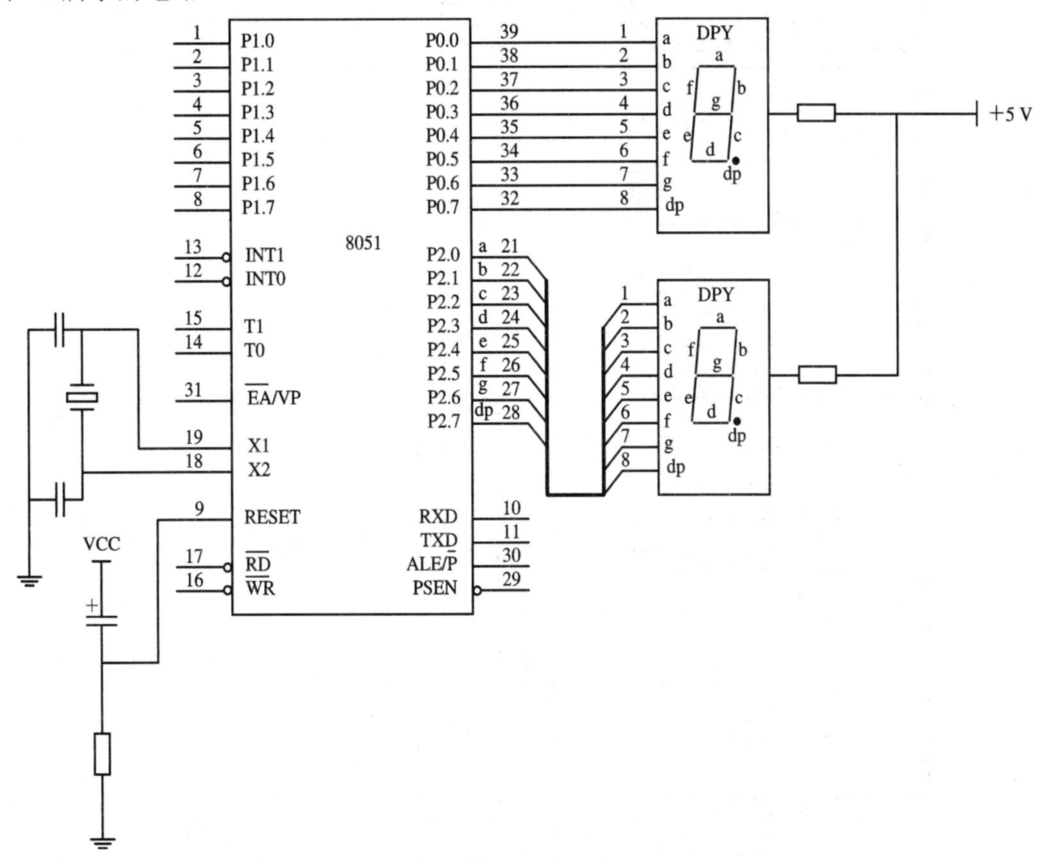

图 6.5　两位的 LED 数码管静态显示示意图

从图 6.5 可以看出，静态显示方式的特点是各位数码管相互独立，公共端恒定接地(共阴极)或接正电源(共阳极)。每个数码管的 8 个字段分别与一个 8 位 I/O 口地址相连，I/O 口只要有段码输出，相应字符即显示出来并保持不变，直到 I/O 口输出新的段码。

采用静态显示方式时，用较小的电流即可获得较高的亮度，且占用 CPU 时间少，编程简单，显示便于监测和控制，但其占用的口线多，硬件电路复杂，成本高，只适用于显示位数较少的场合。例 6.1 就是数码管静态显示方式的一种典型应用，其硬件及软件都非常简单。

6.1.2　LED 动态显示器

当需要显示的位数较多时，为了节省硬件接口，往往采用动态显示的方式。用 8051 单片机构建数码管动态显示系统时，其典型应用如图 6.6 所示。

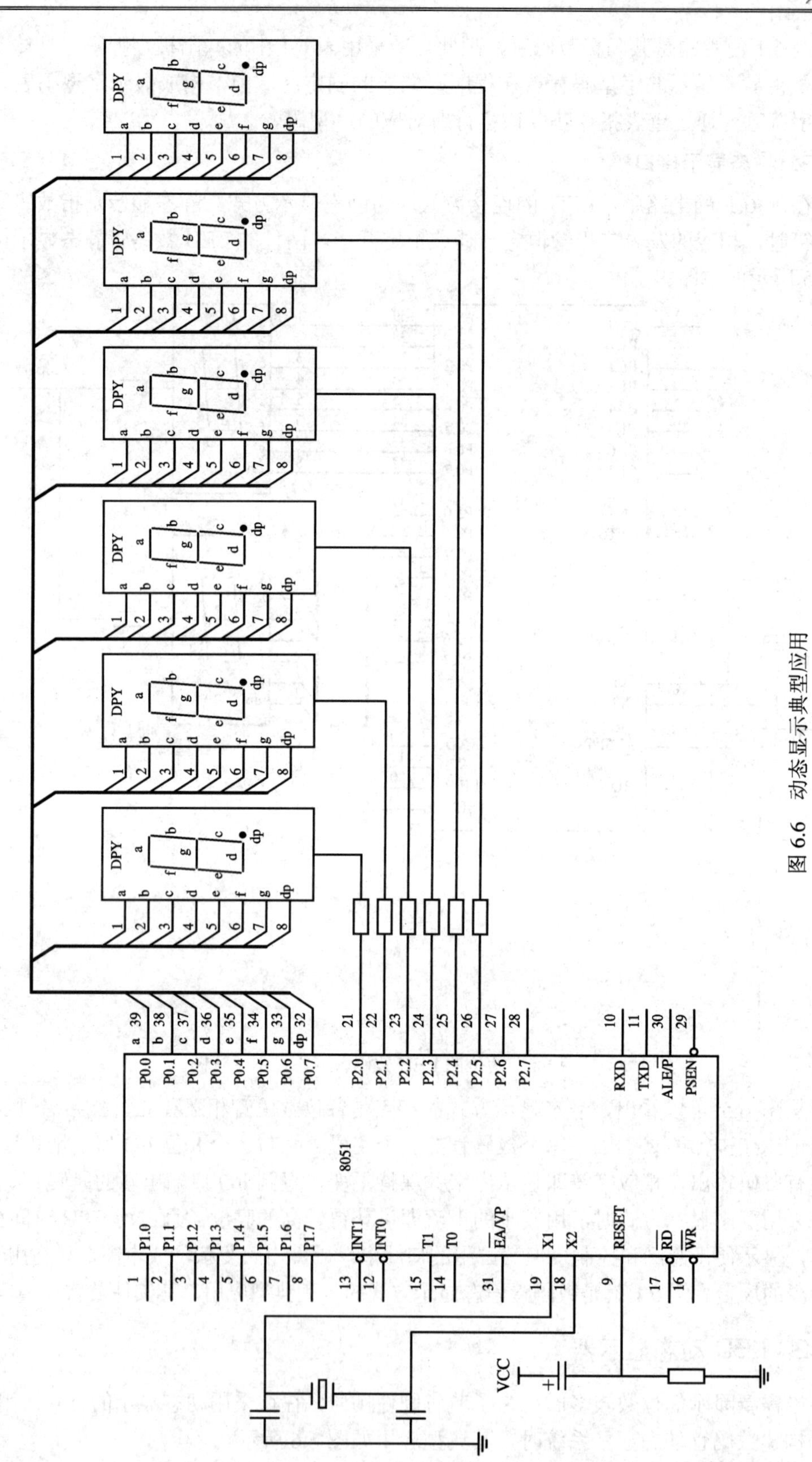

图 6.6 动态显示典型应用

1．动态显示概念

动态显示是指一位一位地轮流点亮各位数码管，这种逐位点亮显示器的方式称为位扫描。通常，各位数码管的段选线相应并联在一起，由一个 8 位的 I/O 口控制；各位的位选线(公共阴极或公共阳极)由另外的 I/O 口线控制。

以动态方式显示时，各数码管分时轮流选通。要使其稳定显示，必须采用扫描方式，即在某一时刻只选通一位数码管，并送出相应的段码，在另一时刻选通另一位数码管，并送出相应的段码。依此规律循环，即可使各位数码管显示将要显示的字符，虽然这些字符是在不同的时刻分别显示的，但由于人眼存在视觉暂留效应，因此只要每位显示间隔足够短就可以给人以同时显示的感觉。

采用动态显示方式比较节省 I/O 口，硬件电路也较静态显示方式简单，但其亮度不如静态显示方式，而且在显示位数较多时，CPU 要依次扫描，这会占用 CPU 较多的时间。

在图 6.6 所示的单片机动态显示连接图中，数码管采用共阳极 LED，单片机的 P0 口接至数码管的各段，当 P0 口线输出“0”时，驱动数码管发光。单片机的 P2 口线经过限流电阻后接至数码管的公共端，当 P2 口线输出“1”时，选通相应位的数码管发光。

2．多位动态显示接口应用

采用 8051 的 I/O 口控制数码管的段码和位码，同时，采用动态扫描方式依次循环点亮各位数码管，即可构成多位动态数码管显示电路。

例 6.2　扩展例 6.1 的功能，用图 6.6 的电路实现六位显示的秒表，具体要求如下：

(1) 从左往右每两位 LED 分别显示小时、分钟和秒，并可正常计数、进位；

(2) 上电后首先显示 00 00 00，表示从 0 点 0 分 0 秒开始计时，当时间显示到 23 59 59 后，六位显示都清 0，从头开始。

解：整体设计思路如下：

整体程序主要分为 3 个部分：主程序、显示子程序和定时器中断程序。

主程序主要是初始化部分和不断调用动态显示子程序部分。

动态显示子程序完成 6 位 LED 的轮流位扫描，它被主程序不断调用，以保证稳定可靠的显示。

显示时间的刷新由定时器中断产生，定时器每 50 ms 中断一次，当中断 20 次后(即 1 s 后)，对时间单元(秒计数单元、分计数单元、小时计数单元)进行更新，然后通过拆字子程序将时间单元里面的十六进制数拆开为两个 BCD 码，并送到显示缓冲区。返回主程序后显示缓冲区的待显示数据被刷新一次，数码管相应的显示数值也就随之发生变化。

根据硬件设计，由单片机的 P2 口控制位码输出，P0 口控制段码输出。动态显示程序中，在单片机内部 RAM 中设置待显示数据缓冲区，由查表程序完成显示译码，将缓冲区内待显示数据转换成相应的段码，再将段码通过 8051 的 P0 口输出；位码数据由累加器循环左移指令产生，再通过 P2 口输出。

该程序的流程图如图 6.7 所示。片内 RAM 的地址分配如表 6.2 所示。

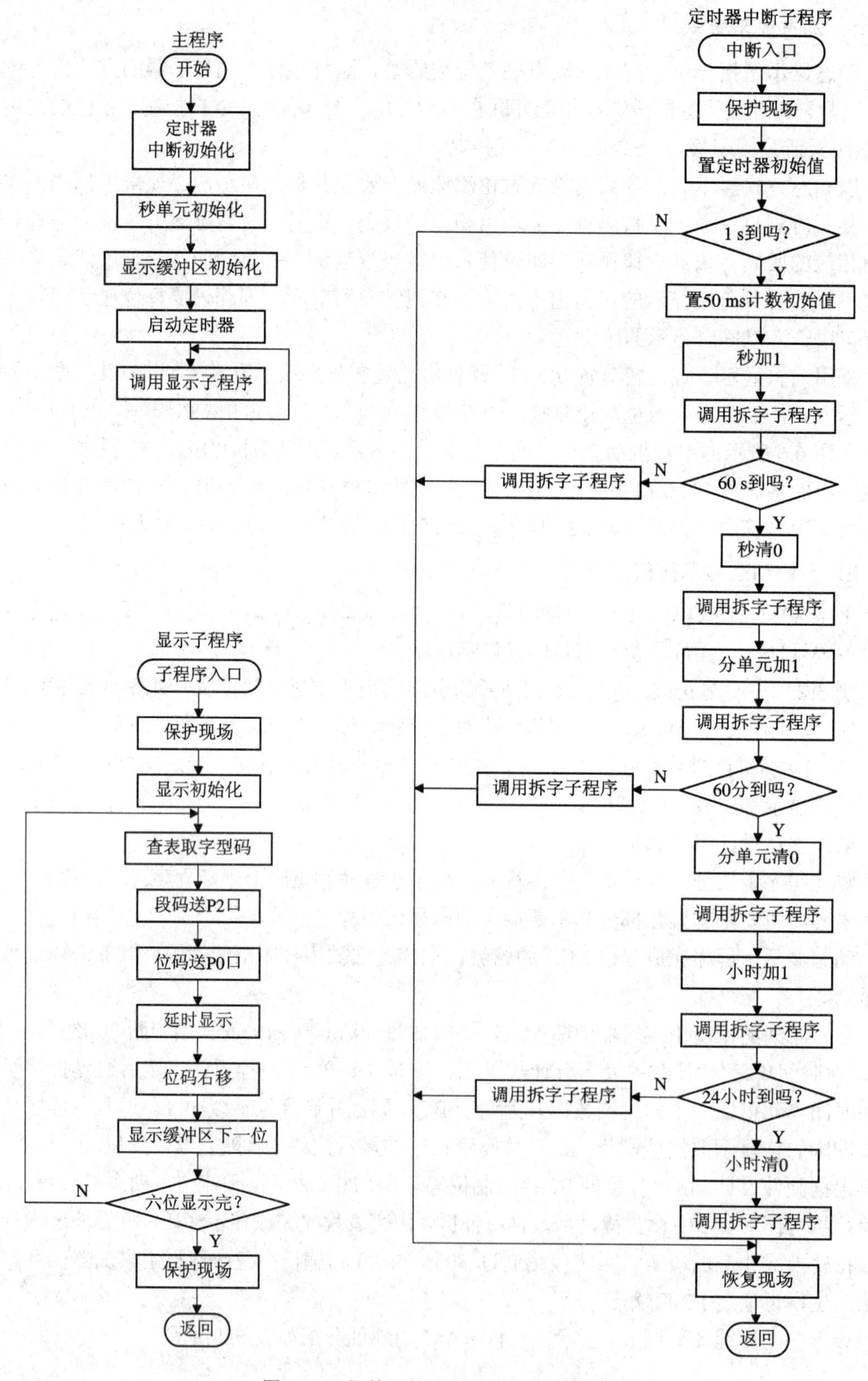

图 6.7　6 位数码管动态显示程序流程图

表 6.2　例 6.2 资源分配表

名　称	地址分配	用　　途	初始化值
MSEC	20H	定时器 50 ms 计数单元	14H
SECOND	21H	秒计数单元	00H
MIN	22H	分计数单元	00H
HOUR	23H	小时计数单元	00H
	30H～35H	显示缓冲区 30H：秒的个位 31H：秒的十位 32H：分的个位 33H：分的十位 34H：小时的个位 35H：小时的十位	00H
	40H 以上	堆栈区	

源程序设计如下：

```
        MSEC    EQU     20H         ；50 ms 计数单元
        SECOND  EQU     21H         ；秒单元
        MIN     EQU     22H         ；分单元
        HOUR    EQU     23H         ；小时单元
；——————————————————各程序入口——————————————————
        ORG     0000H
        LJMP    MAIN
        ORG     000BH
        LJMP    CONT
；——————————————————主程序——————————————————
MAIN：  MOV     SP，#3FH
        MOV     TMOD，#01H          ；设置定时器 0 工作方式
        MOV     TH0，#3CH           ；设置定时器初始值 TH0
        MOV     TL0，#0B0H          ；设置定时器初始值 TL0
        MOV     IE，#82H            ；定时器 0 中断允许
        MOV     SECOND，#00H        ；秒单元初始值
        MOV     MIN，#00H           ；分单元初始值
        MOV     HOUR，#00H          ；小时单元初始值
        MOV     MSEC，#14H          ；设置定时器溢出次数初始值 20
        MOV     35H，#00H           ；显示缓冲区清 0
        MOV     34H，#00H
        MOV     33H，#00H
        MOV     32H，#00H
        MOV     31H，#00H
        MOV     30H，#00H
```

```
         SETB    TR0              ；启动定时器
START：  LCALL   DISP             ；调显示子程序
         SJMP    START            ；跳动 START，不断调显示子程序
；————————————LED 动态显示子程序————————————
；功能：动态扫描 6 个数码管
；入口：显示缓冲区 30H～35H 中待显示的 6 个数据
DISP：   MOV     R0，#30H         ；显示缓冲区的首地址
         MOV     R7，#00H         ；设定每位显示延时时间
         MOV     R2，#06H         ；显示个数
         MOV     R3，#20H         ；共阳管的位码初始值，从右端先亮
         MOV     A，@R0           ；取显示缓冲区的一个数据
DISP1：  MOV     DPTR，#TAB       ；查表首地址送 DPTR
         MOVC    A，@A+DPTR       ；查表得到显示字符的字型码
         MOV     P0，A            ；将字型码送 P0 口
         MOV     A，R3            ；位选码给 A
         MOV     P2，A            ；位码送 P2 口
         DJNZ    R7，$            ；延时
         DJNZ    R7，$            ；延时
         RR      A                ；位选码右移，选中下一个 LED
         MOV     R3，A            ；位选码送回 R3
         INC     R0               ；指向显示缓冲区的下一位
         MOV     A，@R0           ；取显示缓冲区的下一个数据
         DJNZ    R2，DISP1        ；六个 LED 轮流显示一遍吗？若没有则继续
                                  ；查表显示，否则返回主程序
         RET                      ；返回主程序
TAB：    DB  0C0H，  0F9H，  0A4H，  0B0H，  99H
         DB  92H，  82H，  0F8H，  80H，  90H
；————————————定时器中断子程序————————————
；功能：50ms 执行一次，完成秒、分、小时单元的刷新并拆开放到显示缓冲区
；出口：显示缓冲区 30H～35H 中存放的待显示的 6 个数据
CONT：   PUSH    ACC              ；保护现场
         MOV     TH0，#3CH        ；重置定时器初始值
         MOV     TL0，#0B0H
         DJNZ    MSEC，RN         ；判断是否到 20 次码，若未到说明没有到 1 s，
                                  ；直接返回主程序；否则说明 1 s 到
         MOV     MSEC，#14H       ；1 s 到，重置 50 ms 定时器溢出次数初始值为 20 次
         INC     SECOND           ；秒单元内容加 1
         MOV     A，SECOND        ；秒单元给 A 累加器
         MOV     R1，#31H         ；指向显示缓冲区的 31H 单元
```

```
        LCALL   BINBCD              ；调拆字子程序，将秒计数单元拆开为十位、
                                    ；个位，分别放到缓冲区 31H 单元和 30H 单元
        MOV     A，SECOND           ；秒单元给 A
        CJNE    A，#60，   RN       ；判断是否到 60 s 吗，若未到则返回主程序
        MOV     A，#00              ；60 s 到，则秒单元清 0
        MOV     SECOND，  A
        MOV     R1，#31H            ；指向显示缓冲区的 31H 单元
        LCALL   BINBCD              ；调拆字子程序
        MOV     A，MIN              ；分单元内容加 1
        INC     A
        MOV     MIN，A
        MOV     R1，#33H            ；R1 指向显示缓冲区 33H 单元
        LCALL   BINBCD              ；调拆字子程序，将分计数单元拆开为十位、
                                    ；个位，分别放到缓冲区 33H 单元和 32H 单元
        MOV     A，MIN              ；分单元给 A
        CJNE    A，#60，   RN       ；判断是否到 60 min 吗，若未到则返回主程序
        MOV     A，#00H             ；60 分到，分单元清 0
        MOV     MIN，  A
        MOV     R1，#33H            ；指向显示缓冲区的 33H 单元
        LCALL   BINBCD              ；调拆字子程序
        MOV     A，HOUR             ；小时单元内容加 1
        INC     A
        MOV     HOUR，A
        MOV     R1，#35H            ；R1 指向显示缓冲区 35H 单元
        LCALL   BINBCD              ；调拆字子程序，将小时计数单元拆开为十位、
                                    ；个位，分别放到缓冲区 35H 单元和 34H 单元
        MOV     A，HOUR             ；小时单元给 A
        CJNE    A，#24，   RN       ；判断是否到 24 h 吗，若未到则返回主程序
        MOV     A，#00H             ；24 小时到，小时单元清 0
        MOV     HOUR，  A
        MOV     R1，#35H            ；指向显示缓冲区的 33H 单元
        LCALL   BINBCD              ；调拆字子程序
RN：    POP     ACC
        RETI                        ；中断返回
；*********************** 十六进制转 BCD 码拆字子程序********************
；入口参数：A 累加器(待拆开的十六进制数)
；              R1       (拆开后 BCD 码所存放的末地址)
；功能：将 A 累加器中的十六进制数拆开为两个 BCD 码，分别存放到 R1 指向的两个缓冲单元中
BINBCD：
```

```
        MOV     B，#10
        DIV     AB              ；除以 10，得到时间值的十位和个位
        MOV     @R1，A          ；十位送相应的显示缓冲区
        DEC     R1              ；指向显示缓冲区中的个位
        MOV     A，B            ；个位给 ACC
        MOV     @R1，A          ；个位值送缓冲区的相应位置
        RET
        END
```

比较例 6.1 与例 6.2 可知，二者功能基本相同。但前者为静态显示，数码管恒定点亮，所以显示亮度较高，但当显示位数增多时将使得硬件电路复杂，占用单片机口线多，成本高；后者为动态显示，且采用动态扫描方式，硬件电路相对简单，成本较低，但数码管显示亮度偏低，显示程序占用 CPU 的时间较多。具体应用时，应根据实际情况，选用合适的显示方式。

6.1.3 LED 大屏幕显示器

无论是单个 LED(发光二极管)还是 LED 7 段显示器(数码管)，都不能显示字符(含汉字)及更为复杂的图形信息，主要原因是它们没有足够的信息显示单位。LED 点阵显示是把很多的 LED 按矩阵方式排列在一起，通过对各 LED 发光与不发光的控制来完成各种字符或图形的显示。最常见的 LED 点阵显示模块有 5×7(5 列 7 行)、7×9、8×8 结构，前两种主要用于显示各种西文字符，后一种可作为大型电子显示屏的基本组建单元。本书将简略介绍 LED 大屏幕显示原理及接口。

例 6.3 编写程序，在如图 6.8 所示的 8×8 LED 大屏幕上显示雨伞图形。

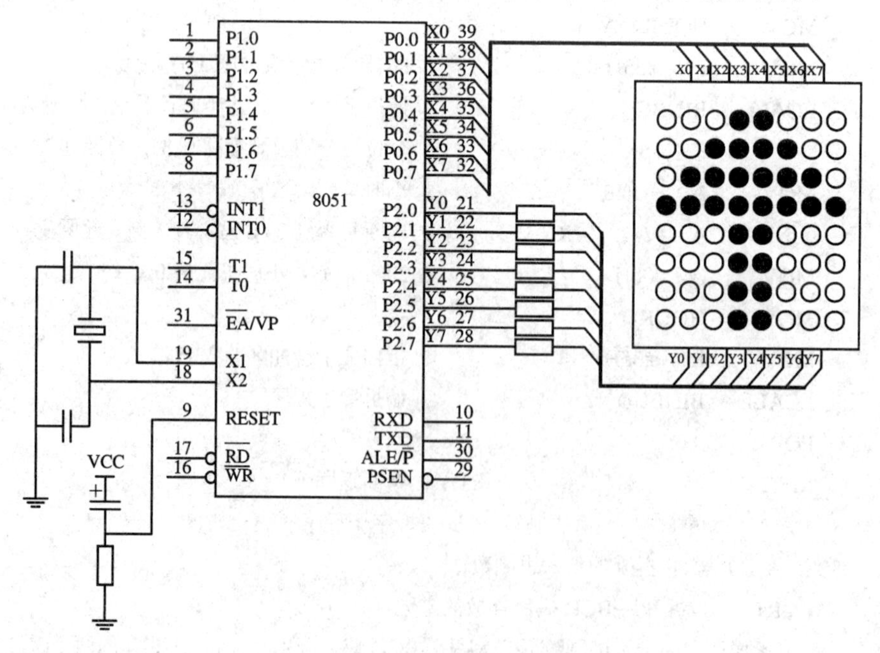

图 6.8 8×8 LED 大屏幕的应用

解：根据题意分析，程序设计如下：

```
            ROW       EQU 30H           ；行单元地址定义
            DOT       EQU 31H           ；DOT 地址定义
            ORG       0000H
            AJMP      MAIN
            ORG       0030H
MAIN：      MOV       DPTR，#TAB        ；定义表首地址
            MOV       ROW，#01H         ；行单元的初始内容
            MOV       DOT，#00H         ；00H 送 DOT
            MOV       R7，#08H
NEXT_COL：  MOV       A，ROW
            MOV       P2，A             ；行单元内容送 P2 口，选中某一行
            RL        A                 ；A 的内容左移
            MOV       ROW，A            ；更新行单元内容，以便选中下一行
            MOV       A，DOT            ；DOT→A 累加器
            MOVC      A，@A+DPTR        ；查表得到该行的显示码型
            MOV       P0，A             ；将显示码型送 P0 口
            LCALL     DELAY_1MS         ；延时，得到稳定显示
            INC       DOT               ；DOT 加 1
            DJNZ      R7，NEXT_COL      ；8 行未显示完，继续
            SJMP      $
TAB：       DB        0E7H，0C3H，81H，00H，0E7H，0E7H，0E7H，0E7H
DELAY_1MS： MOV       R4，#250          ；延时子程序
D0：        NOP
            NOP
            DJNZ      R4，D0
            RET
            END
```

从上述例题可以看出，8×8 LED 点阵大屏幕可方便地显示一些简单的图形。下面对 8×8 LED 点阵大屏幕的结构进行介绍。

1．8×8 LED 点阵简介

8×8 LED 点阵的外观及引脚图如图 6.9 所示，其等效电路图如图 6.10 所示。在图 6.10 中，只要各 LED 处于正偏(Y 方向为 1，X 方向为 0)，则该 LED 发光。如 Y7(0) = 1，X7(H) = 0，则其对应的右下角的 LED 会发光。各 LED 还需接上限流电阻，实际应用时，限流电阻既可接 X 轴，也可接 Y 轴。

在例 6.3 中，Y 轴的 8 根线连接到了 P2 口，X 轴连接到了 P0 口，限流电阻连接在 Y 轴。如果要点亮“雨伞”形状的第一行，则 P2.0 为高电平，P1.7～P1.0 应分别是 11100111，即 E7H，此数据是程序中 TAB 表格中的第一个数值。

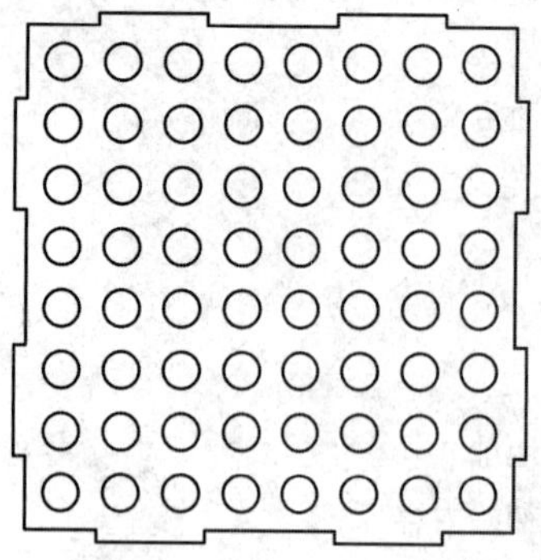

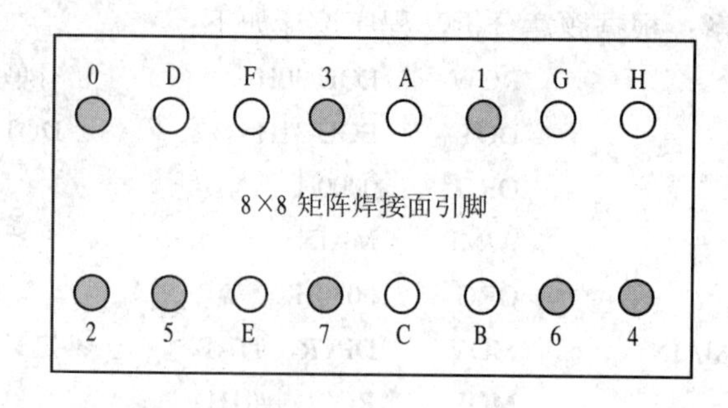

图 6.9　8×8 点阵的外观及引脚图

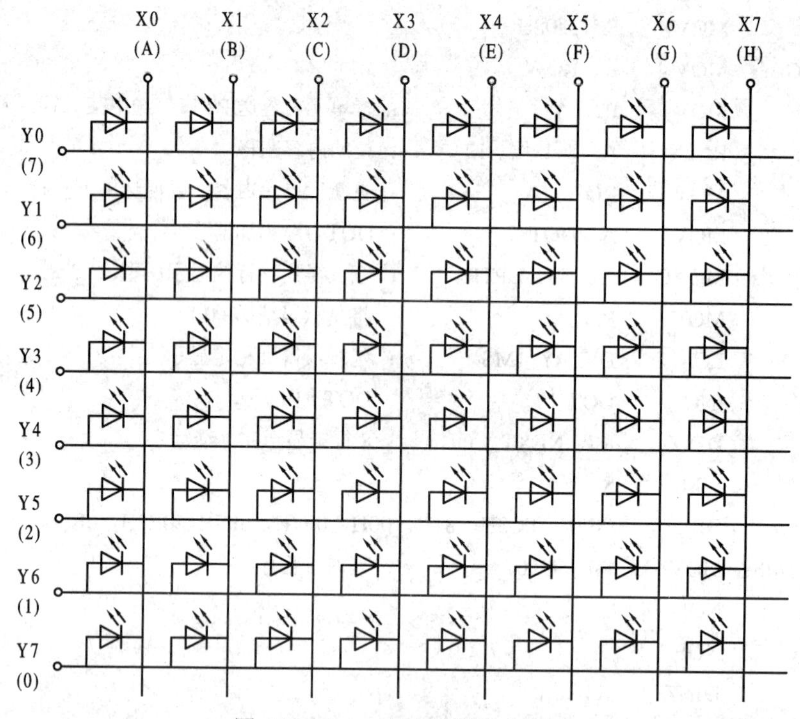

图 6.10　8×8 点阵的等效电路图

2. LED 大屏幕显示器接口电路

LED 大屏幕显示器不仅能显示文字，还可以显示图形、图像，而且能产生各种动画效果，是广告宣传、新闻传播的有力工具。LED 大屏幕不仅有单色显示，还有彩色显示，其应用越来越广泛，已渗透到人们的日常生活之中。

1) LED 大屏幕的显示方式

LED 大屏幕显示可分为静态显示方式和动态扫描显示方式两种。

静态显示方式下，每一个像素需要一套驱动电路，如果显示屏为 n×m 个像素，则需要 n×m 套驱动电路；动态扫描显示方式则采用多路复用技术，如果是 P 路复用，则每 P 个像素需一套驱动电路，n×m 个像素仅需 n×m/P 套驱动电路。对动态扫描显示而言，P 越大，驱动电路就越少，成本也就越低，引线也大大减少，更有利于高密度显示屏的制造。在实际使用的 LED 大屏幕显示器中，很少采用静态显示方式。

2) 8051 与 LED 大屏幕显示器的接口

例 6.3 的电路连接方法(见图 6.8)是最简便的方法之一，8×8 LED 的 16 个引脚直接由端口驱动，电路简单，编程采用动态显示方法，设计流程清晰明了。

例 6.4　修改例 6.3 程序，使该 8×8 LED 交替显示 0、1、…、9。

解：(1) 题意分析。在例 6.3 中，显示的是一个固定的图形，程序设计的思路与数码管 LED 显示基本相同：首先选中 8×8 LED 的某一行，然后通过查表指令得到这一行要点亮的状态所对应的码型，并送到相应的端口，延时一定时间(1 ms)后，再选中下一行、送该行的显示状态码型、延时……如此循环直至 8 行均显示一遍，时间约为 8 ms，然后再从第一行开始循环，利用人眼的视觉暂留作用，在 8×8 大屏幕可看到稳定的图形。

本题目要求交替显示 0、1、…、9，在进行程序设计时可以首先参照例 6.3 的方法，对 8 行轮流扫描多遍以稳定显示第一个字符“0”。假如一个字符轮流扫描 255 遍，那么一个字符显示的时间约为 2 s；然后再进行下一个字符的显示，此时只需要更改显示的状态码即可，具体实现可通过修改查表地址来完成。如此循环，每个数字显示约 2 s 的时间，人眼可以看到清楚稳定的显示。根据此想法设计程序流程图如图 6.11 所示。

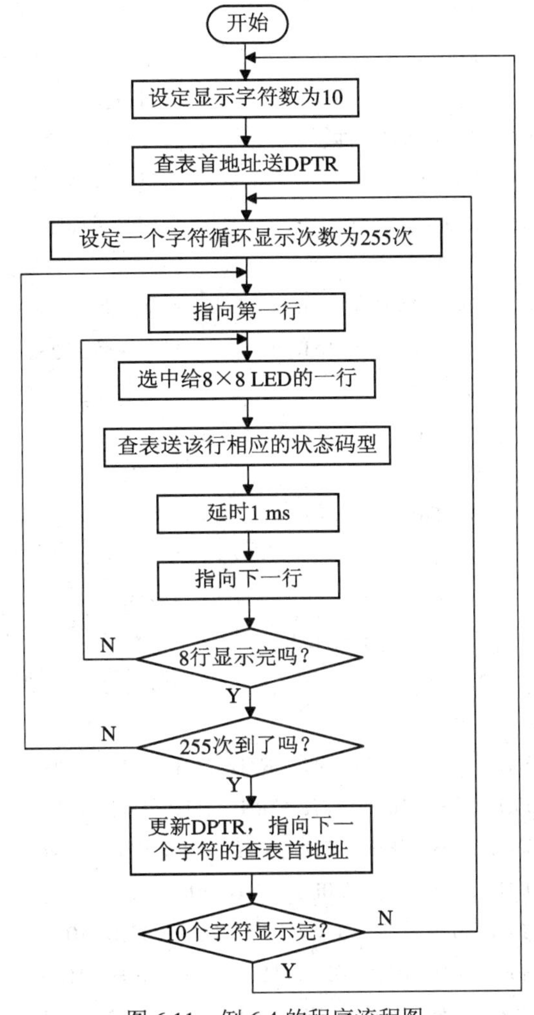

图 6.11　例 6.4 的程序流程图

(2) 程序设计如下：

```
            ROW      EQU    30H                 ；行单元地址定义
            DOT      EQU    31H
            ORG      0000H
            LJMP     START
            ORG      0100H
START：     MOV      DPTR，#TABLE               ；设置表格首地址
            MOV      R5，#10                    ；设置显示字符数为10个
NEXT_CHAR： MOV      R6，#255                   ；设置每个字符显示的次数为255次
ONE_CHAR：  MOV      ROW，#01H                  ；指向第一行
            MOV      DOT，#00H                  ；00→DOT
            MOV      R7，#8                     ；设置扫描行的次数
DOT_CHAR：  MOV      A，ROW
            MOV      P2，A                      ；行单元的内容送P2口
            RL       A                          ；A左移
            MOV      ROW，A                     ；送给行单元，指向下一行
            MOV      A，DOT                     ；DOT→A
            MOVC     A，@A+DPTR                 ；查表得该行的显示码型
            MOV      P0，A                      ；将显示码型送到P0口
            LCALL    DELAY_1MS                  ；调延时子程序
            INC      DOT                        ；DOT加1，以便查表格的下一个数值
            DJNZ     R7，  DOT_CHAR             ；8行扫描完了吗？若没有完，则继续下一行
            DJNZ     R6，  ONE_CHAR             ；显示次数到255次？若未到则继续重复显示
            MOV      A，DPL                     ；一个字符显示完则更新查表首地址，DPL→A
            ADD      A，#8                      ；A+8→A
            MOV      DPL，A                     ；A→DPL
            MOV      A，DPH                     ；DPH→A
            ADDC     A，#0                      ；A+CY→A
            MOV      DPH，A                     ；A→DPH
            DJNZ     R5，  NEXT_CHAR            ；10个字符显示完？未完则开始下一个的扫描
            LJMP     START                      ；全部显示完，则重新开始
DELAY_1MS： 略，参见例6.3
TABLE：     DB  00H，1CH，36H，36H，36H，36H，36H，1CH    ；"0"的显示字符表格
            DB  00H，18H，1CH，18H，18H，18H，18H，18H    ；"1"的显示字符表格
            DB  00H，1EH，30H，30H，1CH，06H，06H，3EH    ；"2"的显示字符表格
            DB  00H，1EH，30H，30H，1CH，30H，30H，1EH    ；"3"的显示字符表格
            DB  00H，30H，38H，34H，32H，7EH，30H，30H    ；"4"的显示字符表格
            DB  00H，1EH，02H，02H，1EH，10H，10H，1EH    ；"5"的显示字符表格
            DB  00H，1CH，06H，1EH，36H，36H，36H，1CH    ；"6"的显示字符表格
```

```
DB   00H，3EH，30H，18H，18H，0CH，0CH，0CH    ；"7"的显示字符表格
DB   00H，1CH，36H，36H，1CH，36H，36H，1CH    ；"8"的显示字符表格
DB   00H，1CH，36H，36H，36H，3CH，30H，1CH    ；"9"的显示字符表格
END
```

实际应用中，由于显示要求的内容丰富，所需显示器件复杂，同时显示屏体与计算机及控制器有一定的距离，因此应尽量减少两者之间控制信号线的数量。信号一般采用串行移动方式传送。由计算机控制器送出的信号只有 5 个，即时钟 PCLK、显示数据 DATA、行控制信号 HS(串行传送时，仅需一根信号线)、场控制信号 VS(串行传送时，仅需一根信号线)以及地线。

图 6.12 是 8051 与 LED 大屏幕显示器接口的一种具体应用。图中，LED 显示器为 8 × 64 点阵，由 8 个 8 × 8 的点阵 LED 显示块拼装而成。8 个块的行线相应地并接在一起，形成 8 路复用，行控制信号 HS 由 Pl 口经行驱动后形成行扫描信号输出(并行传送，8 根信号线)。8 个块的列控制信号分别经由各 74LS164 驱动后输出。74LS164 为 8 位串入并出移位寄存器，8 个 74LS164 串接在一起，形成 8 × 8 = 64 位串入并出的移位寄存器，其输出对应 64 列。显示数据 DATA 由 8051 的 RXD 端输出，时钟 PCLK 由 8051 的 TXD 端输出。RXD 发送串行数据，而 TXD 输出移位时钟，此时串行口工作于方式 0，即同步串行移位寄存器状态。

显示屏体的工作以行扫描方式进行，扫描显示过程是每一次显示一行 64 个 LED 点，显示时间称为行周期。8 行扫描显示完成后开始新一轮扫描，这段时间称为场周期。

显示数据 DATA 与时钟 PCLK 配合传送某一行(64 个点)的显示信息。在一行周期内有 64 个 PCLK 脉冲信号，它将一行的显示信息串行移入 8 个串入并出移位寄存器 74LS164 中。在行结束时，由行信号 HS 控制将显示信息存入对应锁存电路并开始新一行显示，直到下一行显示数据开始锁入为止，由此实现行扫描。

因图 6.12 所示 LED 显示屏只有 8 行，所以无需采用场扫描控制信号 VS，且行、场扫描的控制可通过单片机对 P1 口编程实现。图中的锁存与驱动电路可由 74LS273、74LS373 或 74LS374 等集成电路实现。

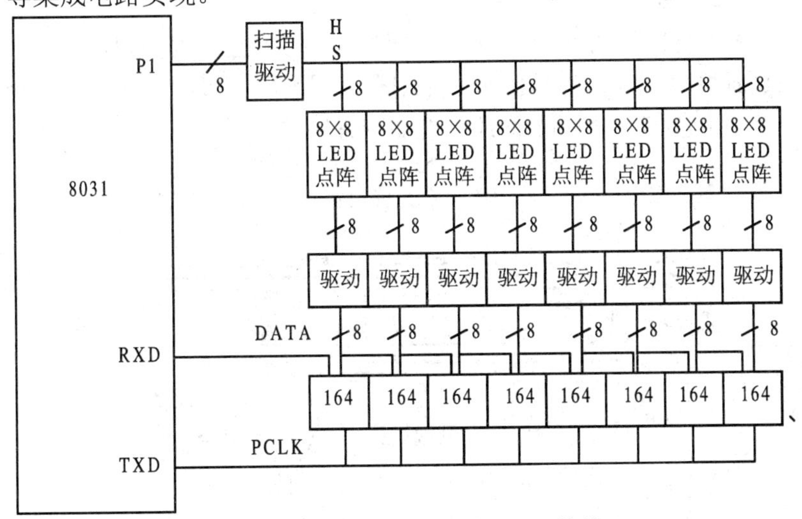

图 6.12　8051 与 LED 大屏幕显示器的接口

3) LED 大屏幕显示的编程要点

由上述内容可知，LED 大屏幕显示一般都采用动态显示，所以要实现稳定显示，需遵循动态扫描的规律。现将编程要点叙述如下：

(1) 从串行口输出 8 字节共 64 位的数据到 74LS164 中，形成 64 列的列驱动信号。

(2) 从 P1 口输出相应的行扫描信号，与列信号在一起，点亮行中有关的点。

(3) 延时 1～2 ms。此时间受 50 Hz 闪烁频率的限制，不能太大，应保证扫描所有 8 行(即一帧数据)所用时间之和在 20 ms 以内。

(4) 从串行口输出下一组数据后，从 P1 口输出下一行扫描信号并延时 1～2 ms，完成下一行的显示。

(5) 重复上述操作，直到所有 8 行全扫描显示一次，即完成一帧数据的显示。

(6) 重新扫描显示的第一行，开始下一帧数据的扫描显示工作。如此不断地循环，即可完成相应的画面显示。

(7) 要更新画面时，只需将新画面的点阵数据输入到显示缓冲区中即可。

(8) 通过控制画面的显示，可以形成多种显示方式，如左平移、右平移、开幕式、合幕式、上移、下移及动画等。

6.1.4 LCD 液晶显示器和接口

液晶显示器(LCD)是一种功耗极低的显示器件，它广泛应用于便携式电子产品中，它不仅省电，而且能够显示大量的信息，如文字、曲线、图形等，其显示界面较之数码管有了质的提高。近年来液晶显示技术发展很快，LCD 显示器已经成为仅次于显像管的第二大显示产品。

1. LCD 显示器简介

LCD 显示器由于类型、用途不同，因而其性能、结构也不可能完全相同，但其基本形态和结构却是大同小异的。

1) LCD 显示器的结构

液晶显示器的结构图如图 6.13 所示。不同类型的液晶显示器的组成可能会有所不同，但是所有液晶显示器都可以认为是由两片光刻有透明导电电极的基板夹持一个液晶层，经封接而成的一个偏平盒(有时在外表面还可能贴装有偏振片)。

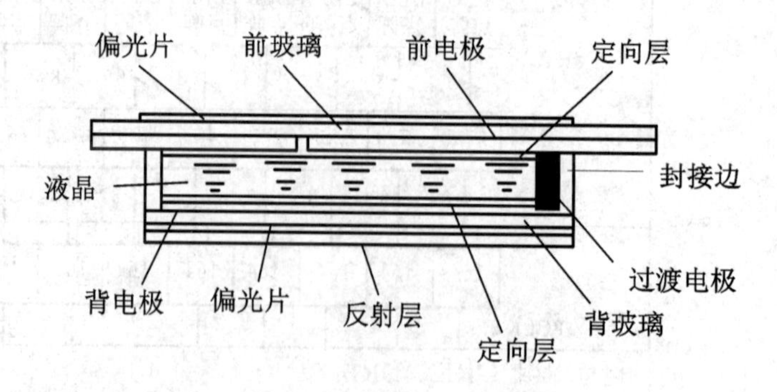

图 6.13　液晶显示器的结构图

2) LCD 显示器的特点

液晶显示器有以下几个显著特点：

(1) 低压微功耗。其工作电压只有 3～5 V，工作电流只有几个微安每平方厘米。因此它成为便携式和手持式仪器仪表的显示屏幕。

(2) 平板型结构。LCD 显示器内有由两片平行玻璃组成的夹层盒，面积可大可小，且适合于大批量生产，安装时占用体积小，减小了设备体积。

(3) 被动显示。液晶本身不发光，而是靠调制外界光进行显示，因此适合人的视觉习惯，不会使人眼睛疲劳。

(4) 显示信息量大。LCD 显示器的像素可以做到很小，相同面积上可容纳更多信息。

(5) 易于彩色化。

(6) 没有电磁辐射。LCD 显示器在显示期间不会产生电磁辐射，对环境无污染，有利于人体健康。

(7) 寿命长。LCD 器件本身无老化问题，寿命极长。

2. LCD 显示器分类

通常可将 LCD 分为笔段型、字符型和点阵图形型。

(1) 笔段型。笔段型以长条状显示像素组成一位显示。该类型主要用于数字显示，也可用于显示西文字母或某些字符。这种段型显示通常有 6 段、7 段、8 段、9 段、14 段和 16 段等，在形状上总是围绕数字“8”的结构而变化，其中以 7 段显示最常用，广泛用于电子表、数字仪表、笔记本计算机中。

(2) 字符型。字符型液晶显示模块是专门用来显示字母、数字、符号等的点阵型液晶显示模块。在电极图形设计上它是由若干个 5×8 或 5×11 点阵组成的，每一个点阵显示一个字符。这类模块广泛应用于手机、电子笔记本等电子设备中。

(3) 点阵图形型。点阵图形型是指在一平板上排列多行和多列，形成矩阵形式的晶格点，点的大小可根据显示的清晰度来设计。这类液晶显示器可广泛用于图形显示，如游戏机、笔记本电脑和彩色电视等设备中。

3. 8051 与笔段型 LCD 的接口

用单片机的并行接口与笔段型 LCD 直接相连，再通过软件编程驱动笔段型 LCD 显示，是实现静态液晶显示器件驱动的常用方法之一，它尤其适合于位数较少的笔段型 LCD。图 6.14 给出了 8051 与三位半笔段型 LCD 的接口电路。图中通过 8051 的并行接口 P1、P2、P3 来实现静态液晶显示。

编写启动程序的基本要求是：

(1) 显示位的状态与背电极 BP 不在同一状态上，即当 BP 为 1 状态时，显示位数据为 0 状态；当 BP 为 0 状态时，显示位数据为 1 状态。

(2) 不显示位的状态与 BP 状态相同。

(3) 定时间隔地将驱动信号取反，以实现交流驱动波形的变化。

在编程时首先要建立显示缓冲区和显示驱动区。比如把 DIS1、DIS2、DIS3 单元设置为显示缓冲区，同时建立驱动区(DRIl、DRI2、DRI3 单元)，用来实现驱动波形的变化和输出。P1、P2、P3 为驱动的输出端。各区与驱动输出的对应关系如表 6.3 所示。

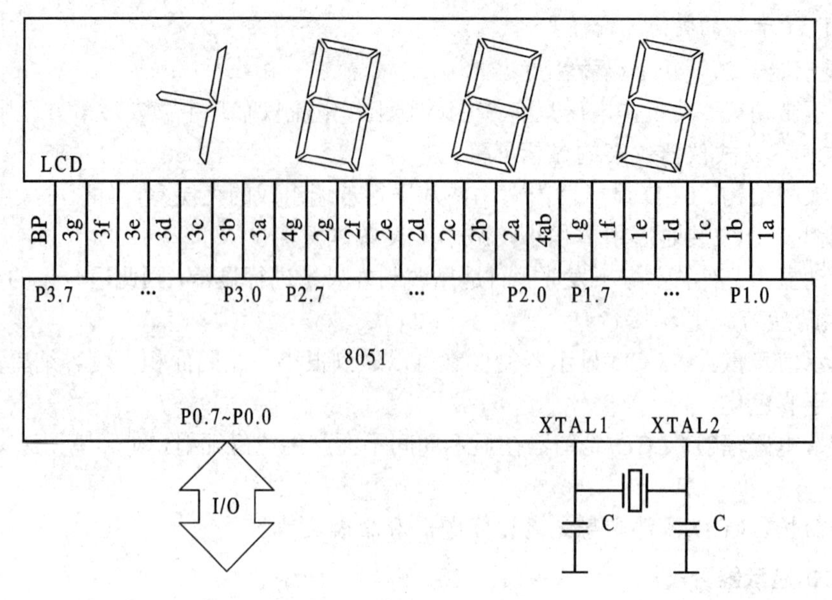

图 6.14　8051 与笔段型 LCD 的接口电路

表 6.3　各区与驱动输出的对应关系

显示单元	驱动单元	驱动输出	位—段对应关系							
			D7	D6	D5	D4	D3	D2	D1	D0
DIS1	DRI1	P1	4bc	1g	1f	1e	1d	1c	1b	1a
DIS2	DRI2	P2	4g	2g	2f	2e	2d	2c	2b	2a
DIS3	DRI3	P3	BP	3g	3f	3e	3d	3c	3b	3a

在编程时首先还要建立显示字形数据库。现设定显示状态为“1”，不显示状态为“0”，可得 0～9 的字型数据为：5FH，06H，3BH，2FH，66H，6DH，7DH，07H，7FH，6FH。

编程的基本思路是：

(1) 使用定时器产生交流驱动波形。在显示驱动区内将数据求反，然后送驱动输出端。

(2) 在显示缓冲区内修改显示数据，然后将 BP 位置“0”，以表示有新数据输入。

(3) 在显示驱动程序中先判断驱动区 BP 位是否为“1”。若是“1”，再判断显示区 BP 位是否为“0”，若为“0”，表示显示区的数据为新修改的数据，则将显示缓冲区内的显示数据写入显示驱动区内，再输出给驱动输出端；否则将驱动区单元内容求反后输出。

(4) 如此循环下去，可实现在液晶显示器上的交流驱动，进而达到显示的效果。

驱动程序：采用定时器 0 为驱动时钟，中断程序为驱动子程序。程序如下：

```
        DIS1    EQU    30H
        DIS2    EQU    31H
        DIS3    EQU    32H
        DRIl    EQU    33H
        DRI2    EQU    34H
        DRI3    EQU    35H
```

```
        ORG     000BH           ；定时器 0 中断入口
LCD：   MOV     TL0，#OEFH      ；设置时间常数
        MOV     TH0，#OD8H      ；扫描频率 = 50 Hz
        PUSH    ACC             ；A 入栈
        MOV     A，DRI3         ；取驱动单元 DRI3
        JNB     ACC．7，LCD1    ；判 BP = 1 否，否则转
        MOV     A，DIS3         ；取小时单元 DIS3
        JB      ACC．7，LCD1    ；判 BP = 0 否，否则转
        MOV     DIR3，A         ；显示区→驱动区
        SETB    ACC．7          ；置 BP = 1 表示数据已旧
        MOV     DIS3，A         ；写入显示单元
        MOV     DRI2，DIS2
        MOV     DRI1，DIS1
        LJMP    LCD2            ；转驱动输出
LCD1：  MOV     A，DRI3
        CPL     A               ；驱动单元数据取反
        MOV     DRI3，A
        MOV     A，DRI2
        CPL     A
        MOV     DRI2，A
        MOV     A，DRI1
        CPL A
        MOV     DRI1，A
LCD2：  MOV     P1，DRI1        ；驱动输出
        MOV     P2，DRI2
        MOV     P3，DRI3
        POP     ACC             ；A 出栈
        SETB    TR0
        RETI
```

驱动程序使用了定时器 0 中断方式，定时器每 20 ms 中断一次，在程序中要判断显示驱动区 BP 位的状态。当 BP = 1 时，可以修改显示驱动区内容，这时判断一下显示区 BP 位的状态。当 BP = 0 时表示显示区的数据已被更新，此时需要将显示区的数据传输给驱动区，再输出给驱动输出端。因为原 BP 为“1”，所以此时修改驱动区数据正好也可实现交流驱动。若驱动区 BP = 0 或显示区 BP = 1(表示数据未被修改)，那么仅将驱动区数据取反，再输出给驱动输出端驱动液晶显示器件。

在主程序中，要实现中断方式驱动液晶显示器件，需要一些初始化设置，同样也要对显示缓冲区、显示驱动区和驱动输出进行初始化。

受篇幅限制，这里未提供主程序及四位数字修改子程序。

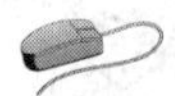

4．8051 与字符型 LCD 的接口

字符型液晶显示模块是一类专用于显示字母、数字、符号等的点阵型液晶显示模块，它是由若干个 5 × 8 或 5 × 11 点阵块组成的字符块集。每一个字符块是一个字符位，每一位都可以显示一个字符，字符位之间空有一个点距的间隔，起着字符间距和行距的作用；这类模块使用的是专用于字符显示控制与驱动的 IC 芯片。因此，这类模块的应用范围仅局限于字符而不包括图形，所以称其为字符型液晶显示模块。

字符型液晶显示驱动控制器广泛应用于字符型液晶显示模块上。目前最常用的字符型液晶显示驱动控制器是 HD44780U，最常用的液晶显示驱动器为 HD44100 及其替代品。

字符型液晶显示模块在世界上是比较通用的，而且接口格式也是比较统一的，其主要原因是各制造商所采用的模块控制器都是 HD44780U 及其兼容品。不管显示屏的尺寸如何，它的操作指令及其形成的模块接口信号定义都是兼容的。所以只要会使用一种字符型液晶显示模块，就会使用所有的字符型液晶显示模块。

HD44780U 由控制部、驱动部和接口部三部分组成。

控制部是 HD44780U 的核心，它产生 HD44780U 内部的工作时钟，控制着全部功能逻辑电路的工作状态，管理着字符发生器 CGROM 和 CGRAM、显示存储器 DDRAM。HD44780U 的控制部由时序发生器电路、地址指针计数器 AC、光标闪烁控制电路、字符发生器、显示存储器和复位电路组成。

HD44780U 的驱动部具有液晶显示驱动能力和扩展驱动能力，由并/串数据转换电路、16 路行驱动器和 16 位移位寄存器、40 路列驱动器和 40 位锁存器、40 位移位寄存器和液晶显示驱动信号输出以及液晶显示驱动偏压等组成。

HD44780U 的接口部是 HD44780U 与计算机的接口，由 I/O 缓冲器、指令寄存器和译码器、数据寄存器、“忙”标志 BF 触发器等组成。

液晶显示与控制常常被封装成功能统一的模块，以方便用户开发和使用。常用的典型液晶模块有 LCM-162，其中 162 是指 2 行 16 位的字符模块，其基本组成如图 6.15 所示。

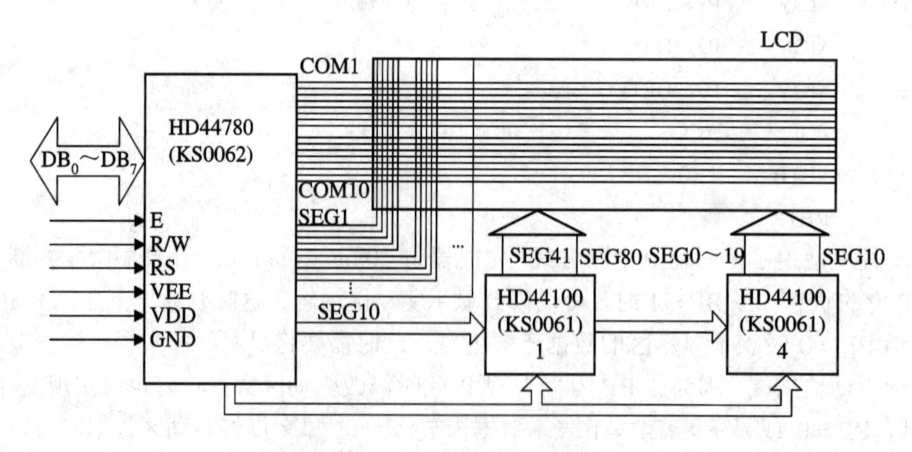

图 6.15　液晶模块的基本组成

从图 6.15 可以看出，液晶控制模块封装为统一接口，有 8 条数据线，3 条控制线；与微处理器或微控制器相连，通过送入数据和指令，就可使模块正常工作。LCD 模块的管脚排列与功能如表 6.4 所示，寄存器选择如表 6.5 所示。

表 6.4　LCD 模块的管脚排列与功能

引　线	符　号	名　　称	功　　能
1	GND	接地	0 V
2	V_{DD}	电路电源	5 V ± 10%
3	V_{EE}	液晶驱动电压	从 V_{DD} 分压，控制液晶亮度
4	RS	寄存器选择信号	H：数据寄存器 L：指令寄存器
5	R/W	读/写信号	H：读，L：写
6	E	片选信号	下降沿触发
7～14	DB0～DB7	数据线	数据传输

表 6.5　LCD 模块的寄存器选择

RS	R/W	操　　作
0	0	指令寄存器(IR)写入
0	1	忙标志和地址计数器读出
1	0	数据寄存器(DR)写入
1	1	数据寄存器读出

LCM-162 的读/写操作、屏幕和光标的操作等都是通过指令编程来实现的。LCM-162 液晶模块内部的控制器共有 11 条控制指令，如表 6.6 所示。

表 6.6　CM-162 液晶模块的控制指令

指令名称	控制信号		控制代码							
	RS	R/W	D7	D6	D5	D4	D3	D2	D1	D0
清屏	0	0	0	0	0	0	0	0	0	1
归 home 位	0	0	0	0	0	0	0	0	1	*
输入方式设置	0	0	0	0	0	0	0	1	I/D	S
显示状态设置	0	0	0	0	0	0	1	D	C	B
光标画面滚动	0	0	0	0	0	1	S/C	R/L	*	*
工作方式设置	0	0	0	0	1	DL	N	F	*	*
设置字符发生存储器(CGRAM)地址	0	0	0	1	字符发生存储器地址(ACG)					
设置数据存储器(DDRAM)地址	0	0	1	数据存储器地址(ADD)						
读 BF 和 AC	0	1	BF	AC6	AC5	AC4	AC3	AC2	AC1	AC0
写数据	1	0	数据							
读数据	1	1	数据							

根据液晶模块的显示原理，液晶上显示的内容对应在 DDRAM 相应的地址中，显示位与 DDRAM 地址的对应关系如表 6.7 所示。

表 6.7　显示位与 DDRAM 地址的对应关系

显示位序号		1	2	3	4	5	…	16	…	64
DDRAM 地址(HEX)	第一行	00	01	02	03	04	…	0F	…	3F
	第二行	40	41	42	43	44	…	4F	…	7F

例如第二行第一个字符的地址是 40H，那么是否直接写入 40H 就可以将光标定位在第二行第一个字符的位置上呢？显然不行，因为从表 6.6 可以看出，在设置数据存储器(DDRAM)地址时要求最高位 D7 恒定为高电平 1，所以实际写入的数据应该是 1100 0000 B，即 0C0H。

5．字符型液晶显示模块接口电路

单片机与字符型 LCD 显示模块的连接方法分为直接访问和间接访问两种，数据传输的形式分为 8 位和 4 位两种。

1) 直接访问方式

直接访问方式下，字符型液晶显示模块作为存储器或 I/O 接口设备直接连到单片机总线上。采用 8 位数据传输形式时，数据端 DB0～DB7 直接与单片机的数据线相连，寄存器选择端 RS 信号和读/写选择端 $R/\overline{W}$ 信号由单片机的地址线来控制，使能端 E 信号则由单片机的 $\overline{RD}$ 和 $\overline{WR}$ 信号共同控制，以实现 HD44780 所需的接口时序。图 6.16 给出了直接访问方式下 8031 与字符型液晶显示模块的接口电路。

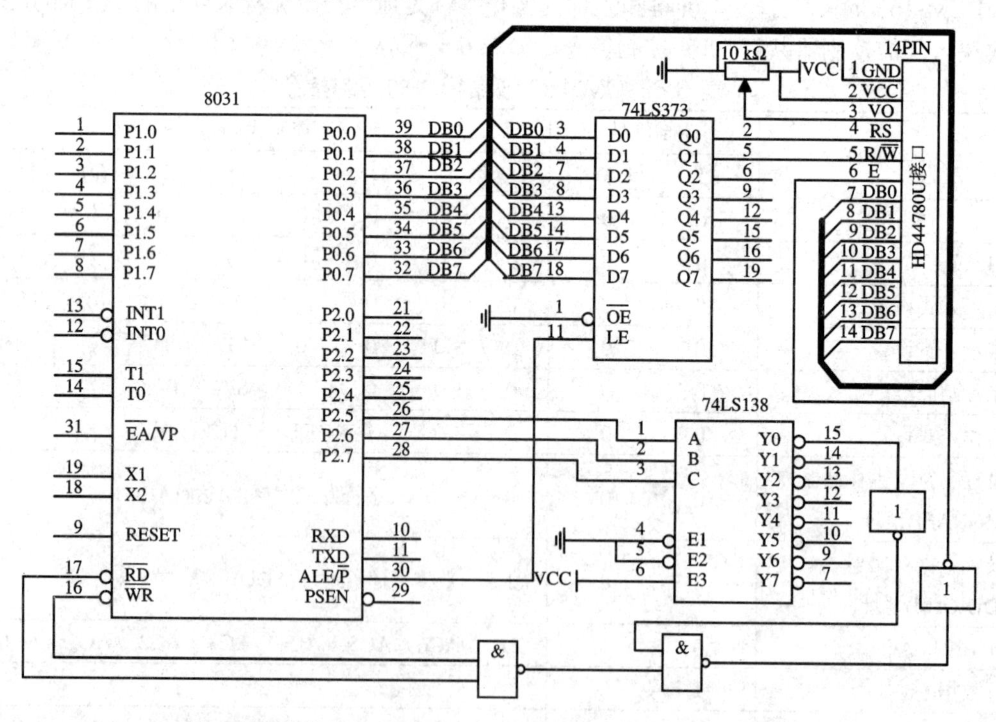

图 6.16　直接访问方式下 8031 与字符型液晶显示模块的接口

在图 6.16 中，8 位数据总线与 8031 的数据总线直接相连，P0 口产生的地址信号被锁存在 74LS373 内，其输出 Q0、Q1 给出了 RS 和 $R/\overline{W}$ 的控制信号。E 信号由 $\overline{RD}$ 和 $\overline{WR}$ 信号逻辑与非后产生的信号与高位地址线组成的“片选”信号共同选通控制。高 3 位地址线经译码输出打开了 E 信号的控制门，接着 $\overline{RD}$ 或 $\overline{WR}$ 控制信号和 P0 口进行数据传输，实现对字符型 LCD 显示模块的每一次访问。在写操作过程中，HD 44780 要求 E 信号结束后，数据线上的数据要保持 10 μs 以上的时间，而单片机 8031 的 P0 接口在 $\overline{WR}$ 信号失效后将有 58 μs(以 12 MHz 晶振计算)的数据保持时间，足以满足该项控制时间的要求。在读操作过程中，HD44780 在 E 信号为高电平时就将所需数据送到数据线上，E 信号结束后，数据可保持 20 μs，这满足了 8031 对该时序的要求。

单片机对字符型 LCD 显示模块的操作是通过软件实现的。编程时要求单片机每一次访问都要先对忙标志 BF 进行识别，当 BF 为 0，即 HD 44780 允许单片机访问时，再进行下一步操作。

在图 6.16 所示的电路中，产生的操作字符型液晶显示模块的各驱动子程序如下：

```
COM      EQU    20H                  ；指令寄存器
DAT      EQU    21H                  ；数据寄存器
CW_Add   EQU    0F000H               ；指令口写地址
CR_Add   EQU    0F002H               ；指令口读地址
DW_Add   EQU    0F001H               ；数据口写地址
DR_Add   EQU    0F003H               ；数据口读地址
```

(1) 读 BF 和 AC 值子程序：

```
PR0:     PUSH   DPH                  ；保护现场
         PUSH   DPL
         PUSH   ACC
         MOV    DPTR，#CR_Add        ；设置指令口读地址
         MOVX   A，@DPTR             ；读 BF 和 AC 值
         MOV    COM，A               ；存入 COM 单元
         POP    ACC                  ；恢复现场
         POP    DPL
         POP    DPH
         RET
```

(2) 写指令代码子程序：

```
PR1:     PUSH   DPH
         PUSH   DPL
         PUSH   ACC
         MOV    DPTR，#CR_Add        ；设置指令口读地址
PR11:    MOVX   A，@DPTR             ；读 BF 和 AC 值
         JB     ACC.7，PR11          ；判 BF=0？是，则继续
         MOV    A，COM               ；取指令代码
         MOV    DPTR，#CW_Add        ；设置指令口写地址
         MOVX   @DPTR，A             ；写指令代码
         POP    ACC
         POP    DPL
```

```
        POP     DPH
        RET
```

(3) 写显示数据子程序：

```
PR2:    PUSH    DPH
        PUSH    DPL
        PUSH    ACC
        MOV     DPTR，#CR_Add            ；设置指令口读地址
PR21:   MOVX    A，@DPTR                 ；读 BF 和 AC 值
        JB      ACC.7，PR21              ；判 BF=0？是，则继续
        MOV     A，DAT                   ；取数据
        MOV     DPTR，#DW_Add            ；设置数据口写地址
        MOVX    @DPTR，A                 ；写数据
        POP     ACC
        POP     DPL
        POP     DPH
        RET
```

(4) 读显示数据子程序：

```
PR3:    PUSH    DPH
        PUSH    DPL
        PUSH    ACC
        MOV     DPTR，#CR_Add            ；设置指令口读地址
PR31:   MOVX    A，@DPTR                 ；读 BF 和 AC 值
        JB      ACC.7，PR31              ；判 BF = 0？是，则继续
        MOV     DPTR，#DR_Add            ；设置数据口读地址
        MOVX    A，@DPTR                 ；读数据
        MOV     DAT，A                   ；存入 DAT 单元
        POP     ACC
        POP     DPL
        POP     DPH
        RET
```

(5) 初始化子程序：

```
INT:    MOV     A，#30H                  ；工作方式设置指令代码
        MOV     DPTR，#CW_Add            ；指令口地址设置
        MOV     R2，#03H                 ；循环量=3
INT1:   MOVX    @DPTR，A                 ；写指令代码
        LCALL   DELAY                    ；调延时子程序
        DJNZ    R2，INT1
        MOV     A，#38H                  ；设置工作方式(8 位总线)
        MOV     A，#28H                  ；设置工作方式(4 位总线)
```

```
         MOVX    @DPTR，A
         MOV     COM，#28H         ；以 4 位总线形式设置
         LCALL   PR1
         MOV     COM，#01H         ；清屏
         LCALL   PR1
         MOV     COM，#06H         ；设置输入方式
         LCALL   PR1
         MOV     COM，#0FH         ；设置显示方式
         LCALL   PRI
         RET
DELAY：  ⋮                         ；延时子程序
         RET
```

以上给出了 8 位数据总线形式的接口电路及驱动软件。4 位数据总线形式是应用于 4 位计算机的接口。在 8031 上应用 4 位数据线时将数据总线高 4 位认为是字符型液晶显示模块的数据总线，数据总线的低 4 位无用，这样不需要修改图 6.16 的电路就可以仿真出 4 位计算机对字符型液晶显示模块的接口。因受篇幅限制，这里不再赘述，请读者查阅有关参考资料。

2) 间接访问方式

间接控制方式下，计算机把字符型液晶显示模块作为终端与计算机的并行接口连接，计算机通过对该并行接口的操作间接地实现对字符型液晶显示模块的控制。图 6.17 是以 8031 的 P1 和 P3 接口作为并行接口与字符型液晶显示模块连接的实用接口电路。图中电位器为 V0 口提供可调的驱动电压，用以实现对显示对比度的调节。在写操作时，使能信号 E 的下降沿有效，在软件设置顺序上，先设置 RS、R / $\overline{W}$ 状态，再设置数据，然后产生 E 信号的脉冲，最后复位 RS 和 R / $\overline{W}$ 状态。在读操作时，使能信号 E 的高电平有效，所以在软件设置顺序上，先设置 RS 和 R / $\overline{W}$ 状态，再设置 E 信号为高，这时从数据口读取数据，然

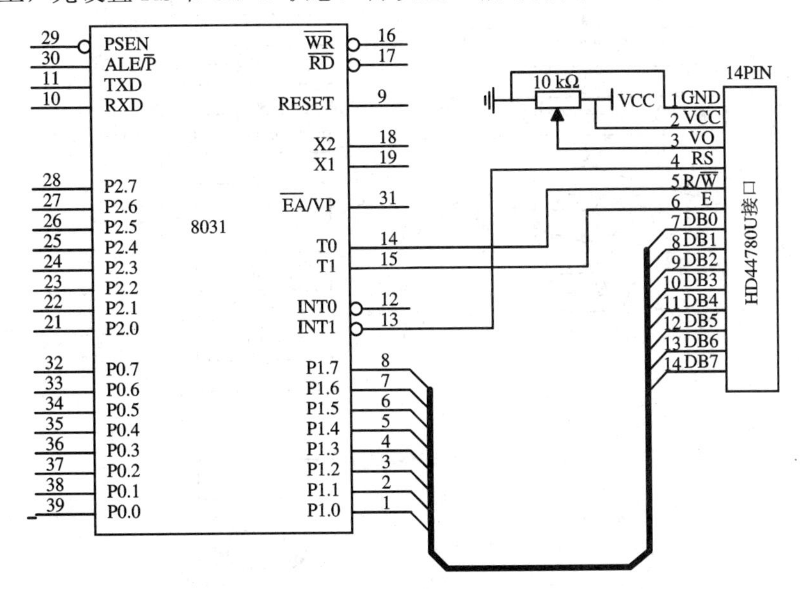

图 6.17　间接控制方式下 8031 与字符型液晶显示模块的接口

后将 E 信号置低，最后复位 RS 和 $R/\overline{W}$ 状态。间接控制方式通过软件执行产生操作时序，所以在时间上是足够满足要求的。因此间接控制方式能够实现高速计算机与字符型液晶显示模块的连接。

例 6.5　按照图 6.17 所示的电路连接，在 LCD 的指定位置显示字符串“READY”。

解：(1) 题意分析。上述电路中，LCD 液晶模块的 8 根数据线连接到单片机 P1 口，控制线 RS、$R/\overline{W}$ 和 E 分别由 P3.3(INT1)、P3.4(T0)和 P3.5(T1)来提供，因此可通过改变单片机的 I/O 口状态间接实现对液晶的控制。

(2) 程序设计。程序设计采用模块化程序方式，模块划分如下：

主程序：主要分为两部分，即 LCD 的初始化和显示字符内容的写入。

LCD 初始化子程序：用软件复位的方法设置液晶显示输入方式、光标移位方向、显示位置、字符显示点阵大小等内容。

写指令代码子程序：完成向液晶指令寄存器中写入一个控制命令。

写显示数据子程序：完成向液晶数据显示区中写入显示字符。

读 LCD 状态程序：读入状态字，判断 LCD 的忙或闲。

程序流程图如图 6.18 所示。

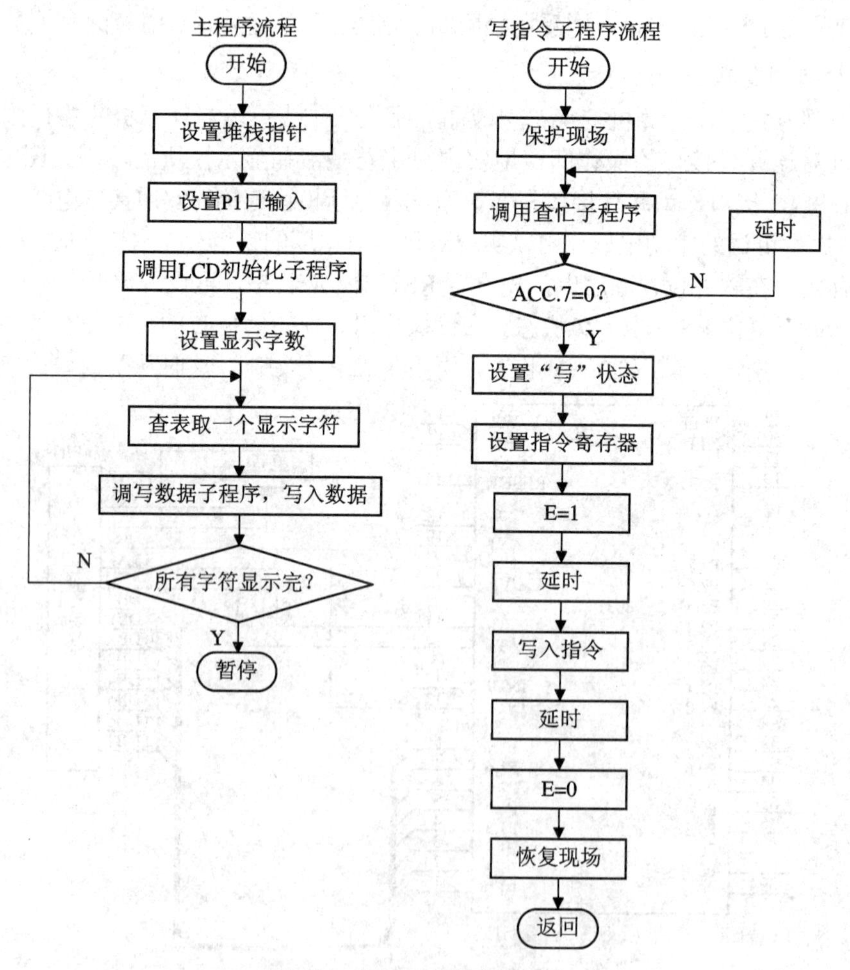

图 6.18　例 6.5 的程序流程图

程序清单：

```
        COM         EQU  20H              ；指令寄存器
        DAT         EQU  21H              ；数据寄存器
        LCD_PORT    EQU  P1               ；LCD 数据线
        RS          EQU  P3.3
        RW          EQU  P3.4
        E           EQU  P3.5
；  ---------------------------主程序--------------------------------
        ORG         0000H
        LJMP        START
        ORG         0100H
START： MOV         SP，#70H              ；设置堆栈指针
        MOV         P1，#0FFH             ；置 P1 为输入口
        LCALL       INT                   ；调用初始化子程序
        MOV         DPTR，#TAB            ；设置查表首地址
        MOV         R2，#5                ；设置显示字符的个数
        MOV         R3，#00H              ；指向第一个显示字符
WRIN：  MOV         A，R3                 ；R3 送给 A 累加器
        MOVC        A，@A+DPTR            ；查表得显示字符的 ASCII 码
        MOV         DAT，A                ；将待显示字符数据送到 DAT
        LCALL       LCD_W_DAT             ；写数据到 LCD 中
        LCALL       DELAY                 ；调延时子程序
        INC         R3                    ；指向下一个字符
        DJNZ        R2，WRIN              ；判断所有字符是否显示完
        SJMP        $                     ；程序暂停
TAB：   DB          "READY"               ；字符表格
；  ----------------------------初始化子程序-------------------------------
INT：   MOV         COM，#3CH             ；设置工作方式(8 位总线)
        LCALL       LCD_W_CMD             ；调用写指令到 LCD 子程序
        MOV         COM，#0EH             ；设置显示状态
        LCALL       LCD_W_CMD
        MOV         COM，#01H             ；清屏
        LCALL       LCD_W_CMD
        MOV         COM，#06H             ；设置输入方式
        LCALL       LCD_W_CMD
        MOV         COM，#88H             ；设置显示位置，从第一行第 8 个字符
        LCALL       LCD_W_CMD             ；开始显示
        RET                               ；子程序返回
```

```
; -------------------------写指令子程序-------------------------
; 入口：COM 存放着待写入的指令
; ---------------------------------------------------------------
LCD_W_CMD:      PUSH    ACC
LCD_W_CMD_A:    LCALL   LCD_BUSY                ; 调用 LCD 查忙子程序
                JNB     ACC.7，LCD_W_CMD_B
                                        ; 若 ACC.7=0，说明 LCD 不忙，可开始写指令
                LCALL   PUB_DELAY_100US ; 若 ACC.7=1，说明 LCD 忙，延时后继续查询
                SJMP    LCD_W_CMD_A
LCD_W_CMD_B:    CLR     RW                      ; 设置进行“写”操作
                CLR     RS                      ; 选中指令寄存器
                NOP
                NOP
                SETB    E                       ; 设置 E＝1
                NOP                             ; 空操作
                NOP
                MOV     A，COM                  ; 将待写入的 LCD 指令送 A 累加器
                MOV     LCD_PORT，A             ; 将指令通过 P1 口写入 LCD
                NOP                             ; 空操作
                NOP
                CLR     E                       ; E=0
                POP     ACC
                RET
; -------------------------写显示数据子程序-------------------------
; 入口：DAT 存放着待写入的数据
; ---------------------------------------------------------------
LCD_W_DAT:      PUSH    ACC
LCD_W_DAT_A:    LCALL   LCD_BUSY
                JNB     ACC.7，LCD_W_DAT_B
                LCALL   PUB_DELAY_100US
                SJMP    LCD_W_DAT_A
LCD_W_DAT_B:    CLR     RW                      ; 设置进行“写”操作
                SETB    RS                      ; 选中 LCD 数据寄存器
                NOP
                NOP
                SETB    E                       ; 设置 E=1
                NOP
                NOP
```

```
                MOV     A，DAT                  ；将待写入 LCD 的数据送 A 累加器
                MOV     LCD_PORT，A             ；将数据通过 P1 口写入 LCD
                NOP
                NOP
                CLR     E                       ；E=0
                POP     ACC
                RET
；--------------------------- 读 LCD 状态程序-----------------------
；出口：累加器 A，其中 ACC.7 反映了 LCD 的当前忙/闲状态
；---------------------------------------------------------------
LCD_BUSY：      SETB    RW                  ；设置进行“读”操作
                CLR     RS                  ；选中指令寄存器
                NOP
                NOP
                SETB    E                   ；设置 E=1
                NOP
                NOP
                MOV     A，LCD_PORT         ；通过 P1 口将 LCD 状态读出
                NOP
                NOP
                CLR     E                   ；E=0
                NOP
                NOP
                RET
；------------------------ 延时子程序-----------------
DELAY：         MOV     R6，#80H
DELAY1：        NOP
                DJNZ    R6，DELAY1
                RET
；------------------- 延时 100μs(F=11.0592 MHz)-----------------
PUB_DELAY_100US：
                PUSH    ACC
                CLR     A
PD5_0：         NOP
                INC     A
                CJNE    A，#23，PD5_0
                POP     ACC
                RET
                END
```

6．图形液晶显示器接口

图形液晶显示器可显示汉字及复杂图形，广泛应用于游戏机、笔记本电脑和彩色电视等设备中。图形液晶显示器一般都需与专用液晶显示控制器配套使用，属于内置式 LCD。常用的图形液晶显示控制器有 SED1520、HD61202、T6963C、HD61830A/B、SED1330/1335/1336/E1330、MSM6255、CL-GD6245 等。各类液晶显示控制器的结构各异，指令系统也不同，但其控制过程基本相同。读者如有兴趣，可参阅有关参考资料。

6.2　单片机与键盘接口

键盘是由一组规则排列的按键组成的，一个按键实际上是一个开关元件，也就是说，键盘是一组规则排列的开关。

6.2.1　键盘工作原理

1．按键的分类

按键按照结构原理可分为两类：一类是触点式开关按键，如机械式开关、导电橡胶式开关等；另一类是无触点式开关按键，如电气式按键，磁感应按键等。前者造价低，后者寿命长。目前，微机系统中最常见的是触点式开关按键。

按键按照接口原理可分为编码键盘与非编码键盘两类，这两类键盘的主要区别是识别键符及给出相应键码的方法不同。编码键盘主要用硬件来实现对键的识别，非编码键盘主要由软件来实现键盘的定义与识别。

全编码键盘能够由硬件逻辑自动提供与键对应的编码，而且一般还具有去抖动和多键、窜键保护电路，这种键盘使用方便，但需要较多的硬件，价格较贵，一般的单片机应用系统较少采用。非编码键盘只简单地提供行和列的矩阵，其他工作均由软件完成，由于其经济实用，因此较多地应用于单片机系统中。下面将重点介绍非编码键盘接口。

2．键输入原理

在单片机应用系统中，除了复位按键有专门的复位电路及专一的复位功能外，其他按键都是以开关状态来设置控制功能或输入数据的。当所设置的功能键或数字键按下时，计算机应用系统应完成该按键所设定的功能，所以键信息输入是与软件结构密切相关的过程。

对于一组键或一个键盘，总有一个接口电路与 CPU 相连。CPU 可以采用查询或中断方式了解有无将键输入并检查是哪一个键按下，将该键号送入累加器 ACC，然后通过跳转指令转入执行该键的功能程序，执行完后再返回主程序。

3．按键结构与特点

微机键盘通常使用机械触点式按键开关，其主要功能是把机械上的通断转换成为电气上的逻辑关系。也就是说，它能提供标准的 TTL 逻辑电平，以便与通用数字系统的逻辑电平相容。

机械式按键在按下或释放时，由于机械弹性作用的影响，通常伴随有一定时间的触点机械抖动，然后其触点才稳定下来。其抖动过程如图 6.19 所示。抖动时间的长短与开关的机械特性有关，一般为 5～10 ms。

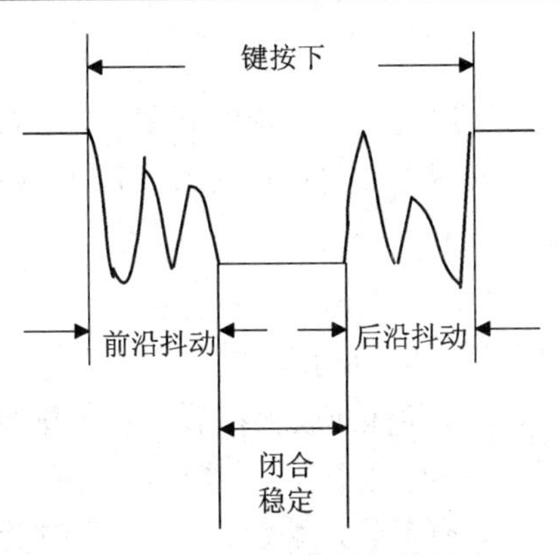

图6.19　按键触点的机械抖动

在触点抖动期间检测按键的通与断状态，可能导致判断出错。即按键一次按下或释放被错误地认为是多次操作，这种情况是不允许出现的。为了克服按键触点机械抖动所致的检测误判，必须采取去抖动措施，可从硬件、软件两方面予以考虑。在键数较少时，宜采用硬件去抖；而当键数较多时，宜采用软件去抖。

在硬件上可在键输出端加R-S触发器(双稳态触发器)或单稳态触发器构成去抖动电路。图6.20是一种由R-S触发器构成的去抖动电路，当触发器翻转时，触点抖动不会对其产生任何影响。

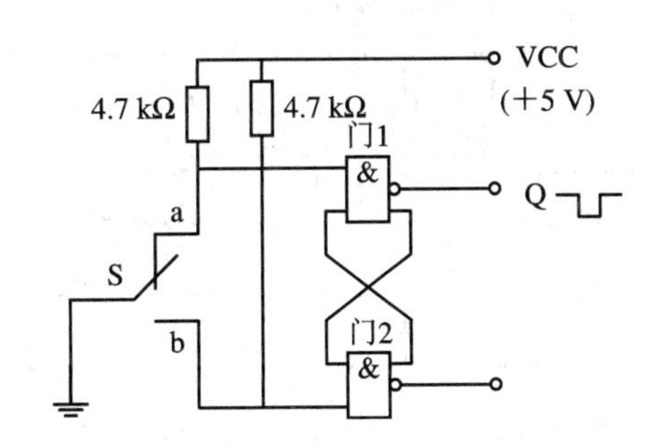

图6.20　双稳态去抖电路

电路工作过程如下：按键未按下时，a = 0，b = 1，输出Q = 1，按键按下时，因按键的机械弹性作用的影响，使按键产生抖动，当开关没有稳定到达b端时，因与非门2的输出0反馈到了与非门1的输入端，所以封锁了与非门1，双稳态电路的状态不会改变，输出保持为1，输出Q不会产生抖动的波形；当开关稳定到达b端时，因a = 1，b = 0，使Q = 0，双稳态电路状态发生翻转；当释放按键时，在开关未稳定到达a端时，因Q = 0，所以封锁了与非门2，双稳态电路的状态不变，输出Q保持不变，消除了后沿的抖动波形；当开关稳定到达a端时，因a = 0，b = 0，使Q = 1，所以双稳态电路的状态发生翻转，输出Q重新返回原状态。由此可见，键盘输出经双稳态电路之后，已变为规范的矩形方波。

软件上采取的措施是：在检测到有按键按下时，执行一个10 ms左右(具体时间应视所使用的按键进行调整)的延时程序，然后确认该键是否仍保持闭合状态的电平，若是，则确认该键处于闭合状态；同理，在检测到该键释放后，也应采用相同的步骤进行确认，从而可消除抖动的影响。

4. 按键编码

一组按键或键盘都要通过I/O口线查询按键的开关状态。根据键盘结构的不同，可采用不同的编码。至于有无编码或者采用什么编码，最后都要转换成与累加器中数值相对应的键值，以实现按键功能程序的跳转。

5. 编制键盘程序

一个完善的键盘控制程序应具备以下功能：

(1) 检测有无按键按下，并采取硬件或软件措施，消除键盘按键机械触点抖动的影响。

(2) 有可靠的逻辑处理办法。每次只处理一个按键，其间对任何按键的操作都对系统不产生影响，且无论一次按键的时间有多长，系统仅执行一次按键功能程序。

(3) 准确输出按键值(或键号)，以满足跳转指令的要求。

6.2.2 独立式按键

在单片机控制系统中，往往只需要几个功能键，此时可采用独立式按键结构。

1. 独立式按键结构

独立式按键是直接用I/O口线构成的单个按键电路，本章项目项目中按键的连接方式就是这种结构，其特点是每个按键都单独占用一根I/O口线，每个按键的工作不会影响其他I/O口线的状态。独立式按键的典型应用如图6.21所示。

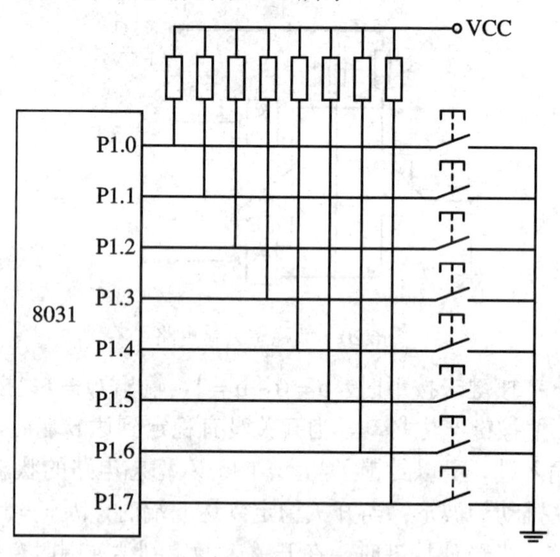

图6.21　独立式按键电路

独立式按键电路配置灵活，软件结构简单，但每个按键都必须占用一根I/O口线，因此，在按键较多时，I/O口线浪费较大，不宜采用。

图6.21中的按键输入均采用低电平有效，此外，上拉电阻保证了按键断开时I/O口线有确定的高电平。当I/O口线内部有上拉电阻时，外电路可不接上拉电阻。

2. 独立式按键的软件结构

独立式按键的软件可采用中断方式和查询方式，本章项目项目中按键程序的编写采用的就是中断方式。在这种方式下，按键往往连接到外部中断INT0或INT1和T0、T1等几个外部 I/O 上。编写程序时，需要在主程序中将相应的中断允许打开；各个按键的功能应在相应的中断子程序中编写完成。读者可参考本章项目项目的程序设计来完成中断方式的按键处理。

独立式按键的另一种软件方式为查询方式，具体做法是：先逐位查询每根 I/O 口线的输入状态，如某一根 I/O 口线的输入为低电平，则可确认该 I/O 口线所对应的按键已按下，然后再转向该键的功能处理程序。根据图 6.21，可编制相应的软件如下：

独立式按键参考程序：

```
        ORG     0000H
        AJMP    START
        ORG     0100H
START:  MOV     P1，#0FFH        ；设置 P1 为输入口
        MOV     A，P1            ；读入 P1 口的状态
        JNB     ACC.0，KEY0      ；ACC.0=0？若为 0 则 P1.0 对应的键按下，转 KEY0
        JNB     ACC.1，KEY1      ；ACC.1=0？若为 0 则 P1.1 对应的键按下，转 KEY1
        JNB     ACC.2，KEY2      ；ACC.2=0？若为 0 则 P1.2 对应的键按下，转 KEY2
        JNB     ACC.3，KEY3      ；ACC.3=0？若为 0 则 P1.3 对应的键按下，转 KEY3
        JNB     ACC.4，KEY4      ；ACC.4=0？若为 0 则 P1.4 对应的键按下，转 KEY4
        JNB     ACC.5，KEY5      ；ACC.5=0？若为 0 则 P1.5 对应的键按下，转 KEY5
        JNB     ACC.6，KEY6      ；ACC.6=0？若为 0 则 P1.6 对应的键按下，转 KEY6
        JNB     ACC.7，KEY7      ；ACC.7=0？若为 0 则 P1.7 对应的键按下，转 KEY7
        SJMP    START            ；返回开始处，继续检测按键状态
KEY0：  ⋮                        ；0#键功能程序
        LJMP    START            ；返回主程序开始，继续查询按键状态
KEY1：  ⋮                        ；1#键功能程序
        LJMP    START
        ⋮
KEY7：  ⋮                        ；7#键功能程序
        LJMP    START
```

在上述程序中，没有考虑按键的抖动问题，在实际应用中，请读者参考上一小节内容修改程序即可。

6.2.3 矩阵式键盘

在单片机系统中，若按键较多，通常采用矩阵式(也称行列式)键盘。

1．矩阵式键盘的结构及原理

矩阵式键盘由行线和列线组成，按键位于行、列线的交叉点上，其结构如图 6.22 所示。

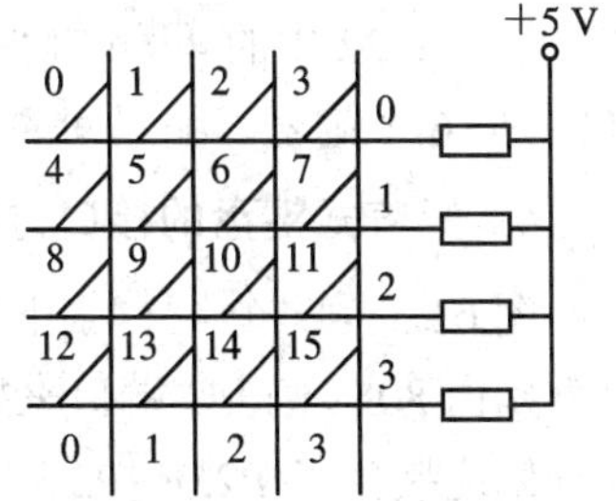

图 6.22 矩阵式键盘结构

由图 6.22 可知，一个 4 × 4 的行、列结构可以构成一个

含有16个按键的键盘。显然，在按键数量较多时，矩阵式键盘较之独立式按键键盘要节省很多I/O口。

矩阵式键盘中，行、列线分别连接到按键开关的两端，行线通过上拉电阻接+5 V。当无键按下时，行线处于高电平状态；当有键按下时，行、列线将导通，此时，行线电平将由与此行线相连的列线电平决定。这是识别按键是否按下的关键。然而，矩阵键盘中的行线、列线和多个键相连，各按键按下与否均影响该键所在行线和列线的电平，即各按键间将相互影响，因此，必须将行线、列线信号配合起来作适当处理，才能确定闭合键的位置。

2. 矩阵式键盘按键的识别

识别按键的方法很多，其中最常见的方法是扫描法。下面以图6.22中8号键的识别为例来说明利用扫描法识别按键的过程。

按键按下时，与此键相连的行线与列线导通，行线在无键按下时处在高电平，显然，如果让所有的列线也处在高电平，那么，按键按下与否不会引起行线电平的变化，因此，必须使所有列线均处于低电平，只有这样，当有键按下时，该键所在的行电平才会由高电平变为低电平。CPU根据行电平的变化，便能判定相应的行有键按下。8号键按下时，第2行一定为低电平，然而，第2行为低电平时，能否肯定是8号键按下呢？回答是否定的，因为9、10、11号键按下时同样使第2行为低电平。为进一步确定具体键，不能使所有列线在同一时刻都处于低电平，可在某一时刻只让一条列线处于低电平，其余列线均处于高电平，另一时刻，让下一列处在低电平，依此循环。这种依次轮流，每次选通一列的工作方式称为键盘扫描。采用键盘扫描后，再来观察8号键按下时的工作过程。当第0列处于低电平时，第2行处于低电平，而当第1、2、3列处于低电平时，第2行却处在高电平，由此可判定按下的键应是第2行与第0列的交叉点，即8号键。

3. 键盘的编码

对于独立式按键键盘，因按键数量少，所以可根据实际需要灵活编码。对于矩阵式键盘，按键的位置由行号和列号唯一确定，因此可分别对行号和列号进行二进制编码，然后将两值合成一个字节，高4位是行号，低4位是列号。如图6.22中的8号键，它位于第2行第0列，因此，其键盘编码应为20H。采用上述编码对于不同行的键来说，其离散性较大，不利于用散转指令对按键进行处理。因此，可采用依次排列键号的方式对按键进行编码。以图6.22中的4×4键盘为例，可将键号编码为：01H、02H、03H、…、0EH、0FH、10H等16个键号。编码间的相互转换可通过计算或查表的方法实现。

4. 矩阵式键盘的接口方式

图6.23是一个4×4矩阵键盘和单片机的接口电路。由图可知，矩阵键盘的行线和列线可分别由8051的I/O端口来提供。图6.23中4×4键盘的4根行线连接到了P0.0～P0.3，4根列线连接到了P2.0～P2.3。根据矩阵式按键的识别方法可以知道，行线P0.0～P0.3编程时作为输入口使用，列线P2.0～P2.3作为输出口使用。实际应用时，也可以将4根列线和4根行线共用一个八位的I/O端口，这样电路将更为简洁。

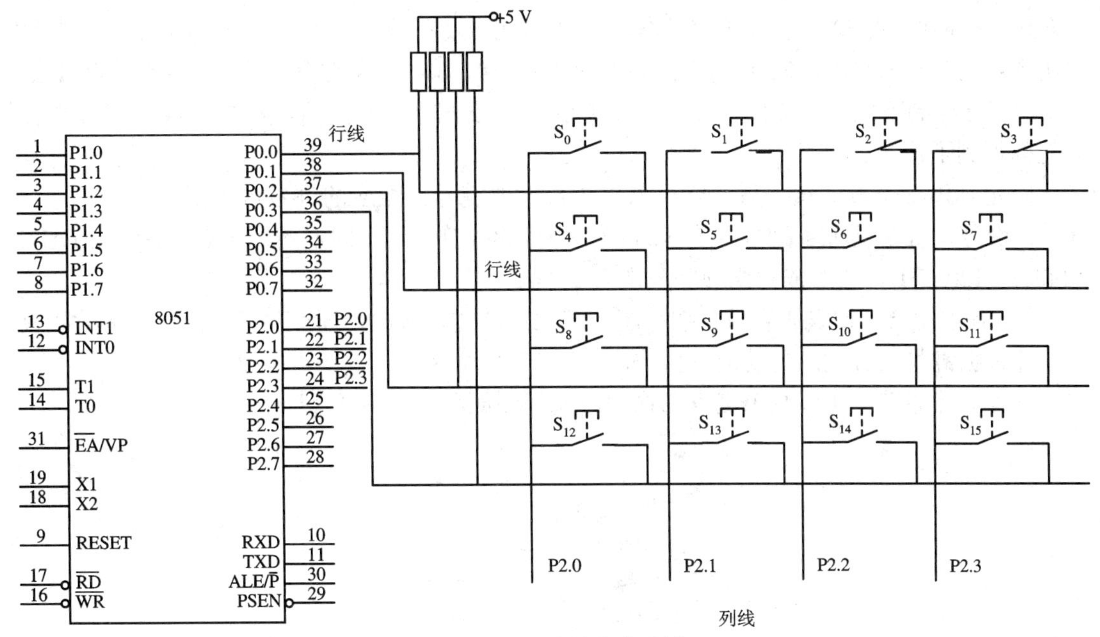

图 6.23　矩阵键盘电路图

5．键盘的工作方式

在单片机应用系统中，键盘扫描只是 CPU 的工作内容之一。CPU 对键盘的响应取决于键盘的工作方式，键盘的工作方式应根据实际应用系统中 CPU 的工作状况而定，其选取的原则是既要保证 CPU 能及时响应按键操作，又不要过多占用 CPU 的工作时间。通常，键盘的工作方式有三种，即编程扫描、定时扫描和中断扫描。

1) 编程扫描方式

编程扫描方式利用 CPU 完成其他工作的空余时间来调用键盘扫描子程序，响应键盘输入的要求。在执行键功能程序时，CPU 不再响应键输入要求，直到 CPU 开始重新扫描键盘为止。

键盘扫描程序一般应包括以下内容：

(1) 判别有无键按下。

(2) 扫描键盘，取得闭合键的行、列值。

(3) 用计算法或查表法得到键值。

(4) 判断闭合键是否释放，如未释放则继续等待。

(5) 将闭合键键号保存，同时转去执行该闭合键的功能。

根据图 6.23 的接口方式，键盘采用编程扫描方式工作时，P0 口的低 4 位输入行扫描信号，P2 口输出 4 位列扫描信号，二者均为低电平有效，这时，键盘扫描子程序应完成如下几个功能：

(1) 判断有无键按下。P2 口输出全为 0，读 P0 口状态，若 P0.0～P0.3 全为 1，则说明无键按下；若 P0.0～P0.3 不全为 1，则说明有键按下。

(2) 消除按键抖动的影响。在判断有键按下后，用软件延时的方法延时 10 ms，然后再判断键盘状态，如果仍为有键按下状态，则认为有一个按键按下，否则当作按键抖动来处理。

(3) 求按键位置。根据前述键盘扫描法，进行逐列置 0 扫描，方法是：首先置 P2.0 为

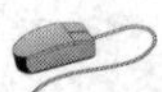

0(第 0 列扫描)，从 P0 口读行线的状态，若 P0.0 为 0，则说明 0# 键按下；若 P0.1 为 0，则说明 4# 键按下……根据 P0 口状态，可查询 0#、4#、8#、12# 键有无按下；然后再置 P2.1 为 0，用同样的方法查询 1#、5#、9#、13# 键有无按下。当 4 列循环扫描一遍后，16 个按键就都得到了检测。

确定具体哪个按键按下后，就可以去求按键的键号，相应的键号可根据下述公式进行计算：键号 = 行首键号 + 列号。图 6.23 中，每行的行首可给予固定的编号 0(00H)、4(04H)、8(08H)、12(0CH)，列号依列线顺序分别为 0～4。

(4) 判别闭合的键是否释放。按键闭合一次只能进行一次功能操作，因此，等按键释放后才能根据键号执行相应的功能键操作。

根据上述思路，可以画出键盘扫描程序流程图如图 6.24 所示。

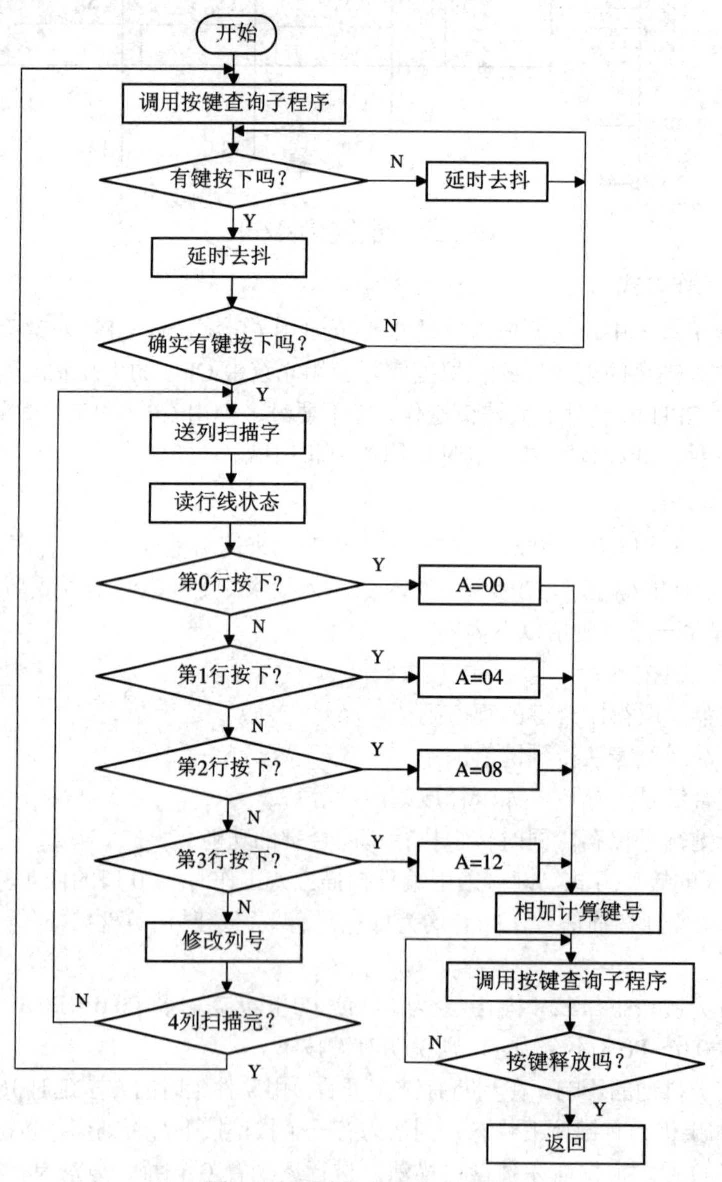

图 6.24　键盘扫描程序流程图

根据图 6.24 所示流程图，可编写键盘扫描子程序如下。程序中 KS 为查询有无按键按下的子程序；DELAY 为延时子程序，起到软件去抖的作用，这里没有列出，读者可参考项目 1 的程序来完成。

```
;————————————键盘扫描子程序 KEY————————————
;功能：查询按键有无按下，若有键按下，则返回键号
;出口参数：累加器 A，保存键号(00H～0FH)
;————————————————————————————————————————
KEY:    ACALL   KS              ;调按键查询子程序，判别是否有键按下
        JNZ     K1              ;有键按下，转移
        ACALL   DELAY           ;无键按下，调延时程序去抖
        AJMP    KEY             ;继续查询按键
;————————————键盘逐列扫描程序————————————
K1:     ACALL   DELAY           ;键盘去抖延时
        ACALL   KS              ;再次判别是否有键按下
        JNZ     K2              ;有键按下，转移
        AJMP    KEY             ;无按键，误读，继续查询按键
K2:     MOV     R3，#0FEH       ;首列扫描字送 R3
        MOV     R4，#00H        ;首列号送 R4
K3:     MOV     A，R3
        MOV     P2，A           ;列扫描字送 P2 口
        MOV     A，P0           ;读取行扫描值
        JB      ACC.0，L1       ;第 0 行无键按下，转查第 1 行
        MOV     A，#00H         ;第 0 行有键按下，行首键号送 A
        AJMP    LK              ;转求键号
L1:     JB      ACC.1，L2       ;第 1 行无键按下，转查第 2 行
        MOV     A，#04H         ;第 1 行有键按下，行首键号送 A
        AJMP    LK              ;转求键号
L2:     JB      ACC.2，L3       ;第 2 行无键按下，转查第 3 行
        MOV     A，#08H         ;第 2 行有键按下，行首键号送 A
        AJMP    LK              ;转求键号
L3:     JB      ACC.3，NEXT     ;第 3 行无键按下，转查下一列
        MOV     A，#0CH         ;第 3 行有键按下，行首键号送 A
        AJMP    LK
LK:     ADD     A，R4           ;形成键码送 A
        PUSH    ACC             ;键码入栈保护
K4:     ACALL   DELAY
        ACALL   KS              ;等待键释放
        JNZ     K4              ;未释放，等待
        POP     ACC             ;键释放，弹栈送 A
```

```
        RET                           ；键扫描结束，返回
NEXT:   INC     R4                    ；修改列号
        MOV     A，R3
        JNB     ACC.3，KEY            ；4列扫描完返回按键查询状态
        RL      A                     ；未扫描完，改为下列扫描字
        MOV     R3，A                 ；扫描字暂存R3
        AJMP    K3                    ；转列扫描程序
；————————————按键查询子程序————————————————
；功能：查询有无按键按下
；出口参数：累加器A，无键按下A=0；有键按下A≠0
KS：    MOV     A，#00H
        MOV     P2，A                 ；全扫描字#00H送P2口
        MOV     A，P0                 ；读入P0口状态
        CPL     A                     ；变正逻辑，高电平表示有键按下
        ANL     A，#0FH               ；屏蔽高4位
        RET                           ；返回，A≠0表示有键按下
；————————————延时子程序————————————————
；功能：延时10 ms去抖
DELAY： (略)                          ；可参照项目1编写完成
        RET
```

在对配有键盘的应用系统编写程序时，往往在系统初始化后，CPU 必须反复不断地调用键盘输入程序，以确保能够准确、稳定、可靠地随时捕捉键盘的输入状态。在识别到有键按下后，可执行相应的操作，然后要再次进入上述循环。

2) *定时扫描方式*

定时扫描方式就是每隔一段时间对键盘扫描一次。它利用单片机内部的定时器产生一定时间(例如10 ms)的定时，当定时时间到就产生定时器溢出中断，CPU响应中断后对键盘进行扫描，并在有键按下时识别出该键，再执行该键的功能程序。定时扫描方式的硬件电路与编程扫描方式相同，程序流程图如图6.25所示。

图6.25中，标志1和标志2是在单片机内部RAM的位寻址区设置的两个标志位，标志1为去抖动标志位，标志2为识别完按键的标志位。初始化时将这两个标志位设置为0，执行中断服务程序时，首先判别有无键闭合，若无键闭合，将标志1和标志2置0后返回；若有键闭合，先检查标志1，当标志1为0时，说明还未进行去抖动处理，此时置位标志1，并中断返回。由于中断返回后要经过10 ms后才会再次中断，相当于延时了10 ms，因此程序无需再延时。下次中断时，因标志1为1，CPU再检查标志2，如标志2为0说明还未进行按键的识别处理，这时，CPU 先置位标志 2，然后进行按键识别处理，再执行相应的按键功能子程序，最后中断返回。如标志2已经为1，则说明此次按键已做过识别处理，只是还未释放按键。当按键释放后，在下一次中断服务程序中，标志1和标志2又重新置0，等待下一次按键。

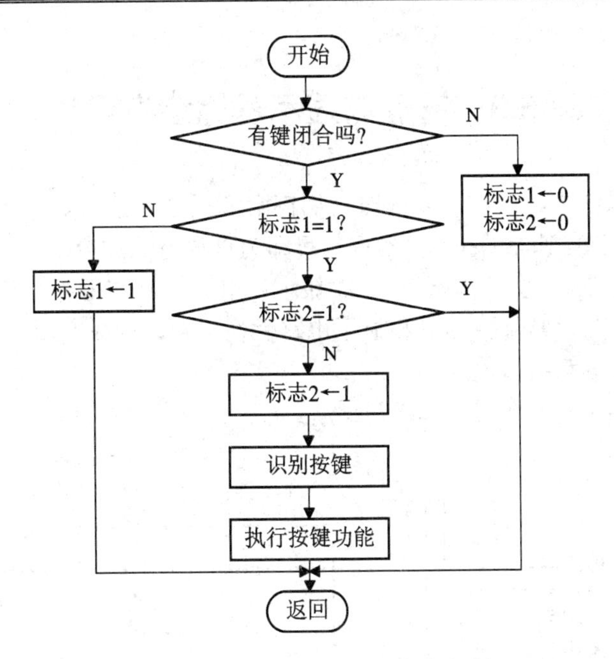

图 6.25　定时扫描方式程序流程图

3) 中断扫描方式

采用上述两种键盘扫描方式时，无论是否按键，CPU 都要定时扫描键盘，而单片机应用系统工作时并不是经常需要键盘输入，因此，CPU 经常处于空扫描状态。为提高 CPU 的工作效率，可采用中断扫描方式。其工作过程如下：当无键按下时，CPU 处理自己的工作；当有键按下时，产生中断请求，CPU 转去执行键盘扫描子程序，并识别键号。

图 6.26 是一种简易键盘接口电路，该键盘是由 8051 的 P1 口的高、低字节构成的 4 × 4 键盘。键盘的列线与 P1 口的高 4 位相连，键盘的行线与 P1 口的低 4 位相连，因此，P1.4～P1.7 是键输出线，P1.0～P1.3 是扫描输入线。图中的 4 输入与门用于产生按键中断，其输入端与各列线相连，再通过上拉电阻接至 +5 V 电源，输出端接至 8051 的外部中断输入端 $\overline{\text{INT0}}$。具体工作如下：当键盘无键按下时，与门各输入端均为高电平，保持输出端为高电平；当有键按下时，$\overline{\text{INT0}}$ 端为低电平，向 CPU 申请中断，若 CPU 开放外部中断，则会响应中断请求，转去执行键盘扫描子程序。

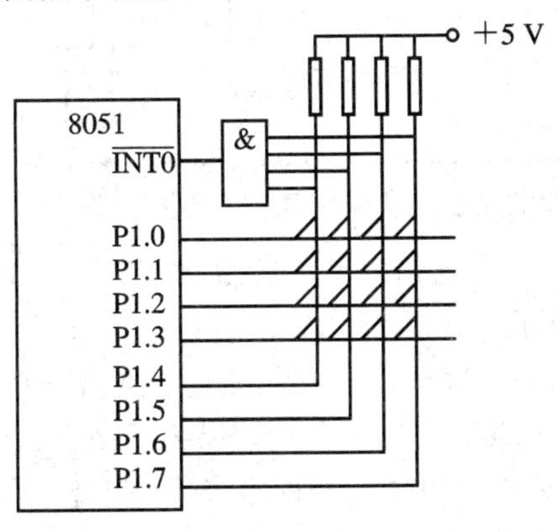

图 6.26　中断扫描键盘电路

6.3 键盘与显示器综合应用

在单片机应用系统中，经常需要同时使用键盘和显示器接口。当按键和显示器的个数较少时，二者可使用各自独立的接口。本章项目即为这种方法的典型应用，在项目图 6.1 中，三个独立式按键占用 P3 口资源，两个 LED 显示使用 P2 口和 P0 口，编程时相对简单。当按键和显示器件较多时，常常将键盘和显示电路做在一起，构成实用的电路。图 6.27 即为一个典型的显示器、键盘接口电路。

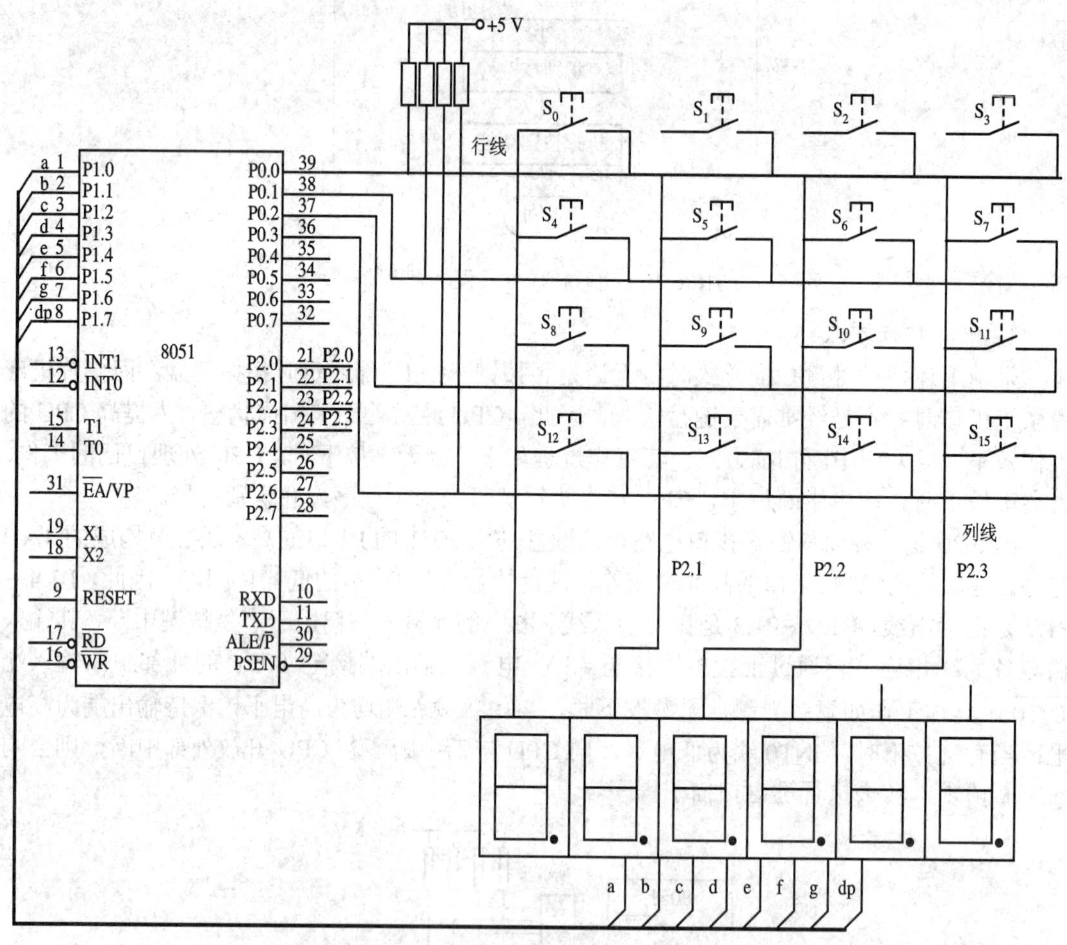

图 6.27 典型的显示、键盘接口电路

图 6.27 中，六位 LED 显示的位码由单片机的 P2 口输出，段码由 P1 口输出，程序设计时 LED 的显示方式为动态显示方式。4 × 4 矩阵键盘的行线经 5.1 kΩ 电阻上拉后与 P0.0～P0.3 口线相连，列线与 P2 口的 P2.0～P2.3 口线相连。也就是说，口线 P2.0～P2.3 既是 LED 的位选线，也是矩阵按键的列选线，二者共用，节省了资源。对上述电路编制程序时，往往将键盘扫描程序中的延时去抖动用显示子程序来代替。本书第 10 章利用上述电路完成了实用的数字钟程序，读者可参考。

本章小结

按键按结构原理可分为触点式开关按键(如机械式按键)和无触点式开关按键(如电气式按键)。其中，机械式开关按键使用的最多。使用机械式按键时，应注意去抖动。多个按键组合在一起可构成键盘，键盘可分为独立式按键和矩阵式(也叫行列式)按键两种，MCS-51可方便地与这两种键盘接口。独立式键盘配置灵活，软件结构简单，但占用 I/O 口线多，不适合较多按键的键盘。矩阵式键盘占用 I/O 口线少，节省资源，软件相对复杂。矩阵式键盘一般采用扫描方式识别按键。键盘的扫描方式有三种，即编程扫描、定时扫描和中断扫描。本章对第一种方式进行了详细讲解。

与单片机接口的常用显示器件分为 LED 和 LCD 两大类。LED 显示器可分为 LED 状态显示器（发光二极管）、LED 7 段显示器（数码管）、LED 16 段显示器和 LED 点阵显示器（大屏幕显示）。本章重点介绍了 MCS-51 单片机与 LED 7 段显示器的接口技术，包括单位 LED 静态显示、多位 LED 静态显示、多位 LED 动态显示等的原理与编程。

常见的 LED 点阵模块有 5×7、7×9、8×8 结构，前两种用于字符显示，后一种是构成 LED 大屏幕显示的基本单元。LED 大屏幕显示方式分为静态显示和动态显示，一般使用动态显示。动态显示时，8051 与 LED 大屏幕显示接口的信号有：时钟信号 PCLK、待显示数据信号 DATA、行控制信号 HS 和场控制信号 VS。本章具体介绍了 8051 与 64×8 LED 显示屏的接口原理和编程要点，还简单介绍了 320×32 点阵显示屏的扩展技术。

LCD 显示可分为笔段型、字符型和点阵图形型。按控制方式还可分为含控制器式(内置式)和不含控制器式。内置式 LCD 把显示控制器、驱动器用厚膜电路做在显示模块印刷底板上，只需通过控制器接口外接数字信号或模拟信号即可；不含控制器的 LCD 还需另外选配相应的控制器和驱动器才能工作。LCD 显示的驱动方式有静态驱动方式、动态驱动方式和双频驱动方式。笔段型 LCD 分为 6 段、7 段、8 段、9 段、14 段和 16 段，其中，7 段式最常用。常用字符型 LCD 显示模块有 5×8、5×11 点阵块，常用的驱动器为 HD44100，常用的驱动控制器为 HD44780U 及其兼容产品。字符型液晶显示模块的接口格式是统一的，不同厂家、不同品牌的产品都是通用的。单片机与字符型 LCD 显示模块的连接分为直接访问和间接访问方式，数据传输的形式分为 8 位和 4 位。点阵图形的液晶显示一般都需与专用液晶显示控制器配套使用。常用的图形液晶显示控制器有 SED1520、HD61202、T6963C、HD61830A/B、SED1330/1335/1336/E1330、MSM6255、CL-GD6245 等。各类液晶显示控制器的结构各异，指令系统也不同，但其控制过程基本相同。单片机与点阵图形型 LCD 显示模块的连接方法也分为直接访问和间接访问。本章对笔段型和字符型的 LCD 显示器及 8051 单片机的接口电路有较详细的描述，并讲述了编程要点。

习　题　6

6.1　单项选择题。

(1) 在单片机应用系统中，通常都要有人机对话功能。在前、后向通道中最常用的外部设备是（　）。

A. 键盘、显示器、A/D 和 D/A 转换接口电路

B. LED 显示器、D/A 转换接口

C. A/D 和 D/A 转换接口电路

D. 键盘、A/D 和 D/A 转换接口电路

(2) 某一应用系统为扩展 10 个功能键，通常采用(　)方式更好。

A. 独立式按键　　B. 矩阵式键盘　　C. 动态键盘　　D. 静态键盘

(3) 按键开关的结构通常是机械弹性元件，在按键按下和断开时，触点在闭合和断开瞬间会产生接触不稳定，即抖动。为消除抖动常采用的方法有(　)。

A. 硬件去抖动　　B. 软件去抖动

C. 硬、软件两种方法　　D. 单稳态电路去抖动

(4) 行列式(矩阵式)键盘的工作方式主要有(　)。

A. 编程扫描方式和中断扫描方式　　B. 独立查询方式和中断扫描方式

C. 中断扫描方式和直接访问方式　　D. 直接输入方式和直接访问方式

(5) 在单片机应用系统中，LED 数码管显示电路通常有(　)显示方式。

A. 静态　　B. 动态　　C. 静态和动态　　D. 查询

(6) (　)显示方式编程较简单，但占用 I/O 口线多，一般适用于显示位数较少的场合。

A. 静态　　B. 动态　　C. 静态和动态　　D. 查询

(7) LED 数码管若采用动态显示方式，则需要(　)。

A. 将各位数码管的位选线并联、各位数码管的段选线并联

B. 将各位数码管的段选线并联、输出口加驱动电路

C. 将各位数码管的段选线并联，并将各位数码管的位和段选线分别用 1 个输出口控制

D. 将段选线用 1 个 8 位输出口控制，输出口加驱动电路

(8) 一个 8031 单片机应用系统用 LED 数码管显示字符“8”的段码是 80H，可以断定该显示系统用的是(　)。

A. 不加反相驱动的共阴极数码管

B. 加反相驱动的共阴极数码管或不加反相驱动的共阳极数码管

C. 不加反相驱动的共阳极数码管

D. 加反相驱动的共阳极数码管

(9) 在共阳极数码管使用中，若要仅显示小数点，则其相应的字段码是(　).

A. 80H　　B. 10H　　C. 40H　　D. 01H

6.2　下列程序为数字 0～9 在图 6.28 所示 P1 口所接的一个共阳极数码管上循环点亮的程序，请补充完整。

```
        ORG     0000H
START:  MOV     R1,   #10
        MOV     DPTR, ________
        MOV     R0,   #00H
LOOP1:  MOV     A,    R0
        MOVC    A,    @A+DPTR
        ________________
```

```
        ACALL   DELAY
        ____________________
        DJNZ    R1,   LOOP1
        SJMP    START
TAB:    DB      0C0H, 0F9H, 0A4H, 0B0H, 99H
        DB      92H, 82H, 0F8H, 80H, 90H
        END
```

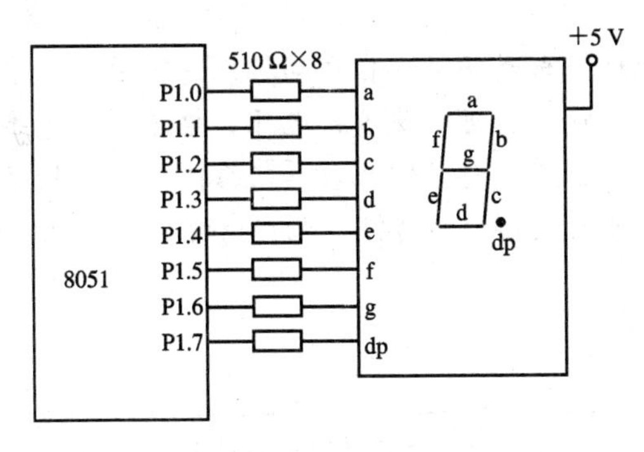

图 6.28　题 6.2 图

6.3　对于由机械式按键组成的键盘，应如何消除按键抖动？独立式按键和矩阵式按键分别具有什么特点？适用于什么场合？

6.4　依图 6.25 编制出识别按键的程序，并分析比较键盘扫描的三种工作方式。

6.5　例 6.1 中，如直接将共阳极数码管换成共阴极数码管，能否正常显示？为什么？应采取什么措施？

6.6　7 段 LED 显示器的静态显示和动态显示分别具有什么特点？实际设计时应如何选择使用？

6.7　要实现 LED 动态显示需不断调用动态显示程序，除采用子程序调用法外，还可采用其他什么方法？试比较其与子程序调用法的优劣。

6.8　根据 LED 大屏幕显示扩展原则，仿照图 6.12 设计出 320 × 32 点阵的 LED 大屏幕显示电路，并简述其编程要点。

6.9　字符型 LCD 显示器和点阵图形型 LCD 显示器均属于点阵型结构，它们与 MCS-51 单片机的接口电路有哪些形式？分别具有什么特点？字符型 LCD 的数据传送方式有哪几种？分别具有什么特点？

第7章　A/D与D/A转换接口

单片机应用的重要领域是自动控制。在自动控制的应用中，除数字量之外，还会遇到另一种物理量，即模拟量，例如温度、速度、电压、电流、压力等，它们都是连续变化的物理量。由于计算机只能处理数字量，因此计算机系统中凡遇到有模拟量的地方，就要进行模拟量向数字量、数字量向模拟量的转换，也就出现了单片机的数/模(D/A)和模/数(A/D)转换的接口问题。

教学导航

教	知识重点	1. A/D转换和D/A转换的概念 2. A/D转换模块ADC0809功能及应用 3. D/A转换芯片DAC0832功能及应用
	知识难点	D/A和A/D转换芯片的运用
	推荐教学方式	从训练任务入手，通过数字电压表的实现，让学生从外到内、从直观到抽象，逐渐学会A/D和D/A转换的应用。重点在于时序控制和转换的实现方式
	建议学时	6学时
学	推荐学习方法	通过任务制作，了解数/模(D/A)、模/数(A/D)的转换现象及结果，分析过程中出现的问题及疑问，结合理论知识的学习，从而深入理解和运用转换器件
	必须掌握的理论知识	1. 单片机的A/D转换软件编程 2. 单片机的D/A转换软件编程
	必须掌握的技能	A/D和D/A转换应用

项目7　简易数字电压表的制作

1. 训练目的

(1) 了解A/D芯片ADC0809的工作原理及编程。

(2) 掌握单片机与ADC0809的接口技术。

(3) 了解单片机如何进行数据采集。

(4) 进一步掌握LED数码管动态显示的工作原理。

2. 设备与器件

(1) 设备：单片机开发系统、微机。

(2) 器件与电路：参见图 7.1。

3. 步骤及要求

(1) 要求：根据实验电路板，分析 ADC0809 和单片机的接口方法并编写程序，要求当调节电位器使输入模拟电压发生变化(0～5 V)时，最后两个数码管显示相应的变化(显示内容为 00H～FFH 的十六进制数)。

(2) 实验电路：图 7.1 所示的简易数字电压测量电路由 A/D 转换、单片机处理及显示控制三部分组成。A/D 转换由集成电路芯片 ADC0809 完成。ADC0809 具有 8 路模拟输入通道 IN0～IN7。由于在电路板的连接中，通道 0 外接有模拟电压输入，因此在编写程序时对通道 0 进行了转换。

(3) 软件设计：

① 资源分配。本项目程序主要包括 3 个部分：主程序、拆字子程序以及显示子程序。

主程序完成显示缓冲区清 0、启动 ADC0809 进行转换并取转换结果等功能。转换结果为一个 8 位二进制数。

拆字子程序将转换结果的高四位和低四位进行拆分，分别存入显示缓冲区的 20H、21H 单元。

显示子程序为动态显示，根据显示缓冲区的内容，在最右边的两个 LED 上显示相应的数字，即显示 00～FF。

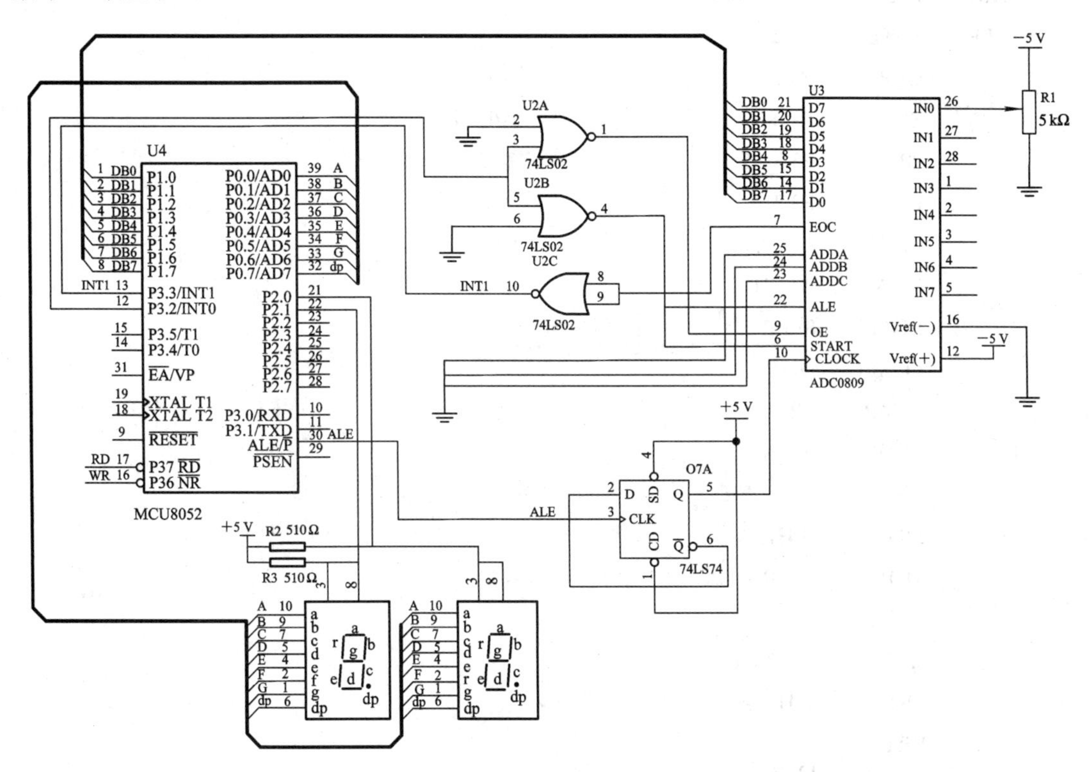

图 7.1　简易数字电压测量电路

② 软件流程图如图 7.2 所示。

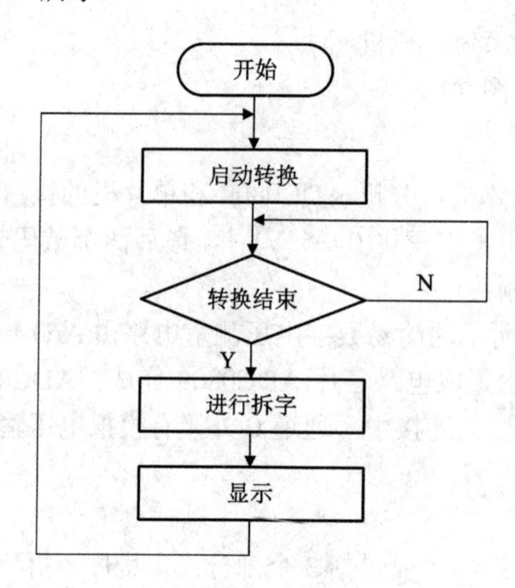

图 7.2 A/D 转换与数码管显示程序流程图

③ 源程序如下：

```
        ORG     0000H
        AJMP    MAIN
        ORG     0100H
MAIN:   MOV     SP，#30H
  LP:   SETB    P3.2
        CLR     P3.2
        SETB    P3.2                    ；A/D 开始转换
        JB      P3.3，$                 ；等待转换结束
        CLR     P3.2                    ；允许读数
        MOV     P1，#0FFH               ；P1 口置位
        MOV     A，P1                   ；取样(读外引脚)
        LCALL   SEPR
        LCALL   DISP
        AJMP    LP                      ；返回
SEPR:   MOV     B，A
        ANL     A，#0FH
        MOV     20H，A
        MOV     A，B
        SWAP    A
        ANL     A，#0FH
        MOV     21H，A
        RET
```

```
DISP：    MOV     R2，#02H
          MOV     R3，#01H
          MOV     R0，#20H
DISP1：   MOV     DPTR，#TAB
          MOV     A，@R0
          MOVC    A，@A+DPTR
          MOV     P0，A
          MOV     A，R3
          MOV     P2，A
          LCALL   DELAY
          RL      A
          MOV     R3，A
          INC     R0
          DJNZ    R2，DISP1
          RET
TAB：     DB      0C0H，0F9H，0A4H，0B0H，99H，92H，82H，0F8H    ；共阳极码
          DB      80H，90H，88H，83H，0C6H，0A1H，86H，08EH
DELAY：   MOV     R6，#10
DEL2：    MOV     R7，#125
DEL1：    NOP
          NOP
          DJNZ    R7，DEL1
          DJNZ    R6，DEL2
          RET
          END
```

4. 分析与总结

(1) 本项目的结果是：当调节电位器使输入模拟电压发生变化(0～5 V)时，两个数码管显示相应的变化(显示内容为 00H～FFH)。

(2) 电路所涉及的 ADC0809 芯片为 8 通道 A/D 转换器，可以将由 IN0～IN7 这 8 个通道输入的模拟电压转换为 8 位二进制数。有关该芯片的介绍见 7.1.1 小节。

在本项目程序中，我们对由通道 0 输入的模拟电压进行了转换，并采用了查询方式进行数据的传送。当然也可以采用中断方式，请读者自行编写程序完成。

(3) 可以看到，ADC0809 进行转换的主要步骤是先选中一个通道，再启动 A/D 转换，然后用查询指令或中断方式判断转换是否结束，待转换结束后取转换结果到累加器 A 中，最后送到 LED 数码管显示。

(4) 本程序最后将转换结果以十六进制数形式表示，也可以用 3 个数码管以十进制数的形式显示，即显示为 000～255。还可以用数码管显示实际的电压值，请读者思考如何编写相应的程序。

7.1　A/D 转换器接口

A/D 转换器用于实现模拟量向数字量的转换，按转换原理可分为 4 种，即计数式 A/D 转换器、双积分式 A/D 转换器、逐次逼近式 A/D 转换器和并行式 A/D 转换器。

目前最常用的是双积分式 A/D 转换器和逐次逼近式 A/D 转换器。双积分式 A/D 转换器的主要优点是转换精度高、抗干扰性能好、价格便宜，但转换速度较慢，因此这种转换器主要用于速度要求不高的场合。逐次逼近式 A/D 转换器是一种速度较快、精度较高的转换器。其转换时间大约在几微秒到几百微秒之间。通常使用的逐次逼近式 A/D 转换器芯片为 ADC0808/0809。

ADC0808/0809 型 8 位 MOS 型 A/D 转换器，可实现 8 路模拟信号的分时采集，片内有 8 路模拟选通开关，以及相应的通道地址锁存用译码电路，其转换时间为 100 μs 左右。与本书配套的组合实验电路板中采用了 ADC0809 芯片。下面将重点介绍该芯片的结构及使用。

7.1.1　典型 A/D 转换器芯片 ADC0809

ADC0809 是典型的 8 位 8 通道逐次逼近式 A/D 转换器，采用 CMOS 工艺制造。

1. ADC0809 的内部逻辑结构

ADC0809 的内部逻辑结构如图 7.3 所示。图中的多路开关可选通 8 个模拟通道，允许 8 路模拟量分时输入，共用一个 A/D 转换器进行转换。地址锁存与译码电路完成对 A、B、C 三个地址位进行锁存和译码，其译码输出用于通道选择，如表 7.1 所示。

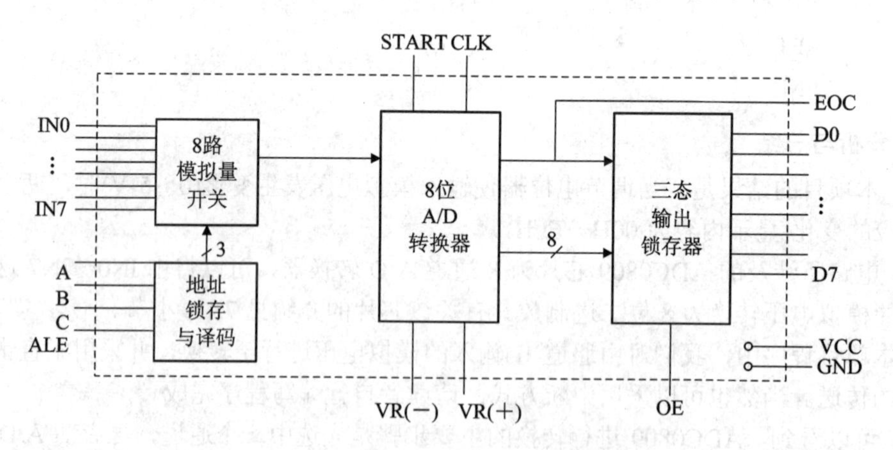

图 7.3　ADC0809 的内部逻辑结构

8 位 A/D 转换器是逐次逼近式 A/D 转换器，由控制与时序电路、逐次逼近寄存器、树状开关以及 256R 电阻阶梯网络等组成。

三态输出锁存器用于存放和输出转换得到的数字量。

2. 信号引脚

ADC0809 芯片为 28 引脚双列直插式封装，其引脚排列见图 7.4。

表 7.1　通道选择表

C	B	A	选择的通道
0	0	0	IN0
0	0	1	IN1
0	1	0	IN2
0	1	1	IN3
1	0	0	IN4
1	0	1	IN5
1	1	0	IN6
1	1	1	IN7

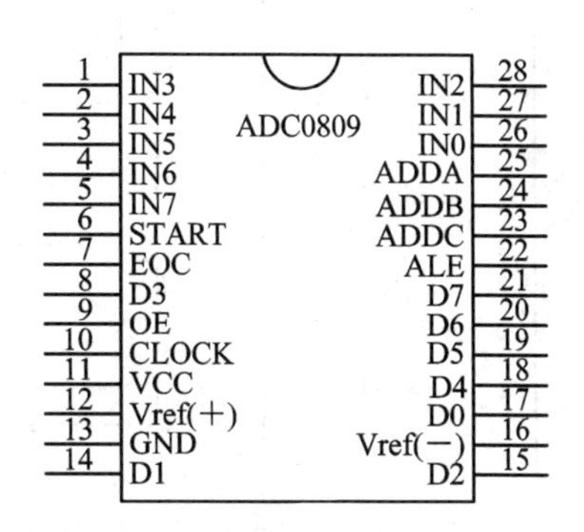

图 7.4　ADC0809 引脚图

对 ADC0809 主要信号引脚的功能说明如下：

(1) IN7～IN0：模拟量输入通道。ADC0809 对输入模拟量的要求主要有：信号单极性；电压范围为 0～5 V；若信号过小，则需放大。另外，输入模拟量在 A/D 转换过程中其值不应变化太快，因此对变化速度快的模拟量，在输入前应增加采样保持电路。

(2) ADDA、ADDB、ADDC：地址线。ADDA 为低位地址，ADDC 为高位地址，用于对模拟通道进行选择。ADDA、ADDB 和 ADDC 分别对应表 7.1 中的 A、B 和 C，其地址状态与通道的对应关系见表 7.1。

(3) ALE：地址锁存允许信号。对应 ALE 上跳沿，ADDA、ADDB、ADDC 地址状态送入地址锁存器中。

(4) START：转换启动信号。在 START 上跳沿，所有内部寄存器清 0；在 START 下跳沿，开始进行 A/D 转换；在 A/D 转换期间，START 应保持低电平。

(5) D7～D0：数据输出线，为三态缓冲输出形式，可以和单片机的数据线直接相连。

(6) OE：输出允许信号，用于控制三态输出锁存器向单片机输出转换得到的数据。当 OE = 0 时，输出数据线呈高电阻；当 OE = 1 时，输出转换得到的数据。

(7) CLK：时钟信号。ADC0809 的内部没有时钟电路，所需时钟信号由外界提供，因此有时钟信号引脚。通常使用频率为 500 kHz 的时钟信号。

(8) EOC：转换结束状态信号。EOC = 0 表示正在进行转换；EOC = 1 表示转换结束。该状态信号既可作为查询状态标志使用，又可作为中断请求信号使用。

(9) VCC：+5 V 电源。

(10) Vref：参考电压。参考电压用来与输入的模拟信号进行比较，作为逐次逼近的基准。其典型值为 +5 V(Vref(+) = +5 V，Vref(−) = 0 V)。

7.1.2　MCS-51 单片机与 ADC0809 接口

ADC0809 与 8031 单片机的另一种常用连接方式如图 7.5 所示。

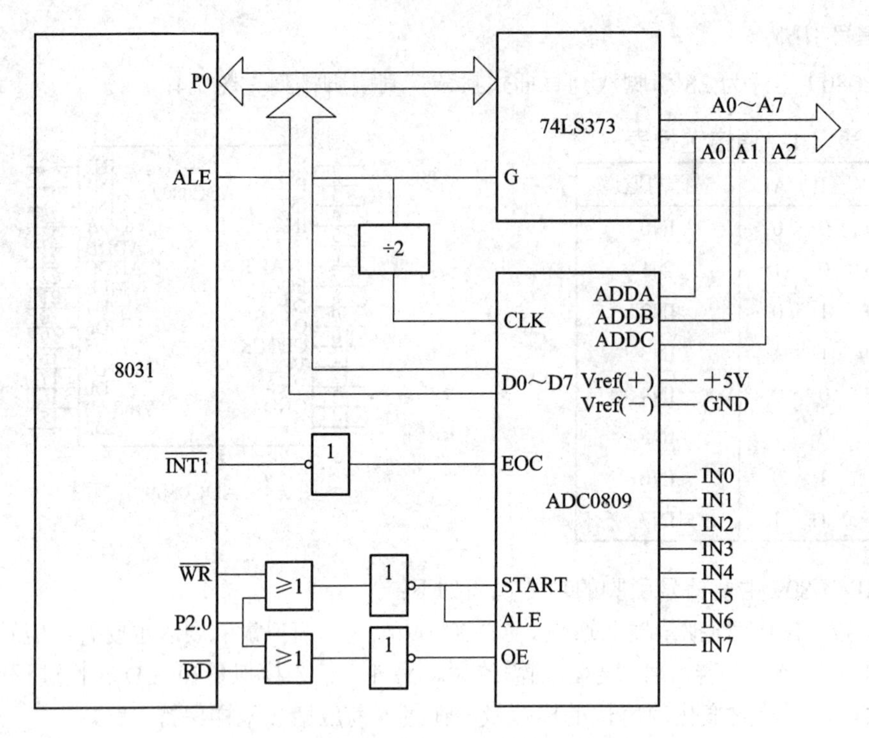

图 7.5　ADC0809 与 8031 单片机的连接

该电路连接主要涉及两个问题，一是 8 路模拟信号通道的选择，二是 A/D 转换完成后转换数据的传送。

1．8 路模拟通道的选择

ADDA、ADDB、ADDC 分别接地址锁存器 74LS373 提供的低 3 位地址，只要把 3 位地址写入 ADC0809 中的地址锁存器，就实现了模拟通道的选择。对系统来说，地址锁存器是一个输出口，为了把 3 位地址写入，还要提供口地址。图 7.5 中使用的是线选法，口地址由 P2.0 确定，同时和 $\overline{WR}$ 相或取反后作为开始转换的选通信号。因此该 ADC0809 的通道地址确定如下：

8031	A15	A14	A13	A12	A11	A10	A9	A8	A7	A6	A5	A4	A3	A2	A1	A0
0809	×	×	×	×	×	×	×	ST	×	×	×	×	×	C	B	A
	×	×	×	×	×	×	×	0	×	×	×	×	×	0	0	0
	×	×	×	×	×	×	×	0	×	×	×	×	×	0	0	1
	⋮	⋮	⋮	⋮	⋮	⋮	⋮	⋮	⋮	⋮	⋮	⋮	⋮	⋮	⋮	⋮
	×	×	×	×	×	×	×	0	×	×	×	×	×	1	1	1

若无关位都取 0，则 8 路通道 IN0～IN7 的地址分别为 0000H～0007H。

从图 7.5 中可以看到，ADC0809 的 ALE 信号与 START 信号连接在一起了，这样使得在 ALE 信号的前沿写入地址信号后，紧接着在其后沿就启动转换。因此启动图 7.5 中的 ADC0809 进行转换只需要下面的指令(以通道 0 为例)：

MOV　　DPTR，#0000H　　　；选中通道 0

MOVX　　@DPTR，A　　　　；$\overline{WR}$ 信号有效，启动转换

2. 转换数据的传送

A/D 转换后得到的是数字量的数据，这些数据应传送给单片机进行处理。数据传送的关键问题是如何确认 A/D 转换完成，因为只有确认数据转换完成后，才能进行传送，为此可采用下述三种方式：

(1) 定时传送方式。对于一种 A/D 转换器来说，转换时间作为一项技术指标是已知的和固定的。例如 ADC0809 的转换时间为 128 μs，相当于 6 MHz 的 MCS-51 单片机的 64 个机器周期。可据此设计一个延时子程序，A/D 转换启动后即调用这个延时子程序，延迟时间一到，转换肯定已经完成了，接着就可进行数据传送。

(2) 查询方式。A/D 转换芯片有表明转换完成的状态信号，例如 ADC0809 的 EOC 端。因此可以用查询方式，用软件测试 EOC 的状态，即可确知转换是否完成，然后进行数据传送。

(3) 中断方式。该方式可把表明转换完成的状态信号(EOC)作为中断请求信号，以中断方式进行数据传送。

在图 7.5 中，EOC 信号经过反相器后送到单片机的 $\overline{\text{INT1}}$，因此可以采用查询该引脚或中断的方式进行转换后数据的传送。

不管使用上述哪种方式，只要一旦确认转换完成，即可通过指令进行数据传送。首先送出口地址并以 $\overline{\text{RD}}$ 作选通信号，当 $\overline{\text{RD}}$ 信号有效时，OE 信号有效，即可把转换数据送上数据总线，供单片机接收，指令是：

```
MOV   DPTR，#0000H        ；选中通道 0
MOVX  A，  @DPTR，        ；RD 信号有效，输出转换后的数据到 A 累加器
```

7.1.3 应用举例

例 7-1　某冷冻厂需对 8 个冷冻室进行温度巡回检测。要求设计一个用单片机控制的巡回检测系统，使其能对各冷冻室的温度巡回检测并加以处理。

温度传感器可选用热敏电阻或集成温度传感器 DS18B20 等芯片。

将采样数据依次存放在片内 RAM 的 78H～7FH 单元中，其数据采样的初始化程序、主程序和中断服务程序分别如下。

初始化程序：

```
ORG   0000H               ；主程序入口地址
AJMP MAIN                 ；跳转主程序
ORG   0013H               ；INT1 中断入口地址
AJMP INT1                 ；跳转中断服务程序
```

主程序：

```
MAIN:   MOV    R0，#78H    ；数据暂存区首地址
        MOV    R2，#08H    ；8 路计数初值
        SETB   IT1         ；INT1 边沿触发
        SETB   EA          ；开中断
        SETB   EX1         ；允许 INT1 中断
```

```
        MOV     DPTR，#6000H       ；指向 0809 IN0 通道地址
        MOV     A，#00H            ；此指令可省，A 可为任意值
LOOP：  MOVX    @DPTR，A           ；启动 A/D 转换
HERE：  SJMP    HERE               ；等待中断
```

中断服务程序：

```
INT1：  MOVX    A，@DPTR           ；读 A/D 转换结果
        MOV     @R0，A             ；存数
        INC     DPTR               ；更新通道
        INC     R0                 ；更新暂存单元
        DJNZ    R2，DONE
        RETI                       ；返回
DONE：  MOVX    @DPTR，A
        RETI
```

上述程序是用中断方式来完成转换后数据的传送的，也可以用查询的方式实现，源程序如下：

```
        ORG     0000H              ；主程序入口地址
        AJMP    MAIN               ；跳转主程序
        ORG     1000H
MAIN：  MOV     R0，#78H
        MOV     R2，#08H
        MOV     DPTR，#6000H
        MOV     A，#00H
L0：    MOVX    @DPTR，A
L1：    JB      P3.3，L1           ；查询 INT1 是否为 0
        MOVX    A，@DPTR           ；若 INT1 为 0，则转换结束，读出数据
        MOV     @R0，A
        INC     R0
        INC     DPTR
        DJNZ    R2，L0
$：     SJMP    $
```

参考电路图 7.1 和图 7.5，请读者分析下面实用程序的功能：

```
        ORG     0000H
        AJMP    MAIN
        ORG     0100H
MAIN：  MOV     SP，#30H
        MOV     20H，#00H
        MOV     21H，#00H
        MOV     22H，#00H
```

```
START:  MOV     DPTR, #0000H
        MOV     A, #00H
        MOVX    @DPTR, A
  L1:   JB      P3.3, L1
        MOVX    A, @DPTR
        LCALL   SEPR
        LCALL   DISP
        SJMP    START
SEPR:   MOV     B, #100
        DIV     AB
        MOV     22H, A
        MOV     A, #10
        XCH     A, B
        DIV     AB
        MOV     21H, A
        MOV     20H, B
        RET
 DISP:  MOV     R2, #03H
        MOV     R3 , #01H
        MOV     R0, #20H
 DISP1: MOV     DPTR, #TAB
        MOV     A, @R0
        MOVC    A, @A+DPTR
        MOV     P0, A
        MOV     A, R3
        MOV     P2, A
        LCALL   DELAY
        RL      A
        MOV     R3, A
        INC     R0
        DJNZ    R2, DISP1
        RET
 TAB:   DB      0C0H, 0F9H, 0A4H, 0B0H, 99H, 92H, 82H, 0F8H
        DB      80H, 90H, 88H, 83H, C6H, A1H, 86H, 8EH
 DELAY: MOV     R5, #20
 DEL3:  MOV     R6, #50
 DEL2:  MOV     R7, #250
 DEL1:  NOP
```

```
        NOP
        DJNZ    R7, DEL1
        DJNZ    R6, DEL2
        DJNZ    R5, DEL3
        RET
```

7.2 D/A 转换器接口

D/A 转换器输入的是数字量，经转换后输出的是模拟量。有关 D/A 转换器的技术性能指标很多，例如绝对精度、相对精度、线性度、输出电压范围、温度系数、输入数字代码种类(二进制或 BCD 码)等。下面介绍几个与接口有关的技术性能指标。

(1) 分辨率。分辨率是 D/A 转换器对输入量变化敏感程度的描述，与输入数字量的位数有关。如果数字量的位数为 n，则 D/A 转换器的分辨率为 2^{-n}。这就意味着数/模转换器能对满刻度的 2^{-n} 输入量作出反应。例如 8 位数的分辨率为 1/256，10 位数分辨率为 1/1024 等。因此数字量位数越多，分辨率也就越高，即转换器对输入量变化的敏感程度也就越高。使用时，应根据分辨率的需要来选定转换器的位数。DAC 常可分为 8 位、10 位、12 位三种。

(2) 建立时间。建立时间是描述 D/A 转换速度快慢的一个参数，指从输入数字量变化到输出达到终值误差±(1/2)LSB(最低有效位)时所需的时间。通常以建立时间来表示转换速度。转换器的输出形式为电流时建立时间较短；而当输出形式为电压时，由于还要加上运算放大器的延迟时间，因此建立时间要长一点。但总的来说，D/A 转换速度远高于 A/D 转换速度，例如快速的 D/A 转换器的建立时间只需 1 μs。

7.2.1 典型 D/A 转换器芯片 DAC0832

DAC0832 是一个 8 位 D/A 转换器，单电源供电，在 +5～+15 V 范围均可正常工作。基准电压的范围为 ±10V；电流建立时间为 1 μs；CMOS 工艺，低功耗(仅为 20 mW)。

DAC0832 转换器芯片为 20 引脚、双列直插式封装，其引脚排列如图 7.6 所示。DAC0832 的内部结构框图如图 7.7 所示。

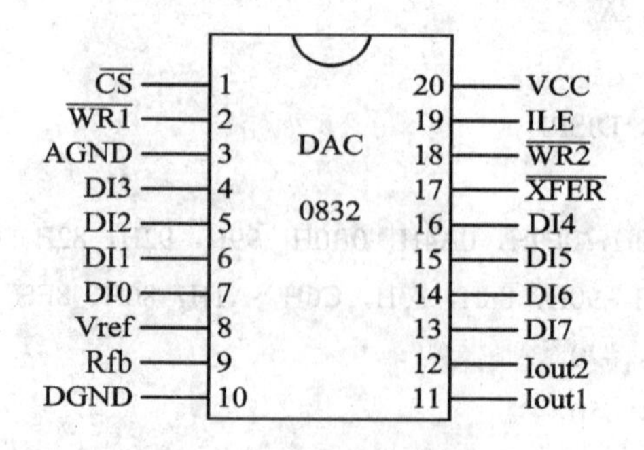

图 7.6 DAC0832 引脚图

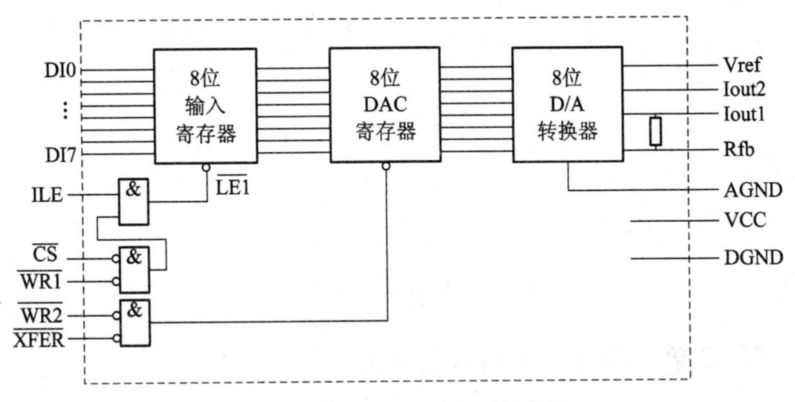

图 7.7　DAC0832 的内部结构框图

该转换器由输入寄存器和 DAC 寄存器构成两级数据输入锁存。使用时数据输入可以采用两级锁存(双锁存)形式，或单级锁存(一级锁存，一级直通)形式，或直接输入(两级直通)形式。

此外，由 3 个与门电路可组成寄存器输出控制逻辑电路，该逻辑电路的功能是进行数据锁存控制。当 $\overline{LE}=0$ 时，输入数据被锁存；当 $\overline{LE}=1$ 时，锁存器的输出跟随输入的数据。

D/A 转换电路是一个 R-2R T 型电阻网络，可实现 8 位数据的转换。

对 DAC0832 各引脚信号说明如下：

(1) DI7～DI0：转换数据输入。

(2) $\overline{CS}$：片选信号(输入)，低电平有效。

(3) ILE：数据锁存允许信号(输入)，高电平有效。

(4) $\overline{WR1}$：第 1 写信号(输入)，低电平有效。

ILE 和 $\overline{WR1}$ 信号控制输入寄存器是数据直通方式还是数据锁存方式：当 ILE = 1 且 $\overline{WR1}=0$ 时，为输入寄存器直通方式；当 ILE = 1 且 $\overline{WR1}=1$ 时，为输入寄存器锁存方式。

(5) $\overline{WR2}$：第 2 写信号(输入)，低电平有效。

(6) $\overline{XFER}$：数据传送控制信号(输入)，低电平有效。

$\overline{WR2}$ 和 $\overline{XFER}$ 信号控制 DAC 寄存器是数据直通方式还是数据锁存方式：当 $\overline{WR2}=0$ 且 $\overline{XFER}=0$ 时，为 DAC 寄存器直通方式；当 $\overline{WR2}=1$ 或 $\overline{XFER}=1$ 时，为 DAC 寄存器锁存方式。

(7) Iout1：电流输出 1。

(8) Iout2：电流输出 2。

DAC 转换器的特性之一是：Iout1 + Iout2 = 常数。

(9) Rfb：反馈电阻端。

DAC0832 是电流输出，为了取得电压输出，需在电压输出端接运算放大器，Rfb 即为运算放大器的反馈电阻端。运算放大器的接法如图 7.8 所示。

(10) Vref：基准电压，其电压可正可负，范围为 −10～+10 V。

(11) DGND：数字地。

(12) AGND：模拟地。

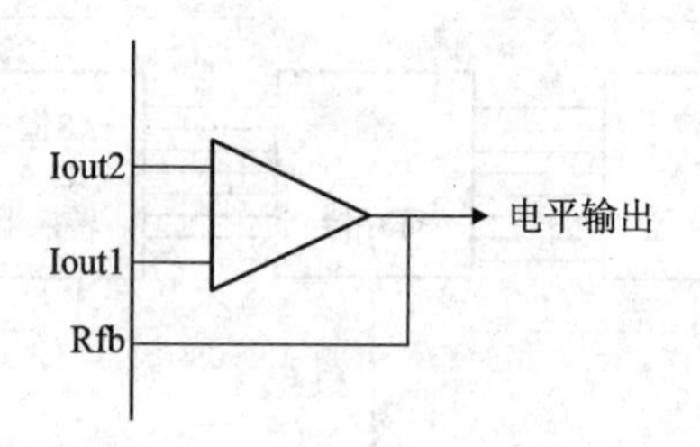

图 7.8 运算放大器的接法

7.2.2 DAC0832 单缓冲方式的接口与应用

1. 单缓冲方式连接

所谓单缓冲方式，就是使 0832 的两个输入寄存器中一个处于直通方式，而另一个处于受控的锁存方式，或者说是使两个输入寄存器同时受控的方式。在实际应用中，如果只有一路模拟量输出或虽有几路模拟量但并不要求同步输出的情况，就可采用单缓冲方式。

单缓冲方式的两种连接电路如图 7.9 和图 7.10 所示。

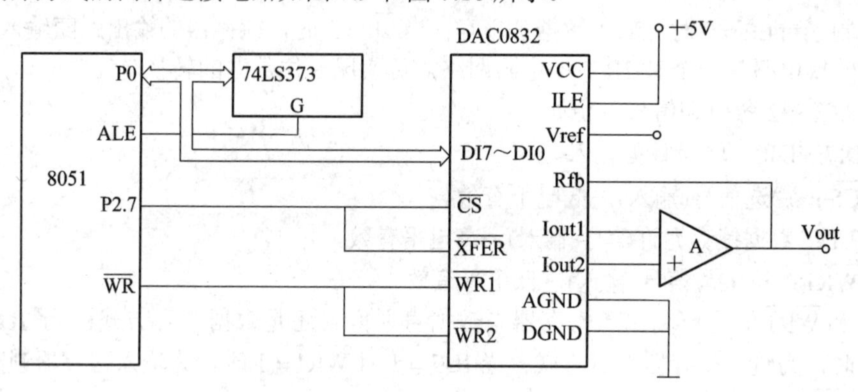

图 7.9 DAC0832 单缓冲方式接口一

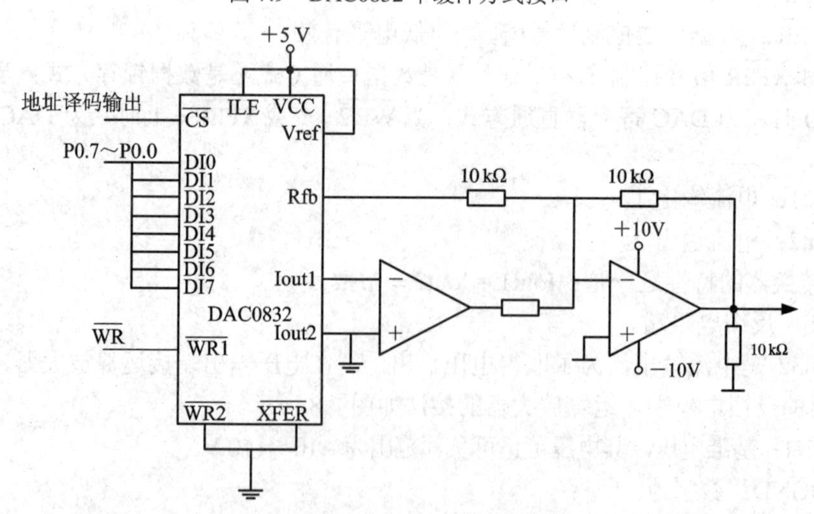

图 7.10 DAC0832 单缓冲方式接口二(用 DAC 产生锯齿波)

图 7.9 为两个输入寄存器同时受控的连接方法，$\overline{WR1}$ 和 $\overline{WR2}$ 一起接 8051 的 $\overline{WR}$，$\overline{CS}$

和 $\overline{\text{XFER}}$ 共同接 8051 的 P2.7，因此两个寄存器的地址相同。

在图 7.10 中，$\overline{\text{WR2}}=0$ 且 $\overline{\text{XFER}}=0$，因此 DAC 寄存器处于直通方式。而输入寄存器处于受控锁存方式，$\overline{\text{WR1}}$ 接 8051 的 $\overline{\text{WR}}$，ILE 接高电平，此外还应把 $\overline{\text{CS}}$ 接高位地址或译码输出，以便为输入寄存器确定地址。

其他如数据线连接及地址锁存等问题这里不再赘述。

2．单缓冲方式应用举例——产生锯齿波

在许多控制应用中，要求有一个线性增长的电压(锯齿波)通过移动记录笔或移动电子束等方式来控制检测过程。对此可通过在 DAC0832 的输出端接运算放大器，由运算放大器产生锯齿波来实现，电路连接如图 7.10 所示。图中的 DAC8032 工作于单缓冲方式，其中输入寄存器受控，而 DAC 寄存器直通。

假定 P2.7 接 $\overline{\text{CS}}$，则输入寄存器地址为 7FFFH，产生锯齿波的源程序清单如下：

```
        ORG     0000H
DASAW： MOV     DPTR，#7FFFH；输入寄存器地址
        MOV     A，#00H      ；转换初值
WW：    MOVX    @DPTR，A     ；D/A 转换
        INC     A
        NOP                  ；延时
        NOP
        AJMP    WW
```

执行上述程序后，在运算放大器的输出端就能得到如图 7.11 所示的锯齿波。

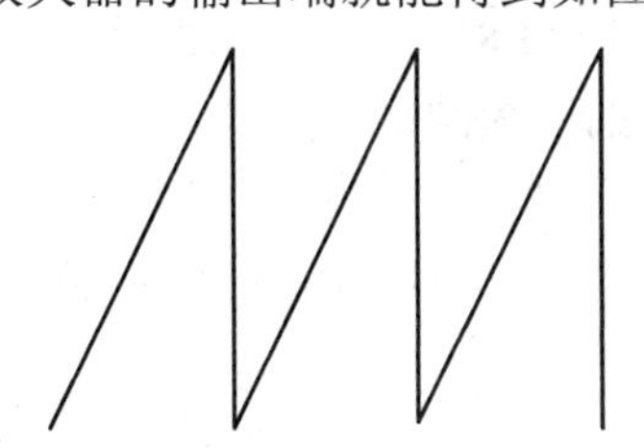

图 7.11　D/A 转换产生的锯齿波

对锯齿波的产生作如下几点说明：

(1) 程序每循环一次，A 加 1，因此实际上锯齿波的上升边是由 256 个小阶梯构成的。但因为阶梯很小，所以宏观上看就如同图 7.11 中所表示的线性增长锯齿波一样。

(2) 可通过循环程序段的机器周期数，计算出锯齿波的周期。并可根据需要，通过延时的办法来改变波形周期。当延迟时间较短时，可用 NOP 指令来实现(本程序就是如此)；当需要延迟时间较长时，可以使用一个延时子程序。延迟时间不同，波形周期不同，锯齿波的斜率就不同。

(3) 通过 A 加 1，可得到正向的锯齿波。如要得到负向的锯齿波，改为减 1 指令即可实现。

(4) 程序中 A 的变化范围是 0～255，因此得到的锯齿波是满幅度的。如要求得到非满幅锯齿波，可通过计算求得数字量的初值和终值，然后在程序中通过置初值判终值的办法即可实现。

用同样的方法也可以产生三角波、矩形波、梯形波，请读者自行编写程序。

7.2.3 DAC0832双缓冲方式的接口与应用

1．双缓冲方式连接

所谓双缓冲方式，就是把 DAC0832 的两个锁存器都接成受控锁存方式。双缓冲DAC0832 的连接如图 7.12 所示。

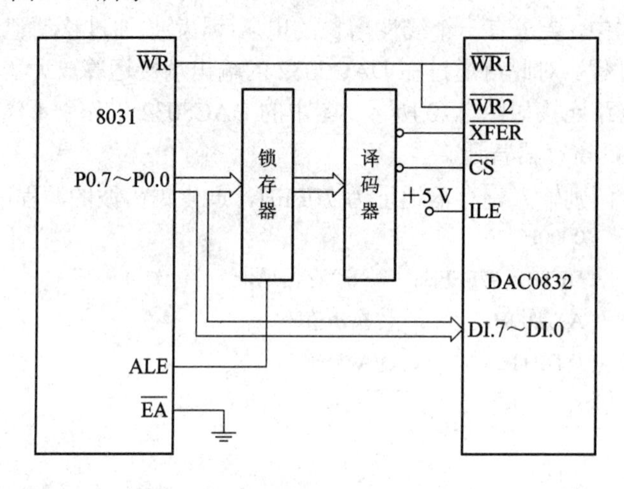

图 7.12 DAC0832 的双缓冲方式连接

为了实现寄存器的可控，应当给寄存器分配一个地址，以便能按地址进行操作。图 7.12是采用地址译码输出分别接 $\overline{CS}$ 和 $\overline{XFER}$ 来实现的，然后再给 $\overline{WR1}$ 和 $\overline{WR2}$ 提供写选通信号。这样就完成了两个锁存器都可控的双缓冲接口方式。

由于两个锁存器分别占据两个地址，因此在程序中需要使用两条传送指令，才能完成一个数字量的模拟转换。假定输入寄存器地址为 FEH，DAC 寄存器地址为 FFH，则完成一次数/模转换的程序段如下：

```
MOV     R0，#0FEH        ；装入输入寄存器地址
MOVX    @R0，A           ；转换数据送输入寄存器
INC     R0               ；产生 DAC 寄存器地址
MOVX    @ R0 ， A        ；数据通过 DAC 寄存器
```

最后一条指令从表面上看来是把 A 中的数据送 DAC 寄存器，实际上这种数据传送并不真正进行，该指令只是起到打开 DAC 寄存器使输入寄存器中数据通过的作用，数据通过后就去进行 D/A 转换。

2．双缓冲方式应用举例

双缓冲方式用于多路 D/A 转换系统，可实现多路模拟信号同步输出的目的。例如使用单片机控制 X-Y 绘图仪。X-Y 绘图仪由 X、Y 两个方向的步进电机驱动，其中一个电机控制绘图笔沿 X 方向运动，另一个电机控制绘图笔沿 Y 方向运动，从而绘出图形。因此对 X-Y绘图仪的控制有两点基本要求：一是需要两路 D/A 转换器分别给 X 通道和 Y 通道提供模拟信号；二是两路模拟量要同步输出。

两路模拟量输出是为了使绘图笔能沿 X-Y 轴作平面运动，而模拟量同步输出则是为了

使绘制的曲线光滑，否则绘制出的曲线就是台阶状的，如图 7.13 所示。

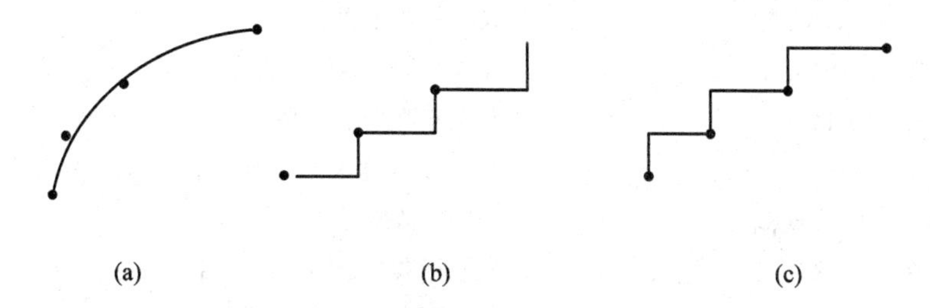

图 7.13　单片机控制 X-Y 绘图仪

(a) 同步输出；(b) 先 X 后 Y；(c) 先 Y 后 X

为实现对 X-Y 绘图仪的控制，要使用两片 DAC0832，并采用双缓冲方式连接，如图 7.14 所示 。

电路中以译码法产生地址，两片 DAC0832 共占据 3 个单元地址，其中两个输入寄存器各占一个地址，而两个 DAC 寄存器则合用一个地址。

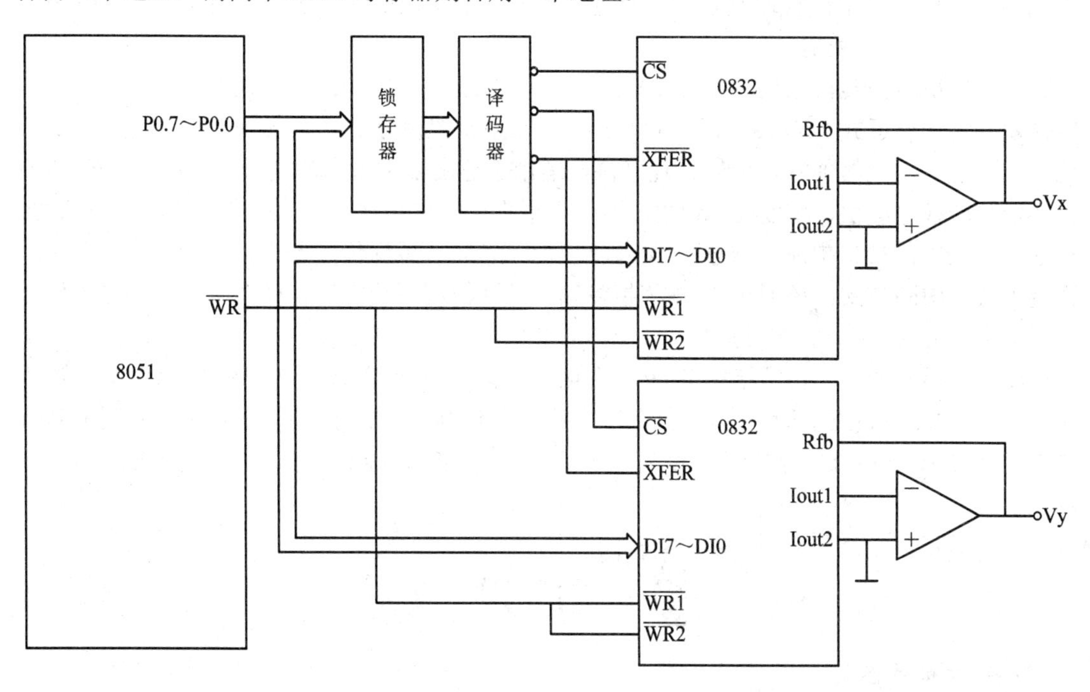

图 7.14　控制 X-Y 绘图仪的双片 DAC0832 接口

编程时，先用一条传送指令把 X 坐标数据送到 X 向转换器的输入寄存器，然后用一条传送指令把 Y 坐标数据送到 Y 向转换器的输入寄存器，最后用一条传送指令同时打开两个转换器的 DAC 寄存器，进行数据转换，即可实现 X、Y 两个方向坐标量的同步输出。

假定 X 方向的 0832 输入寄存器地址为 F0H，Y 方向的 0832 输入寄存器地址为 F1H，两个 DAC 的寄存器公用地址为 F2H。X 坐标数据存于 DATA 单元中，Y 坐标数据存于 DATA+1 单元中。绘图仪的驱动程序如下：

```
        MOV     R1，#DATA                ；X 坐标数据单元地址
```

```
MOV     R0，#0F0H        ；X 向输入寄存器地址
MOV     A，@R1           ；X 坐标数据送 A
MOVX    @R0，A           ；X 坐标数据送输入寄存器
INC     R1               ；指向 Y 坐标数据单元地址
INC     R0               ；指向 Y 向输入寄存器地址
MOV     A，@R1           ；Y 坐标数据送 A
MOVX    @R0，A           ；Y 坐标数据送输入寄存器
INC     R0               ；指向两个 DAC 寄存器地址
MOVX    @R0，A           ；X、Y 转换数据同步输出
```

本章小结

A/D 和 D/A 转换器是计算机与外界联系的重要途径，由于计算机只能处理数字信号，因此当计算机系统中需要控制和处理温度、速度、电压、电流、压力等模拟量时，就需要采用 A/D 和 D/A 转换器。

A/D 转换器按转换原理可分为计数式 A/D 转换器，并行式 A/D 转换器、双积分式 A/D 转换器和逐次逼近式 A/D 转换器，后两种较为常用。双积分式 A/D 转换器的转换精度高、抗干扰性能好、价格便宜，但转换速度慢，适用于速度要求不高的场合。逐次逼近式 A/D 转换器的转换速度快、精度高，使用较多。本章重点介绍了常用的 A/D 转换芯片 ADC0809 与 MCS-8051 的接口电路，叙述了 A/D 转换后二者间的数据传送方式，即定时传送方式、查询方式和中断方式；还通过 8 路模拟量输入巡回检测系统实例，详细介绍了二者间数据传送的编程方法。

D/A 转换器的主要技术指标有 D/A 转换速度(建立时间)和 D/A 转换精度(分辨率)。转换速度一般在几十微秒到几百微秒之间，转换精度一般为 8、10、12 位。本章重点介绍了 D/A 转换芯片 DAC0832 的工作原理，并详细介绍了 DAC0832 单缓冲方式和双缓冲方式的接口及应用。

习　题　7

7.1　单项选择题。

(1) DAC0832 的工作方式通常有(　　)。

A. 直通工作方式　　B. 单缓冲工作方式

C. 双缓冲工作方式　　D. 单缓冲、双缓冲和直通工作方式

(2) DAC0832 是一种(　　)芯片。

A. 8 位模拟量转换成数字量　　B. 16 位模拟量转换成数字量

C. 8 位数字量转换成模拟量　　D. 16 位 A/D 数字量转换成模拟量

(3) DAC0832 与 89C51 单片机连接时的控制信号主要有(　　)。

A. ILE、$\overline{CS}$、$\overline{WR1}$、$\overline{WR2}$、$\overline{XFER}$

B. ILE、$\overline{\text{CS}}$、$\overline{\text{WR1}}$、$\overline{\text{XFER}}$

C. $\overline{\text{WR1}}$、$\overline{\text{WR2}}$、$\overline{\text{XFER}}$

D. ILE、$\overline{\text{CS}}$、$\overline{\text{WR1}}$、$\overline{\text{WR2}}$

(4) ADC0809 芯片是 m 路模拟输入的 n 位 A/D 转换器，m、n 是(　　)。

A. 8、8　　B. 8、9　　C. 8、16　　D. 1、8

(5) 当单片机启动 ADC0809 进行模/数转换时，应采用(　　)指令。

A. MOV　A，20H　　B. MOVX　A，@DPTR

C. MOVC　A，@A+DPTR　　D. MOVX　@DPTR，A

(6) A/D 转换通常采用(　　)方式。

A. 中断方式　　B. 查询方式　　C. 延时等待方式　D. 中断、查询和延时等待

7.2 填空题。

(1) 描述 D/A 转换器性能的主要指标有____________。

(2) DAC0832 利用____________控制信号可以构成 3 种不同的工作方式。

(3) 读取 A/D 转换的结果，使用____________指令。

7.3 DAC0832 与 8051 单片机接口时有哪些控制信号？作用分别是什么？ADC0809 与 8051 单片机接口时有哪些控制信号？作用分别是什么？

7.4 使用 DAC0832 时，单缓冲方式如何工作？双缓冲方式如何工作？它们各占用 8051 外部 RAM 的哪几个单元？软件编程有什么区别？

7.5 针对图 7.10 所示电路，编程产生以下波形：(1) 周期为 25 ms 的锯齿波；(2) 周期为 50 ms 的三角波；(3) 周期为 50 ms 的方波。

7.6 使用 ADC0809 进行转换的主要步骤是怎样的？请简要进行总结。

7.7 在 7.1.3 小节的实用程序中的显示部分用十进制表示转换结果(即用 3 个数码管显示 000～255)。请修改程序，将转换结果用四个数码管显示，而且显示的是实际电压值(0～5 V)，小数点后取两位。

第8章　串行口通信技术

MCS-51 内部除含有 4 个并行 I/O 接口外，还有一个串行通信 I/O 口，通过该串行口可以实现与其他计算机系统的串行通信。本章通过项目完成一个串行通信实例，在介绍关于串行通信的基础知识后，详细论述 MCS-51 的串行口及其通信应用。

教学导航

教	知识重点	1. 串行通信基础知识 2. 单片机串行口的结构、工作方式、波特率设置 3. 单片机串行通信过程 4. 查询方式与中断方式串行通信程序设计
	知识难点	串行通信程序设计
	推荐教学方式	从训练项目入手，通过双机通信项目的设计与调试，让学生了解单片机串行通信接口的使用方法及串行通信的过程
	建议学时	8 学时
学	推荐学习方法	首先动手完成训练任务，在任务中了解单片机串行通信接口与通信过程，并通过仿真调试掌握串行通信编程与调试方法
	必须掌握的理论知识	单片机串行通信波特率、帧格式、通信过程
	必须掌握的技能	单片机串行通信软硬件调试方法

项目 8　单片机之间的双机通信

1. 训练目的

(1) 复习定时器的功能和编程使用。

(2) 理解串行通信与并行通信的两种方式。

(3) 掌握串行通信的重要指标：字符帧和波特率。

(4) 初步了解 MCS-51 单片机串行口的使用方法。

2. 设备与器件

(1) 设备：单片机开发系统、微机。

(2) 器件：项目电路板两套。

3. 电路图

本项目的电路如图 8.1 所示，需用两套组合教具(或两套自制电路板)共同完成。

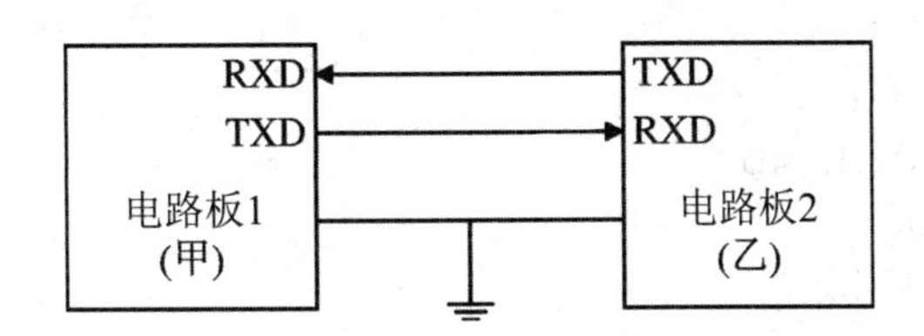

图 8.1 项目 8 电路图

4. 项目步骤与要求

1) 预习

复习单片机的定时器编程应用，重点了解方式 2 的使用。查阅串行口相关知识，了解串行通信的基本概念及与并行通信的区别，初步认识 MCS-51 单片机中串行口的工作原理。

2) 连接电路

按图 8.1 所示将两套电路板中的 RXD 和 TXD 端对应相连，并将两套电路板共地。

3) 输入程序

编制程序，使甲、乙双方能够进行通信。要求：将甲机内部 RAM 的 20H～27H 单元的数据发送给乙机，并在乙机的 8 个数码管中显示出来。

甲机发送程序参考如下：

```
        MOV     TMOD，#20H
        MOV     TL1，#0F4H
        MOV     TH1，#0F4H
        SETB    TR1
        MOV     SCON，#40H
        MOV     R0，#20H
        MOV     R7，#08H
START： MOV     A，@R0
        MOV     SBUF，A
WAIT:   JBC     TI，CONT
        AJMP    WAIT
CONT：  INC     R0
        DJNZ    R7，START
        SJMP    $
```

乙机接收及显示程序参考如下：

```
        MOV     TMOD，#20H
        MOV     TL1，#0F4H
        MOV     TH1，#0F4H
        SETB    TR1
```

```
        MOV     SCON，#40H
        MOV     R0，#20H
        MOV     R7，#08H
        SETB    REN
WAIT:   JBC     RI，READ
        AJMP    WAIT
READ:   MOV     A，SBUF
        MOV     @R0，A
        INC     R0
        DJNZ    R7，WAIT
DISP:   LCALL   DISP
        SJMP    DISP
```

动态显示子程序 DISP 可参见 6.2 节内容。

4) 调试并运行程序

对甲机片内 RAM 的 20H～27H 单元分别输入 00H、01H、02H、03H、04H、05H、06H、07H，运行甲、乙机程序，观察乙机 8 个数码管的显示内容；更换甲机 RAM 单元中的内容(00H～0FH 中的任意值)，再次观察乙机的显示内容。

5. 总结与分析

(1) 程序运行的结果是，乙机能够根据甲机 20H～27H 单元的数据显示相应的内容。例如，第一次运行程序，会在乙机的 8 个数码管上分别显示 0、1、2、3、4、5、6、7，这说明甲、乙之间能够进行数据的传送，即通信。

(2) 从本项目的电路连接上可以看到，甲、乙双方只连接了三根线，一根用于接收，一根用于发送，第三根为共地线。其中，RXD 为单片机系统的接收数据端，TXD 为发送数据端。显然，单片机内部的数据向外传送(例如从甲机传送给乙机)时，不可能 8 位数据同时进行，在一个时刻只可能传送一位数据(例如，从甲机的发送端 TXD 传送一位数据到乙机的接收端 RXD)，8 位数据依次在一根数据线上传送，这种通信方式称为串行通信。它与前面几章所介绍的数据传送不同，例如通过 P0 口传送数据时，就是 8 位数据同时进行的，这种通信方式称为并行通信。

(3) 分析程序可以看出，通信双方都有对单片机定时器的编程(注意发送、接收程序的前 4 条指令)，而且双方对定时器的编程完全相同。这说明，在进行串行通信时，MCS-51 单片机是与定时器的工作有关的。定时器用来设定串行通信数据的传输速度。在串行通信中，传输速度是用波特率来表征的。有关波特率与定时器的关系以及编程将在 8.3.3 节介绍。

6. 问题与思考

(1) 在收发程序中都用到了 SCON、SBUF，这两个寄存器的地址是什么？其作用如何？

(2) 在甲机的发送程序中有这样一条指令：JBC TI，rel，该指令完成什么功能？TI 位的作用是什么？

(3) 在乙机的接收程序中有这样一条指令：JBC RI，rel，RI 位的作用是什么？

通过本项目我们知道，MCS-51 单片机除了可以进行数据的并行传送以外(例如，CPU

与存储器、利用 P0～P3 口与外界通信、单片机与 8155 之间的数据传送等)，还可以将数据以串行的方式一位一位地进行传送。不仅两个单片机之间可以进行这样的数据传送，而且多台单片机或者单片机与 PC 机之间都可以完成类似的收发信息，这些都是在本章要论述的串行通信技术。

8.1　串行通信基础

在计算机系统中，CPU 和外部有两种通信方式：并行通信和串行通信。并行通信，即数据的各位同时传送；串行通信，即数据一位一位顺序传送。图 8.2 为这两种通信方式的示意图。

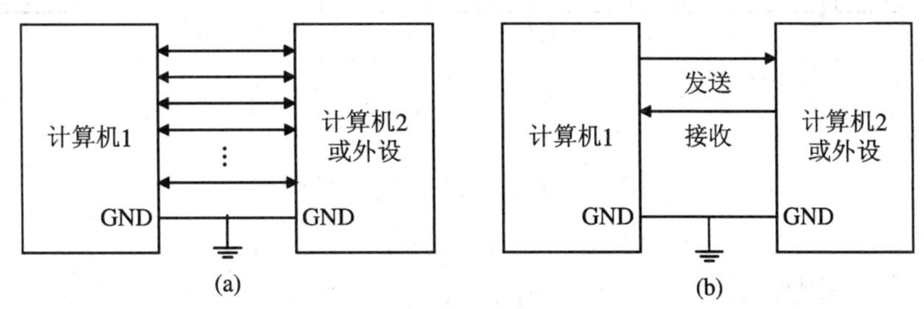

图 8.2　两种通信方式的示意图

(a) 并行通信；(b) 串行通信

前面章节所涉及的数据传送都为并行方式，如主机与存储器，主机与键盘、显示器之间的通信等。在项目 8 中，显然采用的是图 8.2(b)所示的串行通信。上述两种基本通信方式比较起来，串行通信能够节省传输线，特别是在数据位数很多和传送距离较远时，这一优点更为突出，其主要缺点是传送速度比并行通信要慢。

8.1.1　串行通信的分类

按照串行数据的时钟控制方式，串行通信可分为异步通信和同步通信两类。

1. 异步通信(Asynchronous Communication)

在异步通信中，数据通常是以字符为单位组成字符帧传送的。字符帧由发送端一帧一帧地发送，每一帧数据均是低位在前，高位在后，通过传输线被接收端一帧一帧地接收。发送端和接收端可以由各自独立的时钟来控制数据的发送和接收，这两个时钟彼此独立，互不同步。

在异步通信中，接收端是依靠字符帧格式来判断发送端是何时开始发送以及何时结束发送的。字符帧格式是异步通信的一个重要指标。

1) 字符帧(Character Frame)

字符帧也叫数据帧，由起始位、数据位、奇偶校验位和停止位等 4 部分组成，如图 8.3 所示。

(1) 起始位：位于字符帧开头，只占一位，为逻辑 0 低电平，用于向接收设备表示发送端开始发送一帧信息。

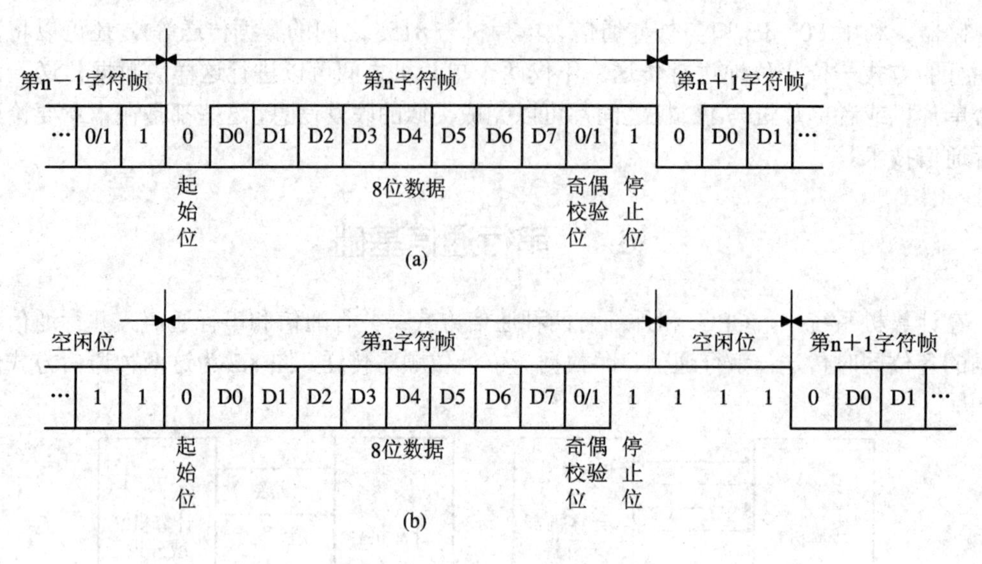

图 8.3　异步通信的字符帧格式

(a) 无空闲位字符帧；(b) 有空闲位字符帧

(2) 数据位：紧跟起始位之后，用户根据情况可取 5 位、6 位、7 位或 8 位，低位在前，高位在后。

(3) 奇偶校验位：位于数据位之后，仅占一位，用来表征串行通信中采用奇校验还是偶校验，由用户决定。

(4) 停止位：位于字符帧最后，为逻辑 1 高电平。通常可取 1 位、1.5 位或 2 位，用于向接收端表示一帧字符信息已经发送完，也为发送下一帧作准备。

在串行通信中，两相邻字符帧之间可以没有空闲位，也可以有若干空闲位，这由用户来决定。图 8.3(b)所示为有 3 个空闲位的字符帧格式。

2) 波特率(Baud Rate)

异步通信的另一个重要指标为波特率。

波特率为每秒钟传送二进制数码的位数，也叫比特数，单位为 b/s，即位/秒。波特率用于表征数据传输的速度，波特率越高，数据传输速度越快。但波特率和字符的实际传输速率不同，字符的实际传输速率是每秒内所传字符帧的帧数，和字符帧格式有关。

通常，异步通信的波特率为 50～9600 b/s。

异步通信的优点是不需要传送同步时钟，字符帧长度不受限制，故设备简单；缺点是字符帧中因包含起始位和停止位而降低了有效数据的传输速率。

2. 同步通信(Synchronous Communication)

同步通信是一种连续串行传送数据的通信方式，一次通信只传输一帧信息。这里的信息帧和异步通信的字符帧不同，通常有若干个数据字符，如图 8.4 所示。图 8.4(a)为单同步字符帧结构，图 8.4(b)为双同步字符帧结构，但它们均由同步字符、数据字符和校验字符 CRC 3 部分组成。在同步通信中，同步字符可以采用统一的标准格式，也可以由用户约定。

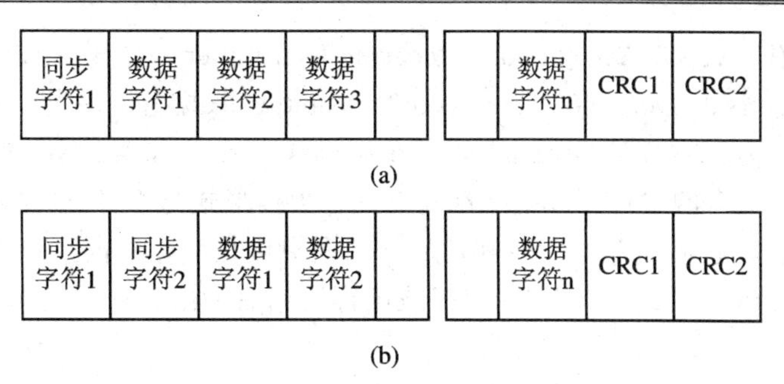

图 8.4　同步通信的字符帧格式

(a) 单同步字符帧格式；(b) 双同步字符帧格式

同步通信的数据传输速率较高，通常可达 56 000 b/s 或更高，缺点是要求发送时钟和接收时钟必须保持严格同步。

8.1.2　串行通信的制式

在串行通信中数据是在两个站之间进行传送的，按照数据传送方向，串行通信可分为单工(simplex)、半双工(half duplex)和全双工(full duplex)三种制式。图 8.5 为三种制式的示意图。

在单工制式下，通信线的一端接发送器，另一端接接收器，数据只能按照一个固定的方向传送，如图 8.5(a)所示。

在半双工制式下，系统的每个通信设备都由一个发送器和一个接收器组成，如图 8.5(b)所示。在这种制式下，数据能从 A 站传送到 B 站，也可以从 B 站传送到 A 站，但是不能同时在两个方向上传送，即只能一端发送，一端接收。其收/发开关一般是由软件控制的电子开关。

全双工通信系统的每端都有发送器和接收器，可以同时发送和接收，即数据可以在两个方向上同时传送，如图 8.5(c)所示。

在实际应用中，尽管多数串行通信接口电路具有全双工功能，但一般情况下，只工作于半双工制式下，这种用法简单、实用。

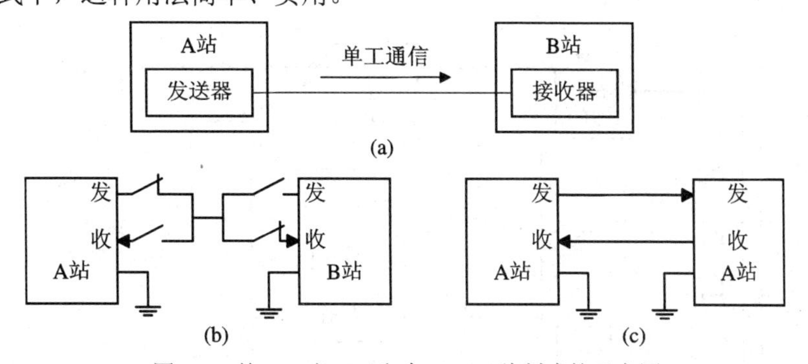

图 8.5　单工、半双工和全双工三种制式的示意图

8.1.3　串行通信的接口电路

串行接口电路的种类和型号很多。能够完成异步通信的硬件电路称为 UART，即通用异

步接收器/发送器(Universal Asychronous Receiver/Transmitter)；能够完成同步通信的硬件电路称为USRT(Universal Sychronous Receiver/Transmitter)；既能够完成异步又能够完成同步通信的硬件电路称为USART(Universal Sychronous Asychronous Receiver/Transmitter)。

从本质上说，所有的串行接口电路都是以并行数据形式与CPU接口，以串行数据形式与外部逻辑接口的。它们的基本功能都是从外部逻辑接收串行数据，转换成并行数据后传送给CPU；或从CPU接收并行数据，转换成串行数据后输出到外部逻辑。

8.2　MCS-51的串行接口

MCS-51内部有一个可编程全双工串行通信接口，它具有UART的全部功能，该接口不仅可以同时进行数据的接收和发送，也可以作为同步移位寄存器使用。该串行口有4种工作方式，帧格式有8位、10位和11位，并能设置各种波特率。本节将对其结构、工作方式和波特率进行讨论。

8.2.1　MCS-51串行口结构

MCS-51内部有两个独立的接收、发送缓冲器SBUF。SBUF属于特殊功能寄存器。发送缓冲器只能写入不能读出，接收缓冲器只能读出不能写入，二者共用一个字节地址(99H)。MCS-51串行口的结构如图8.6所示。

在项目8中，甲机发送数据时，是由一条写发送缓冲器的指令(MOV SBUF，A)先把数据写入串行口的发送缓冲器SBUF中，然后从TXD端一位一位地向外部发送的。同时，接收端RXD也可以一位一位地接收外部数据，当收到一个完整的数据后通知CPU，再由一条指令(MOV A，SBUF)把接收缓冲器SBUF的数据读入累加器。项目8中乙机的接收就是通过该条指令完成的。

与MCS-51串行口有关的特殊功能寄存器有SBUF、SCON、PCON，下面对它们分别进行详细讨论。

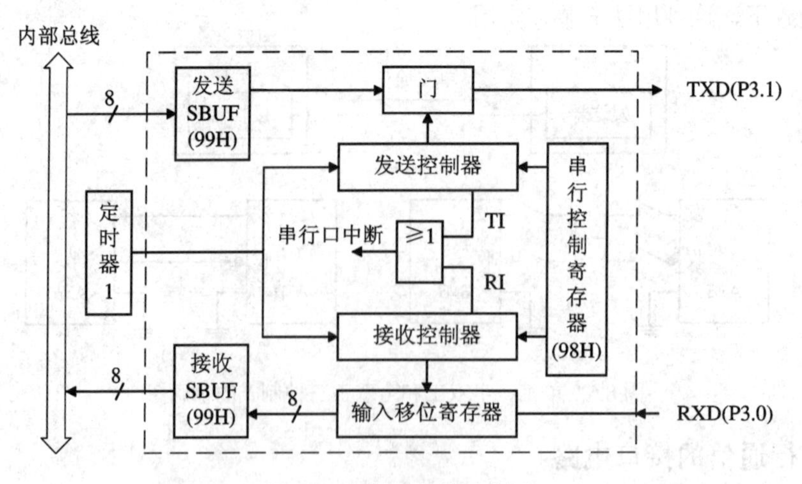

图8.6　串行口结构示意图

1. 串行口数据缓冲器 SBUF

SBUF 是两个在物理上独立的接收、发送寄存器，一个用于存放接收到的数据，另一个用于存放欲发送的数据，可同时发送和接收数据。两个缓冲器共用一个地址 99H，通过对 SBUF 的读、写指令来区别是对接收缓冲器还是发送缓冲器进行操作。CPU 在写 SBUF 时，就是修改发送缓冲器的内容；读 SBUF，就是读接收缓冲器的内容。接收或发送数据，是通过串行口的两条独立收发信号线 RXD(P3.0)、TXD(P3.1)来实现的，因此可以同时发送、接收数据，其工作方式为全双工制式。

2. 串行口控制寄存器 SCON

项目 8 中，收发双方都有对 SCON 的编程。SCON 用来控制串行口的工作方式和状态，可以位寻址，字节地址为 98H。单片机复位时，SCON 的所有位全为 0。SCON 的各位定义如图 8.7 所示。

SCON	9FH	9EH	9DH	9CH	9BH	9AH	99H	98H
	SM0	SM1	SM2	REN	TB8	RB8	TI	RI

图 8.7　SCON 的各位定义

对各位的说明如下：

SM0、SM1：串行方式选择位，其定义如表 8.1 所示。

SM2：多机通信控制位，用于方式 2 和方式 3 中。在方式 2、3 处于接收方式时，若 SM2=1，且接收到的第 9 位数据 RB8 为 0，则不激活 RI；若 SM2=1，且 RB8=1，则置 RI=1。在方式 2、3 处于接收或发送方式时，若 SM2=0，则不论接收到的第 9 位 RB8 为 0 还是为 1，TI、RI 都以正常方式被激活。在方式 1 处于接收时，若 SM2=1，则只有当收到有效的停止位后，RI 才置 1。在方式 0 中，SM2 应为 0。

REN：允许串行接收位。它由软件置位或清零。REN=1 时，允许接收；REN=0 时，禁止接收。在项目 8 中，由于乙机用于接收数据，因此使用位操作指令 SETB REN，允许乙机接收。

TB8：发送数据的第 9 位。在方式 2 和方式 3 下，TB8 由软件置位或复位，可用做奇偶校验位。在多机通信中，TB8 可作为区别地址帧或数据帧的标识位：地址帧时 TB8 为 1；数据帧时 TB8 为 0。

RB8：接收数据的第 9 位。功能同 TB8。

TI：发送中断标志位。在方式 0 下，发送完 8 位数据后，TI 由硬件置位；在其他方式中，TI 在发送停止位之初由硬件置位。因此，TI 是发送完一帧数据的标志，可以用指令 JBC TI，rel 来查询是否发送结束。项目 8 中采用的就是这种方法。TI = 1 时，也可向 CPU 申请中断，响应中断后，必须由软件清除 TI。查询和中断方法的应用将在 8.4.2 节介绍。

RI：接收中断标志位。在方式 0 下，接收完 8 位数据后，RI 由硬件置位；在其他方式中，RI 在接收停止位的中间由硬件置位。同 TI 一样，也可以通过 JBC RI，rel 来查询是否接收完一帧数据。RI=1 时，也可申请中断，响应中断后，必须由软件清除 RI。

SCON 中的低两位与中断有关，这在第 5 章中讨论过。

表 8.1　串行方式的定义

SM0	SM1	工作方式	功能	波特率
0	0	方式 0	8 位同步移位寄存器	$f_{osc}/12$
0	1	方式 1	10 位 UART	可变
1	0	方式 2	11 位 UART	$f_{osc}/64$ 或 $f_{osc}/32$
1	1	方式 3	11 位 UART	可变

在项目 8 中，采用指令 MOV SCON，#40H，使单片机工作在串行通信的方式 1 下。

3. 电源及波特率选择寄存器 PCON

PCON 主要是为 CHMOS 型单片机的电源控制而设置的专用寄存器，不可以位寻址，字节地址为 87H。在 HMOS 的 8051 单片机中，PCON 除了最高位以外，其他位都是虚设的。其各位定义如图 8.8 所示。

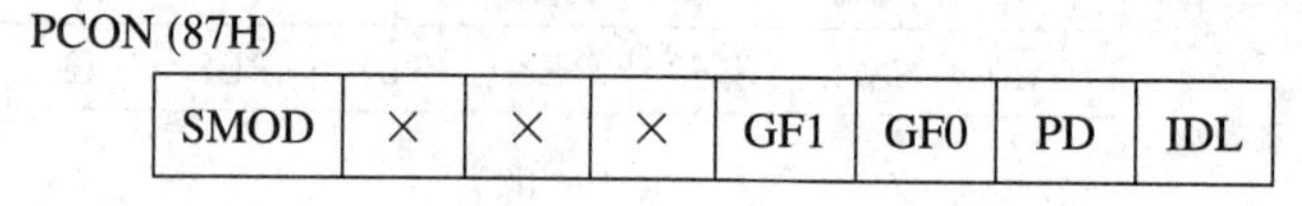

图 8.8　PCON 的各位定义

与串行通信有关的只有 SMOD 位。SMOD 为波特率选择位。在方式 1、2 和 3 下，串行通信的波特率与 SMOD 有关。当 SMOD = 1 时，通信波特率乘 2；当 SMOD = 0 时，波特率不变。

其他各位用于电源管理，在此不再赘述。

8.2.2　MCS-51 串行口的工作方式

MCS-51 的串行口有 4 种工作方式，通过 SCON 中的 SM1、SM0 位来决定，如表 8.1 所示。

1. 方式 0

在方式 0 下，串行口作为同步移位寄存器使用，其波特率固定为 $f_{osc}/12$。串行数据从 RXD(P3.0)端输入或输出，同步移位脉冲由 TXD(P3.1)送出。这种方式常用于扩展 I/O 口。

1) 发送

当一个数据写入串行口发送缓冲器 SBUF 时，串行口将 8 位数据以 $f_{osc}/12$ 的波特率从 RXD 引脚输出(低位在前)，发送完置中断标志 TI 为 1，请求中断。在再次发送数据之前，必须由软件清 TI 为 0。具体接线图如图 8.9 所示。其中，74LS164 为串入并出移位寄存器。

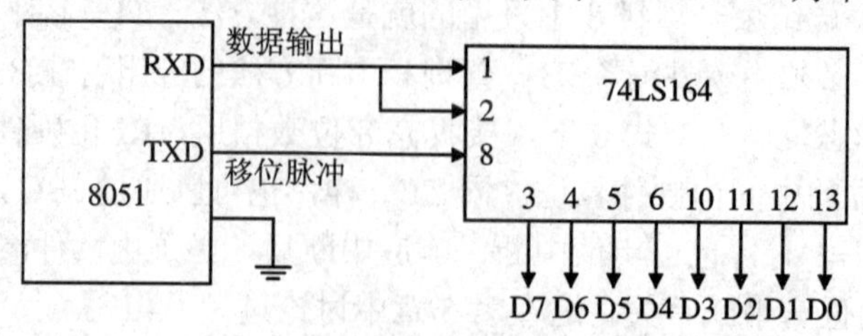

图 8.9　方式 0 用于扩展 I/O 口输出

2) 接收

在满足 REN = 1 和 RI = 0 的条件下，串行口即开始从 RXD 端以 $f_{osc}/12$ 的波特率输入数据(低位在前)，当接收完 8 位数据后，置中断标志 RI 为 1，请求中断。在再次接收数据之前，必须由软件清 RI 为 0。具体接线图如图 8.10 所示。其中，74LS165 为并入串出移位寄存器。

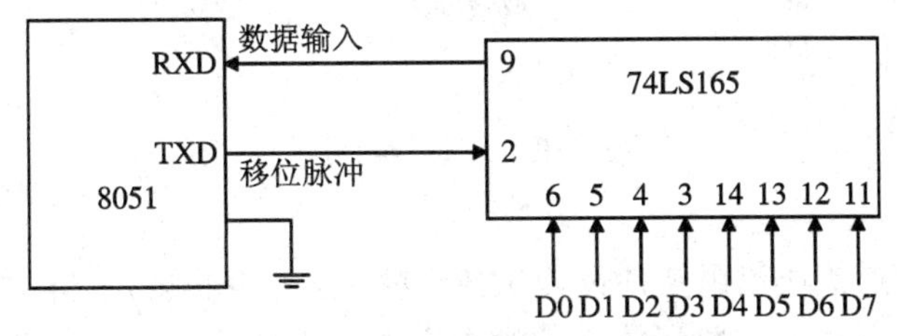

图 8.10　方式 0 用于扩展 I/O 口输入

串行控制寄存器 SCON 中的 TB8 和 RB8 在方式 0 中未用。值得注意的是，每当发送或接收完 8 位数据后，硬件会自动置 TI 或 RI 为 1，CPU 响应 TI 或 RI 中断后，必须由用户用软件清 0。方式 0 时，SM2 必须为 0。

关于串行口方式 0 在扩展 I/O 方面的应用，请参照本书 9.3 节的内容。

2. 方式 1

项目 8 中，收发双方都是工作在方式 1 下，此时，串行口为波特率可调的 10 位通用异步接口 UART。发送或接收的一帧信息包括 1 位起始位 0，8 位数据位和 1 位停止位 1。其帧格式如图 8.11 所示。

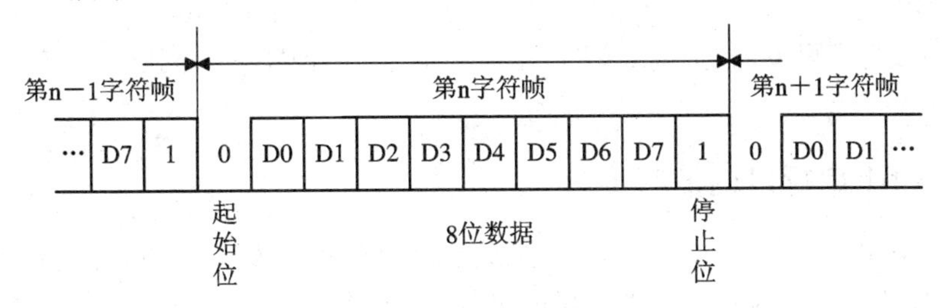

图 8.11　10 位的帧格式

1) 发送

发送时，数据从 TXD 端输出，当数据写入发送缓冲器 SBUF 后，启动发送器发送。当发送完一帧数据后，置中断标志 TI 为 1。方式 1 所传送的波特率取决于定时器 1 的溢出率和 PCON 中的 SMOD 位，这将在 8.2.3 节讨论。

2) 接收

接收时，由 REN 置 1，允许接收，串行口采样 RXD，当采样由 1 到 0 跳变时，确认是起始位“0”，开始接收一帧数据。当 RI = 0，且停止位为 1 或 SM2 = 0 时，停止位进入 RB8 位，同时置中断标志 RI；否则信息将丢失。所以，采用方式 1 接收时，应先用软件清除 RI 或 SM2 标志。

3. 方式 2

方式 2 下，串行口为 11 位 UART，传送波特率与 SMOD 有关。发送或接收的一帧数据包括 1 位起始位 0，8 位数据位，1 位可编程位(用于奇偶校验)和 1 位停止位 1。其帧格式如图 8.12 所示。

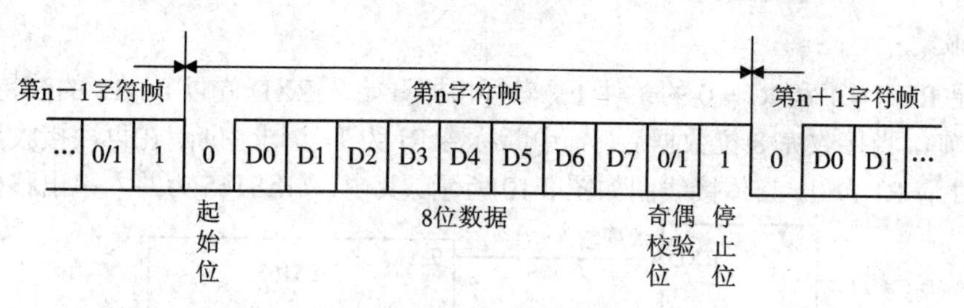

图 8.12　11 位的帧格式

1) 发送

发送时，先根据通信协议由软件设置 TB8，然后用指令将要发送的数据写入 SBUF，启动发送器。写 SBUF 的指令，除了将 8 位数据送入 SBUF 外，同时还将 TB8 装入发送移位寄存器的第 9 位，并通知发送控制器进行一次发送，一帧信息即从 TXD 发送。在送完一帧信息后，TI 被自动置 1，在发送下一帧信息之前，TI 必须由中断服务程序或查询程序清 0。

2) 接收

当 REN = 1 时，允许串行口接收数据。数据由 RXD 端输入，接收 11 位的信息。当接收器采样到 RXD 端的负跳变并判断起始位有效后，开始接收一帧信息。当接收器接收到第 9 位数据后，若同时满足以下两个条件：RI = 0 和 SM2 = 0 或接收到的第 9 位数据为 1，则接收数据有效，将 8 位数据送入 SBUF，第 9 位送入 RB8，并置 RI = 1。若不满足上述两个条件，则信息丢失。

4. 方式 3

方式 3 为波特率可变的 11 位 UART 通信方式。除了波特率不同以外，方式 3 和方式 2 完全相同。

8.2.3　MCS-51 串行口的波特率

在串行通信中，收发双方对传送的数据速率，即波特率要有一定的约定。通过 8.2.2 节的论述，我们已经知道，MCS-51 单片机的串行口通过编程可以有 4 种工作方式。其中，方式 0 和方式 2 的波特率是固定的，方式 1 和方式 3 的波特率可变，由定时器 1 的溢出率决定，下面加以分析。

1. 方式 0 和方式 2

在方式 0 中，波特率为时钟频率的 1/12，即 $f_{osc}/12$，固定不变。

在方式 2 中，波特率取决于 PCON 中的 SMOD 值：当 SMOD = 0 时，波特率为 $f_{osc}/64$；当 SMOD = 1 时，波特率为 $f_{osc}/32$，即波特率 = $2^{SMOD} \cdot f_{osc}/64$。

2. 方式 1 和方式 3

在方式 1 和方式 3 下，波特率由定时器 1 的溢出率和 SMOD 共同决定，即

$$\text{方式 1 和方式 3 的波特率} = \frac{2^{SMOD}}{32} \cdot \text{定时器 1 溢出率}$$

其中，定时器 1 的溢出率取决于单片机定时器 1 的计数速率和定时器的预置值。计数速率与 TMOD 寄存器中的 $C/\overline{T}$ 位有关。当 $C/\overline{T} = 0$ 时，计数速率为 $f_{osc}/12$；当 $C/\overline{T} = 1$ 时，计数速率为外部输入时钟的频率。

实际上，当定时器 1 作为波特率发生器使用时，通常是工作在模式 2 下，即作为一个自动重装载的 8 位定时器，此时 TL1 作计数用，自动重装载的值在 TH1 内。设计数的预置值(初始值)为 X，那么每过 256 – X 个机器周期，定时器溢出一次。为了避免因溢出而产生不必要的中断，此时应禁止 T1 中断。溢出周期为 $12\times(256-X)/f_{osc}$。溢出率为溢出周期的倒数，所以

$$\text{波特率}=\frac{2^{SMOD}}{32}\cdot\frac{f_{osc}}{12\times(256-X)}$$

表 8.2 列出了各种常用的波特率及获得办法。

表 8.2　定时器 1 产生的常用波特率

波特率/(b/s)	f_{osc}/MHz	SMOD	定时器 1		
			$C/\overline{T}$	模式	初始值
方式 0：1 M	12	×	×	×	×
方式 2：375 k	12	1	×	×	×
方式 1、3：62.5 k	12	1	0	2	FFH
19.2 k	11.059	1	0	2	FDH
9.6 k	11.059	0	0	2	FDH
4.8 k	11.059	0	0	2	FAH
2.4 k	11.059	0	0	2	F4H
1.2 k	11.059	0	0	2	E8H
137.5 k	11.986	0	0	2	1DH
110	6	0	0	2	72H
110	12	0	0	1	FEEBH

下面我们来分析项目 8 中的波特率。项目 8 中的波特率编程如下：

```
MOV TMOD，#20H
MOV TL1，#0F4H
MOV TH1，#0F4H
SETB TR1
```

电路板若采用 11.059 MHz 的晶振，分析 TMOD 的设置，对照表 8.2，可知项目 8 中串行通信的波特率应为 2400 b/s。

8.3　MCS-51 单片机之间的通信

MCS-51 单片机之间的串行通信主要可分为双机通信和多机通信。在本章的项目中，我们已经完成了一个双机通信的项目。这里，我们主要介绍双机通信的其他几个应用。

8.3.1　双机通信硬件电路

如果两个 MCS-51 单片机系统距离较近，那么就可以将它们的串行口直接相连，实现双机通信，如图 8.13 所示。这也是在项目 8 中采用的电路。

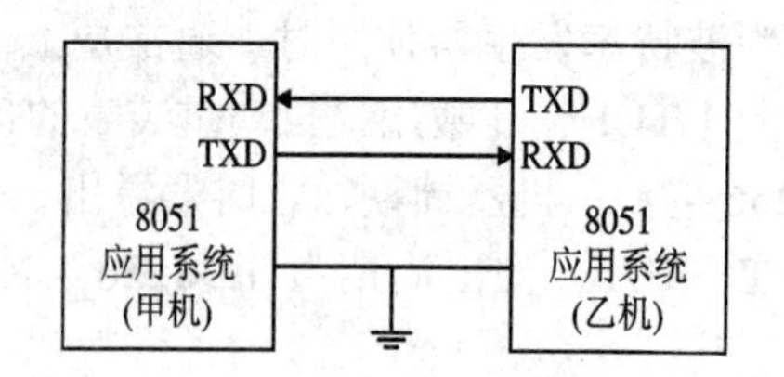

图 8.13　双机异步通信接口电路

为了增加通信距离，减少通道和电源干扰，可以在通信线路上采用光电隔离的方法，利用 RS-422A 标准进行双机通信。实用的接口电路如图 8.14 所示。

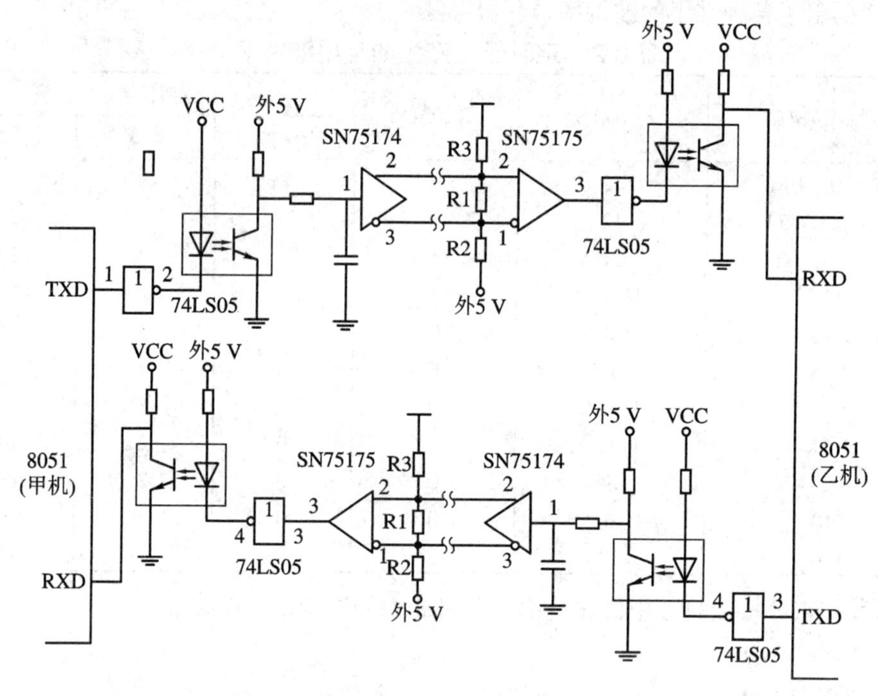

图 8.14　RS-422A 双机异步通信接口电路

发送端的数据由串行口 TXD 端输出，通过 74LS05 反向驱动，经光电耦合器送到驱动芯片 SN75174 的输入端。SN75174 将输出的 TTL 信号转换为符合 RS-422A 标准的差动信号输出，经传输线(双绞线)将信号送到接收端。接收芯片 SN75175 将差动信号转换为 TTL 信号，通过反向后，经光电耦合器到达接收机串行口的接收端。

每个通道的接收端都有三个电阻：R1，R2，R3。R1 为传输线的匹配电阻，取值在 100 Ω～1 kΩ 之间，其他两个电阻是为了解决第一个数据的误码而设置的匹配电阻。值得注意的是，光电耦合器必须使用两组独立的电源，只有这样才能起到隔离、抗干扰的作用。

8.3.2　双机通信软件编程

项目 8 中，我们完成了两个单片机进行通信的实验。对于双机异步通信，其程序通常采用两种方法：查询方式和中断方式。项目 8 中，发送和接收数据都采用的是查询方式。下面通过程序示例介绍这两种方法。

1. 查询方式

1) 甲机发送

编程将甲机片外 1000H～101FH 单元的数据块从串行口输出。定义方式 2 发送，TB8 为奇偶校验位，发送波特率为 375 kb/s，晶振为 12 MHz，所以 SMOD = 1。

参考发送子程序如下：

```
        MOV    SCON，#80H       ；设置串行口为方式 2
        MOV    PCON，#80H       ；SMOD=1
        MOV    DPTR，#1000H     ；设数据块指针
        MOV    R7，#20H         ；设数据块长度
START:  MOVX   A，@DPTR         ；取数据给 A
        MOV    C，P
        MOV    TB8，C           ；奇偶位 P 送给 TB8
        MOV    SBUF，A          ；数据送 SBUF，启动发送
WAIT:   JBC    TI，CONT         ；判断一帧是否发送完。若发送完，则清 TI，取下一数据
        AJMP   WAIT             ；未完等待
CONT:   INC    DPTR             ；更新数据单元
        DJNZ   R7，START        ；循环发送至结束
        RET
```

2) 乙机接收

编程使乙机接收甲机发送过来的数据块，并存入片内 50H～6FH 单元。接收过程要求判断 RB8，若出错，则置 F0 标志为 1，若正确，则置 F0 标志为 0，然后返回。

在进行双机通信时，两机应采用相同的工作方式和波特率。

参考接收子程序如下：

```
        MOV SCON，#80H          ；设置串行口为方式 2
        MOV PCON，#80H          ；SMOD = 1
        MOV R0，#50H            ；设置数据块指针
        MOV R7，#20H            ；设置数据块长度
        SETB REN                ；启动接收
WAIT:   JBC RI，READ            ；判断是否接收完一帧。若接收完，则清 RI，读入数据
        AJMP WAIT               ；未完等待
READ:   MOV A，SBUF             ；读入一帧数据
        JNB PSW.0，PZ           ；奇偶位为 0 则转
        JNB RB8，  ERR          ；P = 1，RB8 = 0，则出错
        SJMP RIGHT              ；二者全为 1，则正确
PZ:     JB RB8，  ERR           ；P = 0，RB8 = 1，则出错
RIGHT:  MOV @R0，  A            ；正确，存放数据
        INC R0                  ；更新地址指针
        DJNZ R7，  WAIT         ；判断数据块是否接收完
```

```
        CLR PSW.5             ；接收正确，且接收完清 F0 标志
        RET                   ；返回
ERR:    SETB PSW.5            ；出错，置 F0 标志为 1
        RET                   ；返回
```

在上述查询方式的双机通信中，因为发送双方单片机的串行口均按方式 2 工作，所以帧格式是 11 位的，收发双方均是采用奇偶位 TB8 来进行校验的。传送数据的波特率与定时器无关，所以程序中没有涉及定时器的编程。

与项目 8 的程序进行比较后可以看出，项目 8 中收发双方单片机的串行口均按方式 1 工作，即以 10 位的帧格式进行通信，没有进行数据的校验。传送数据的波特率与定时器有关，所以项目 8 中的通信程序中有对定时器进行编程的语句。

2. 中断方式

在很多应用中，双机通信的接收方都采用中断的方式来接收数据，以提高 CPU 的工作效率；发送方仍然采用查询方式发送。

1) 甲机发送

在上面的通信程序中，收发双方都采用奇偶位 TB8 来进行校验，这里介绍一种用累加和进行校验的方法。

编程将甲机片内 60H～6FH 单元的数据块从串行口发送，在发送之前将数据块长度发送给乙机，当发送完 16 个字节后，再发送一个累加校验和。定义双机串行口按方式 1 工作，晶振为 11.059 MHz，波特率为 2400 b/s，定时器 1 按方式 2 工作。经计算或查表 8.2 得到定时器预置值为 0F4H，SMOD=0。

参考发送子程序如下：

```
        MOV TMOD，#20H        ；设置定时器 1 为方式 2
        MOV TL1，#0F4H        ；设置预置值
        MOV TH1，#0F4H
        SETB TR1              ；启动定时器 1
        MOV SCON，#50H        ；设置串行口为方式 1，允许接收
START:  MOV R0，#60H          ；设置数据指针
        MOV R5，#10H          ；设置数据长度
        MOV R4，#00H          ；累加校验和初始化
        MOV SBUF，R5          ；发送数据长度
WAIT1:  JBC TI，TRS           ；等待发送
        AJMP WAIT1
TRS:    MOV A，@R0            ；读取数据
        MOV SBUF，A           ；发送数据
        ADD A，R4
        MOV R4，A             ；形成累加和
        INC R0                ；修改数据指针
WAIT2:  JBC TI，CONT          ；等待发送一帧数据
```

```
        AJMP WAIT2
CONT:   DJNZ R5，TRS           ；判断数据块是否发送完
        MOV SBUF，R4           ；发送累加校验和
WAIT3:  JBC TI，WAIT4          ；等待发送
        AJMP WAIT3
WAIT4:  JBC RI，READ           ；等待乙机回答
        AJMP WAIT4
READ:   MOV A，SBUF            ；接收乙机数据
        JZ RIGHT               ；00H，发送正确，返回
        AJMP START             ；发送出错，重发
RIGHT:  RET
```

2) 乙机接收

乙机接收甲机发送的数据，并存入以 2000H 开始的片外数据存储器中。首先接收数据长度，接着接收数据，当接收完 16 个字节后，接收累加和校验码，进行校验。数据传送结束后，根据校验结果向甲机发送一个状态字，该状态字若是 00H，则表示正确，若是 0FFH，则表示出错，出错后甲机需重发。

接收采用中断方式。设置两个标志位(7FH、7EH 位)来判断接收到的信息是数据块长度、数据还是累加校验和。

参考接收程序如下：

```
        ORG 0000H
        LJMP CSH               ；转初始化程序
        ORG 0023H
        LJMP INTS              ；转串行口中断程序
        ORG 0100H
CSH:    MOV TMOD，#20H         ；设置定时器 1 为方式 2
        MOV TL1，#0F4H         ；设置预置值
        MOV TH1，#0F4H
        SETB TR1               ；启动定时器 1
        MOV SCON #50H          ；串行口初始化
        SETB 7FH               ；置长度标志位为 1
        SETB 7EH               ；置数据块标志位为 1
        MOV 31H，#20H          ；规定外部 RAM 的起始地址
        MOV 30H，#00H
        MOV 40H，#00H          ；清累加和寄存器
        SETB EA                ；允许串行口中断
        SETB ES
        LJMP MAIN              ；MAIN 为主程序，根据用户要求编写
              ⋮
INTS:   CLR EA                 ；关中断
```

```
        CLR RI              ；清中断标志
        PUSH A              ；保护现场
        PUSH DPH
        PUSH DPL
        JB 7FH，CHANG        ；判断是数据块长度吗？
        JB 7EH，DATA         ；判断是数据块吗？
SUM：   MOV A，SBUF          ；接收校验和
        CJNZ A，40H，ERR     ；判断接收是否正确
        MOV A，#00H          ；二者相等，正确，向甲机发送00H
        MOV SBUF，A
WAIT1： JNB TI，WAIT1
        CLR TI
        SJMP RETURN         ；发送完，转到返回
ERR：   MOV A，#0FFH         ；二者不相等，错误，向甲机发送FFH
        MOV SBUF，A
WAIT2： JNB TI，WAIT2
        CLR TI
        SJMP AGAIN          ；发送完，转重新开始
CHANG： MOV A，SBUF          ；接收长度
        MOV 41H，A           ；长度存入41H单元
        CLR 7FH             ；清长度标志位
        SJMP RETURN         ；转返回
DATA：  MOV A，SBUF          ；接收数据
        MOV DPH，31H         ；存入片外RAM
        MOV DPL，30H
        MOVX @DPTR，A
        INC DPTR            ；修改片外RAM的地址
        MOV 31H，DPH
        MOV 30H，DPL
        ADD A，40H           ；形成累加和，放在40H单元
        MOV 40H，A
        DJNZ 41H，RETURN     ；判断数据块是否接收完
        CLR 7EH             ；接收完，清数据块标志位
        SJMP RETURN
AGAIN： SETB 7FH            ；接收出错，恢复标志位，重新开始接收
        SETB 7EH
        MOV 31H，#20H        ；恢复片外RAM起始地址
        MOV 30H，#00H
        MOV 40H，#00H        ；累加和寄存器清零
```

```
RETURN:    POP DPL          ；恢复现场
           POP DPH
           POP A
           SETB EA          ；开中断
           RETI             ；返回
```

在上述应用中，收发双方串行口均按方式 1，即 10 位的帧格式进行通信，在一帧信息中没有可编程的奇偶校验位，因此收发双方是采用传送数据的累加和进行校验的。在方式 1 中，传送数据的波特率与定时器 1 的溢出率有关，定时器的初始值可以通过查表 8.2 得到。

8.4　PC 机和单片机之间的通信

在数据处理和过程控制应用领域，通常需要一台 PC 机，由它来管理一台或若干台以单片机为核心的智能测量控制仪表。这就需要实现 PC 机和单片机之间的通信。本节介绍 PC 机和单片机的通信接口设计和软件编程。

8.4.1　接口设计

PC 机与单片机之间可以由 RS-232C、RS-422A 或 RS-423 等接口相连。

在 PC 机系统内都装有异步通信适配器，利用它可以实现异步串行通信。该适配器的核心元件是可编程的 Intel 8250 芯片，它使 PC 机有能力与其他具有标准的 RS-232C 接口的计算机或设备进行通信。而 MCS-51 单片机本身具有一个全双工的串行口，因此只要配以电平转换的驱动电路、隔离电路，就可组成一个简单可行的通信接口。同样，PC 机和单片机之间的通信也分为双机通信和多机通信。

PC 机和单片机最简单的连接是零调制三线经济型。这是进行全双工通信所必须的最少线路。因为 MCS-51 单片机输入、输出电平为 TTL 电平，而 PC 机配置的是 RS-232C 标准接口，二者的电气规范不同，所以要加电平转换电路。常用的有 MC1488、MC1489 和 MAX232。

图 8.15 给出了采用 MAX232 芯片的 PC 机和单片机串行通信接口电路，其中，MAX232 与 PC 机的连接采用的是 9 芯标准插座。

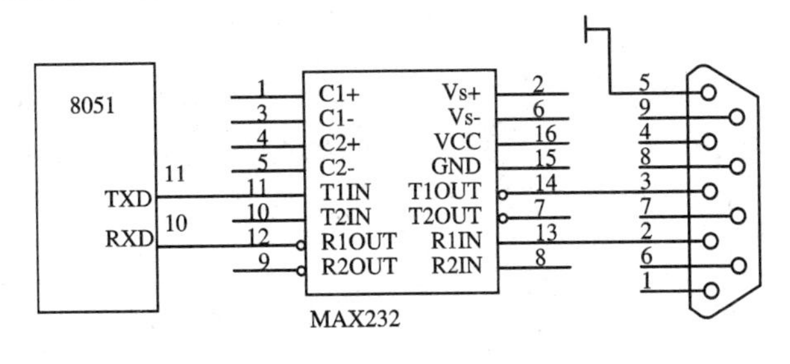

图 8.15　PC 机和单片机串行通信接口

8.4.2　软件编程

这里，我们列举一个实用的通信测试软件，其功能为：将 PC 机键盘的输入发送给单片

机，单片机收到PC机发来的数据后，回送同一数据给PC机，并在屏幕上显示出来。只要屏幕上显示的字符与所键入的字符相同，说明二者之间的通信正常。

通信双方约定：波特率为 2400 b/s；信息格式为 8 个数据位，1 个停止位，无奇偶校验位。

1. 单片机通信软件

MCS-51通过中断方式接收PC机发送的数据，并回送。单片机串行口的工作方式为方式1，晶振为6 MHz，波特率为2400 b/s，定时器1按方式2工作，经计算，定时器预置值为0F3H，SMOD=1。

参考程序如下：

```
        ORG     0000H
        LJMP    CSH                 ；转初始化程序
        ORG     0023H
        LJMP    INTS                ；转串行口中断程序
        ORG     0050H
CSH：   MOV     TMOD，#20H          ；设置定时器1为方式2
        MOV     TL1，#0F3H          ；设置预置值
        MOV     TH1，#0F3H
        SETB    TR1                 ；启动定时器1
        MOV     SCON #50H           ；串行口初始化
        MOV     PCON #80H
        SETB    EA                  ；允许串行口中断
        SETB    ES
        LJMP    MAIN                ；转主程序(主程序略)
        ⋮
INTS：  CLR     EA                  ；关中断
        CLR     RI                  ；清串行口中断标志
        PUSH    DPL                 ；保护现场
        PUSH    DPH
        PUSH    A
        MOV     A，SBUF             ；接收PC机发送的数据
        MOV     SBUF，A             ；将数据回送给PC机
WAIT：  JNB     TI，WAIT            ；等待发送
        CLR     TI
        POP     A                   ；发送完，恢复现场
        POP     DPH
        POP     DPL
        SETB    EA                  ；开中断
        RETI                        ；返回
```

2. PC 机通信软件

PC 机方面的通信程序可以用汇编语言编写，也可以用其他高级语言，例如 VC、VB 来编写。这里只介绍用汇编语言编写的程序。

参考程序如下：

```
stack    Segment para stack 'code'
         Db       256  dup(0)
Stack    ends
Code     Segment para public 'code'
Start    proc     far
         Assume   cs:code，ss:stack
         PUSH     DS
         MOV      AX，0
         PUSH     AX
         CLI
INPUT:   MOV      AL，80H          ；置 DLAB = 1
         MOV      DX，3FBH         ；写入通信线路控制寄存器
         OUT      DX，AL
         MOV      AL，30H          ；置产生 2400 b/s 波特率的除数低位
         MOV      DX，3F8H
         OUT      DX，AL           ；写入除数锁存器低位
         MOV      AL，00H          ；置产生 2400 b/s 波特率的除数高位
         MOV      DX，3F9H
         OUT      DX，AL           ；写入除数锁存器高位
         MOV      AL，03H          ；设置数据格式
         MOV      DX，3FBH         ；写入通信线路控制寄存器
         OUT      DX，AL
         MOV      AL，00H          ；禁止所有中断
         MOV      DX，3F9H
         OUT      DX，AL
WAIT1:   MOV      DX，3FDH         ；发送保持寄存器不空，则循环等待
         IN       AL，DX
         TEST     AL，20H
         JZ       WAIT1
WAIT2:   MOV      AH，1            ；检查键盘缓冲区，无字符则循环等待
         INT      16H
         JZ       WAIT2
         MOV      AH，0            ；若有，则取键盘字符
         INT      16H
SEND:    MOV      DX，3F8H         ；发送键入的字符
```

```
        OUT     DX，AL
RECE:   MOV     DX，3FDH        ；检查接收数据是否准备好
        IN      AL，DX
        TEST    AL，01H
        JZ      RECE
        TEST    AL，1AH         ；判断接收到的数据是否出错
        JNZ     ERROR
        MOV     DX，3F8H
        IN      AL，DX          ；读取数据
        AND     AL，7EH         ；去掉无效位
        PUSH    AX
        MOV     BX，0           ；显示接收字符
        MOV     AH，14
        INT     10H
        POP     AX
        CMP     AL，0DH         ；接收到的字符若不是回车则返回
        JNZ     WAIT1
        MOV     AL，0AH         ；若是回车则回车换行
        MOV     BX，0
        MOV     AH，14H
        INT     10H
        JMP     WAIT1
ERROR:  MOV     DX，3F8H        ；读接收寄存器，清除错误字符
        IN      AL，DX
        MOV     AL， '?'        ；显示“？”
        MOV     BX，0
        MOV     AH，14H
        INT     10H
        JMP     WAIT1           ；继续循环
Start   ends
Code    ends
        end     start
```

本章小结

计算机之间的通信有并行通信和串行通信两种方式。

MCS-51 系列单片机内部具有一个全双工的异步串行通信 I/O 口，该串行口的波特率和帧格式可以编程设定。MCS-51 串行口有 4 种工作方式：方式 0、方式 1、方式 2、方式 3。帧格式有 10 位、11 位两种。方式 0 和方式 2 的传送波特率是固定的，方式 1 和方式 3 的波特率是可变的，由定时器的溢出率决定。

单片机与单片机之间以及单片机与 PC 机之间都可以进行通信。异步通信的程序通常采用两种方式：查询方式和中断方式。

习　题　8

8.1　单项选择题。

(1) 串行口是单片机的(　　)。

A. 内部资源　　B. 外部资源　　C. 输入设备　　D. 输出设备

(2) MCS-51 单片机的串行口是(　　)。

A. 单工　　B. 全双工　　C. 半双工　　D. 并行口

(3) 表征数据传输速度的指标为(　　)。

A. USART　　B. UART　　C. 字符帧　　D. 波特率

(4) 单片机和 PC 机接口时，往往要采用 RS-232 接口，其主要作用是(　　)。

A. 提高传输距离　　B. 提高传输速度　　C. 进行电平转换　　D. 提高驱动能力

(5) 单片机的输出信号为(　　)电平。

A. RS-232C　　B. TTL　　C. RS-449　　D. RS-232

(6) 串行口工作在方式 0 时，串行数据从(　　)输入或输出。

A. RI　　B. TXD　　C. RXD　　D. REN

(7) 串行口的控制寄存器为 (　　)。

A. SMOD　　B. SCON　　C. SBUF　　D. PCON

(8) 当采用中断方式进行串行数据的发送时，发送完一帧数据后，TI 标志要(　　)。

A. 自动清 0　　B. 硬件清 0　　C. 软件清 0　　D. 软、硬件均可

(9) 当定时器 1 作为串行口波特率发生器使用时，通常定时器工作在方式(　　)。

A. 0　　B. 1　　C. 2　　D. 3

(10) 当设置串行口工作方式为方式 2 时，采用(　　)指令。

A. MOV SCON，#80H　　B. MOV PCON，#80H

C. MOV SCON，#10H　　D. MOV SCON，#10H

(11) 串行口工作在方式 0 时，其波特率(　　)。

A. 取决于定时器 1 的溢出率

B. 取决于 PCON 中的 SMOD 位

C. 取决于时钟频率

D. 取决于 PCON 中的 SMOD 位和定时器 1 的溢出率

(12) 串行口工作在方式 1 时，其波特率(　　)。

A. 取决于定时器 1 的溢出率

B. 取决于 PCON 中的 SMOD 位

C. 取决于时钟频率

D. 取决于 PCON 中的 SMOD 位和定时器 1 的溢出率

(13) 串行口的发送数据和接收数据端为(　　)。

A. TXD 和 RXD　　B. TI 和 RI

C. TB8 和 RB8　　D. REN

(14) 芯片 MAX232 的作用是(　　)。

A. A/D 转换器件　　B. 提高串行口的驱动能力

C. 完成 TTL 和 232 电平的转换　　D. 提高口线的驱动电流

8.2　什么是串行异步通信？它有哪几种帧格式？

8.3　定时器 1 作串行口波特率发生器时，为什么采用方式 2?

8.4　设计并编程，完成单片机的双机通信程序，将甲机片外 RAM 的 1000H～100FH 单元中的数据块通过串行口传送到乙机的 20H～2FH 单元。

8.5　利用串行口设计 4 位静态 LED 显示，画出电路图并编写程序，要求 4 位 LED 每隔 1 s 交替显示“1234”和“5678”。

8.6　根据项目电路连接双机通信电路，对甲、乙机编程完成甲机键盘扫描，通过串行口将键号送给乙机，并在乙机最右边的 LED 中显示键号。

第 9 章　单片机应用设计与实例

通过前面各章的学习，我们已经掌握了单片机的基本工作原理和程序设计方法、存储器和 I/O 接口的扩展方法以及人机接口和模拟量输入/输出通道的设计等。它们是设计单片机应用系统的软件和硬件基础。有了这些基础以后，就可以进行单片机应用系统的设计与开发了。

本章首先通过课程设计——电脑钟的设计与制作以及一个应用实例——单片机温度控制系统的分析，使读者将所学知识系统化，并进一步学习和领会单片机应用系统的设计、开发和调试的思路、技巧和方法；最后阐述单片机应用的一些实用技术。

9.1　课程设计——电脑钟的设计与制作

除了专用的时钟、计时显示牌外，许多应用系统常常需要带有实时时钟显示，如各种智能化仪器仪表、工业过程控制系统以及家用电器等。实现实时时钟显示的方式多种多样，应根据系统要求及成本综合选用。本节的目的是通过课程设计将前面所学的知识融会贯通，锻炼独立设计、制作和调试应用系统的能力，深入领会单片机应用系统的软、硬件调试方法和系统研制开发的过程。

9.1.1　设计要求

设计并制作出具有如下功能的电脑钟：

(1) 自动计时，由 6 位 LED 显示器显示时、分、秒。

(2) 具备校准功能，可以直接由 0～9 数字键设置当前时间。

(3) 具备定时启闹功能。

(4) 一天时差不超过 1 s。

9.1.2　总体方案

1. 计时方案

方案一：采用实时时钟芯片。

针对计算机系统对实时时钟功能的普遍需求，各大芯片生产厂家陆续推出了一系列的实时时钟集成电路，如 DS1287、DS12887、DS1302、PCF8563 等。这些实时时钟芯片具备年、月、日、时、分、秒计时功能和多点定时功能，计时数据的更新每秒自动进行一次，不需程序干预。计算机可通过中断或查询方式读取计时数据并进行显示，因此计时功能的实现无需占用 CPU 的时间，程序简单。此外，实时时钟芯片多数带有锂电池作后备电源，

具备永不停止的计时功能；具有可编程方波输出功能，可用作实时测控系统的采样信号等；有的实时时钟芯片内部还带有非易失性 RAM，可用来存放需长期保存但有时也需变更的数据。由于功能完善，精度高，软件程序设计相对简单，且计时不占用 CPU 时间，因此，这一类专用芯片在工业实时测控系统中多被采用。

方案二：软件控制。

利用 MCS-51 内部的定时/计数器进行中断定时，配合软件延时实现时、分、秒的计时。该方案节省硬件成本，且能够使读者在定时/计数器的使用、中断及程序设计方面得到锻炼与提高，因此本系统将采用软件方法实现计时。

2. 键盘/显示方案

对于实时时钟而言，显示是另一个重要的环节。如前所述，通常有两种显示方式：动态显示和静态显示。

方案一：串口扩展，LED 静态显示。

如图 9.1(a)所示，该方案占用口资源少，利用串口扩展并口，实现静态显示，显示亮度有保证，但硬件开销大，电路复杂，信息刷新速度慢，比较适用于并行口资源较少的场合。

方案二：直接接口，LED 动态显示。

如图 9.1(b)所示，直接使用单片机的并行口作为显示接口，无需外扩接口芯片，但占用口资源较多，且动态扫描的显示方式需占用 CPU 较多的时间，在单片机没有太多外围接口及实时测控任务的情况下可以采用。

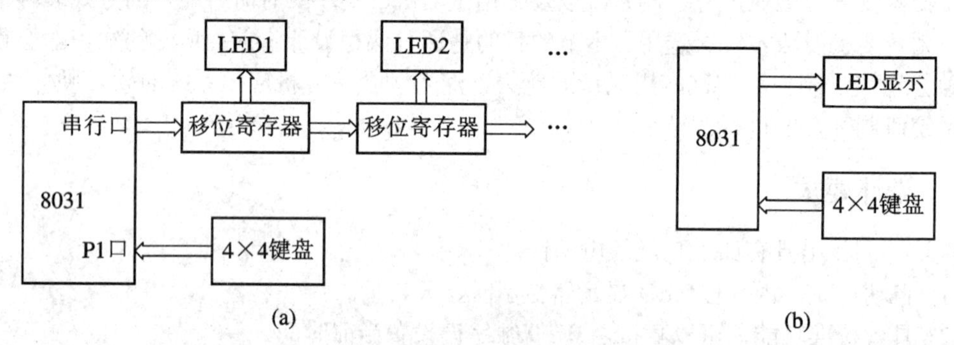

图 9.1　显示方式框图

(a) 静态显示框图；(b) 动态显示框图

本系统选择动态显示方式，读者也可自行实现静态显示。

9.1.3　硬件设计

1. 电路原理图

电脑钟硬件原理图见图 9.2。电脑钟电路的核心是 AT89S51 单片机，其内部带有 4 KB 的 Flash ROM，无需外扩程序存储器；电脑时钟没有大量的运算和暂存数据，现有的 128B 片内 RAM 已能满足要求，也不必外扩片外 RAM。系统配备 6 位 LED 显示和 4×3 键盘，采用单片机的并行口作为键盘/显示器接口电路。利用 P0 口作为 6 位 LED 显示的位选口，其中，P0.0～P0.5 分别对应位 LED0～LED5，P1 口则作为段选口，P2 口的低 3 位为键盘输入口，对应 0～2 行，P0 口同时用作键盘的列扫描口。由于采用共阴极数码管，因此 P0 口输出低电平选中相应的位，而 P1 口输出高电平点亮相应的段。P2.7 接蜂鸣器，低电平驱动蜂鸣器鸣叫启闹。

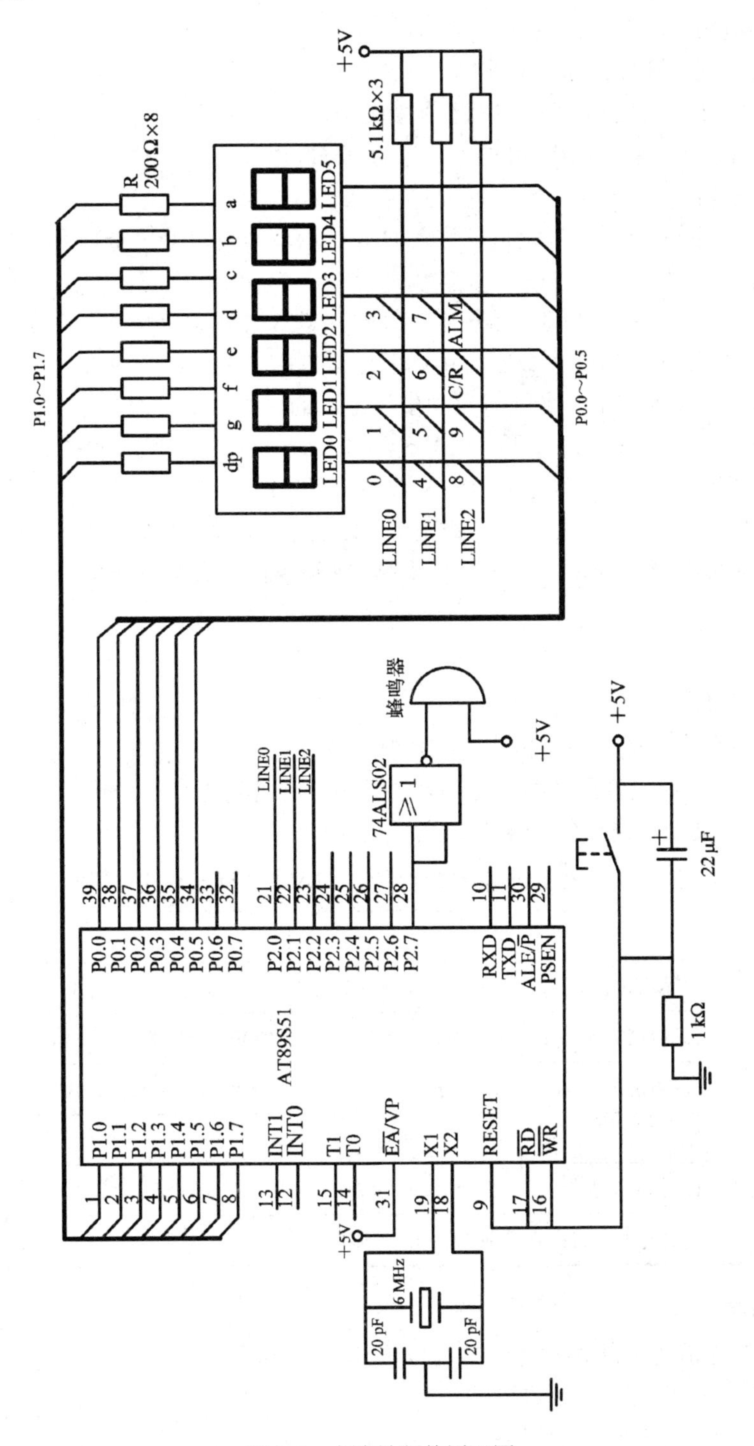

图 9.2　电脑钟硬件原理图

2. 系统工作流程

本电脑钟具备以下功能：

(1) 时钟显示：6 位 LED 从左到右依次显示时、分、秒，采用 24 h 计时。

(2) 键盘功能：采用 4 × 3 键盘，包括：

0～9：数字键，键号为 00H～09H。

C/R 键：时间设定/启动计时键，键号为 0AH。

ALM 键：闹钟设置/启闹/停闹键，键号为 0BH。

其工作流程如下：

(1) 时间显示：上电后，系统自动进入时钟显示，从 00：00：00 开始计时，此时可以设定当前时间。

(2) 时间调整：按下 C/R 键，系统停止计时，进入时间设定状态，系统保持原有显示，等待键入当前时间。按下 0～9 数字键可以顺序设置时、分、秒，并在相应 LED 管上显示设置值，直至 6 位设置完毕。系统将自动由设定后的时间开始计时显示。

(3) 闹钟设置/启闹/停闹：按下 ALM 键，系统继续计时，显示 00：00：00，进入闹钟设置状态，等待键入启闹时间。按下 0～9 数字键可以顺序进行相应的时间设置，并在相应的 LED 管上显示设置值，直至 6 位设置完毕。这将启动定时启闹功能，并恢复时间显示。定时时间到，则蜂鸣器鸣叫，直至重新按下 ALM 键停闹，并取消闹钟设置。

9.1.4 软件设计

1. 系统资源分配

为方便阅读程序，先对系统的资源分配加以说明。

(1) 定时器：定时器 0 用作时钟定时，按方式 1 工作，每隔 100 ms 溢出中断一次。

(2) 片内 RAM 及标志位的分配与定义见表 9.1。

表 9.1　电子钟控制软件片内 RAM 及标志位分配表

地 址	功　　能	名　称	初始化值
30H～35H	显示缓冲区，小时、分、秒(高位在前)	DISP0～DISP5	00H
3CH～3FH	计时缓冲区，时、分、秒、100 ms	HOUR，MIN，SEC，MSEC	00H
40H～42H	闹钟值寄存区，时、分、秒	AHOUR，AMIN，ASEC	FFH
50H～7FH	堆栈区		
PSW.5	计时显示允许位(1：禁止，0：允许)	F0	0
PSW.1	闹钟标志位(1：正在闹响，0：未闹响)	F1	0

2. 软件流程

根据上述工作流程，软件设计可分为以下几个功能模块：

(1) 主程序：初始化与键盘监控。

(2) 计时：为定时器 0 中断服务子程序，完成刷新计时缓冲区的功能。

(3) 时间设置与闹钟设置：由键盘输入设置当前时间与定时启闹时间。

(4) 显示：完成 6 位动态显示。

(5) 键盘扫描：判断是否有键按下，并求取键号。

(6) 定时比较：判断启闹时间到否，如时间到，则启动蜂鸣器鸣叫。

(7) 其他辅助功能子程序，如键盘设置、拆字、合字、时间合法性检测等。

下面分模块进行软件设计：

(1) 主程序模块 MAIN：流程图如图 9.3 所示。

(2) 计时程序模块 CLOCK：流程图如图 9.4 所示。

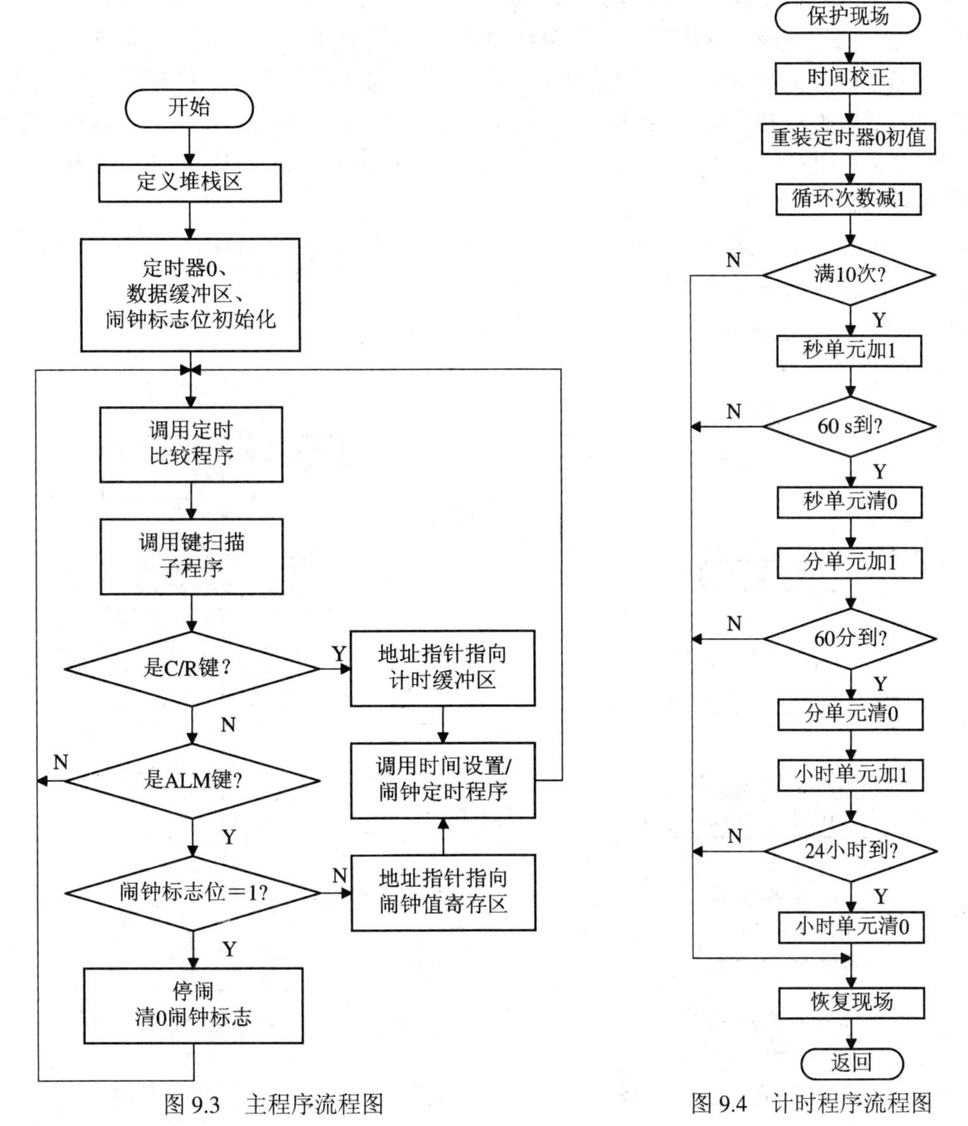

图 9.3　主程序流程图　　　　图 9.4　计时程序流程图

如前所述，系统定时采用定时器与软件循环相结合的方法。定时器 0 每隔 100 ms 溢出中断一次，则循环中断 10 次延时时间为 1 s，上述过程重复 60 次为 1 min，分计时 60 次为 1 h，小时计时 24 次则时间重新回到 00：00：00。

设系统使用 6 MHz 的晶振，定时器 0 工作在方式 1，则 100 ms 定时对应的定时器初值可由下式计算得到：

$$定时时间 = (2^{16} - 定时器0初值) \times (12/f_{osc})$$

因此，定时器 0 初值 = 3CB0H，即 TH0 = 3CH，TL0 = 0B0H

当系统使用其他频率的晶振时，可以由上式计算相应的定时器 0 初值，也可以改变定时时间。例如当系统晶振为 12 MHz 时，同样的初值对应的定时时间为 50 ms，则循环中断次数为 20 次时，延时时间为 1 s。

这里有两个问题需要特别重视：

第一，定时器溢出产生中断请求，CPU 并不一定立即响应中断，而可能需要延迟一个中断响应时间之后才能响应中断，中断响应时间大约为 3～8 个机器周期。显然，这将在定时时间中加入额外的延时时间，导致计时误差。为了保证计时精度，必须采取措施进行补偿。我们采用增大重装的定时器 0 初值的方法来减少定时器 0 的定时时间。具体应调整为多大，一般需要通过调试来确定。经测试，定时器 0 重装初值设为 3CB7H～3CBFH 就可以满足精度要求。

第二，时间是按十进制递增的，而 MCS-51 单片机只有二进制加法指令，因此用加法指令计时必须进行二—十进制转换。

(3) 时间设置程序和闹钟定时程序模块 MODIFY：流程图如图 9.5 所示。

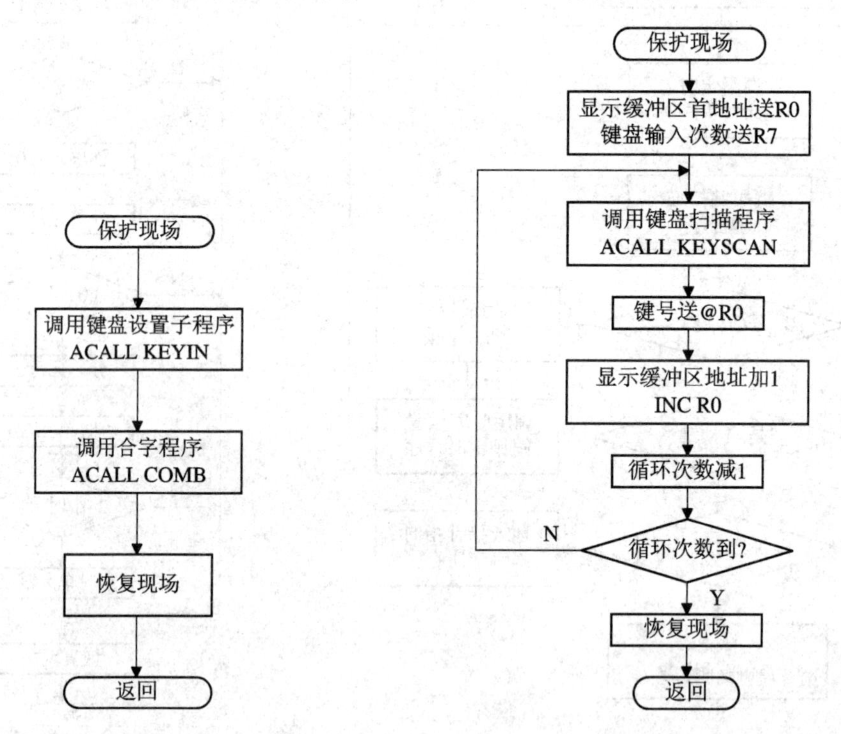

图 9.5　时间设置/闹钟定时流程图　　　　图 9.6　键盘设置子程序流程图

将键盘输入的 6 位时间值合并为 3 位压缩 BCD 码(时、分、秒)并送入计时缓冲区和闹钟值寄存区，作为当前计时起始时间或闹钟定时时间。该模块的入口为计时缓冲区或闹钟值寄存区的首地址，将其置入 R1 中。程序调用一个键盘设置子程序 KEYIN(其流程图如图 9.6 所示)来将键入的 6 位时间值送入键盘设置缓冲区，然后用合字子程序 COMB 将键盘设置缓冲区中的 6 位 BCD 码合并为 3 位压缩 BCD 码，并送入计时缓冲区或闹钟值寄存区。

该程序同时作为时间值合法性检测程序，可完成检测功能：若键盘输入的小时值大于 23，分和秒值大于 59，则不合法，将取消本次设置，清 0 重新开始计时。

(4) 键盘扫描程序模块 KEYSCAN：流程图如图 9.7 所示。

判断是否有键按下：无键按下则循环等待；有键按下则求取键号并将键号送 A 累加器返回。程序中的去抖延时和循环等待延时都用 DISPLAY 子程序来代替，从而保证随时刷新显示。键盘扫描程序在第 6 章中有详细的叙述，在此不再赘述。

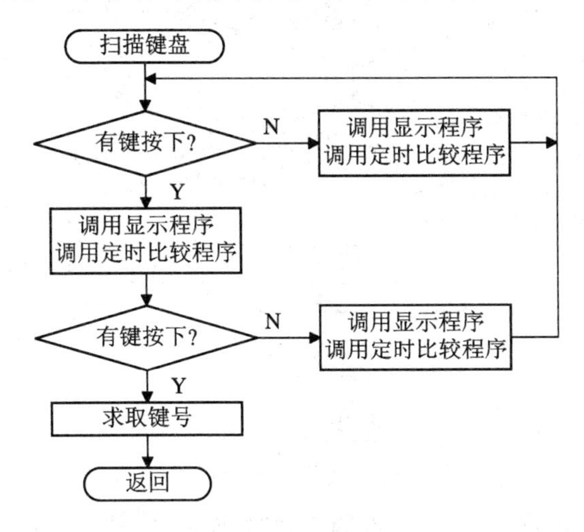

图 9.7　键盘扫描流程图

(5) 显示程序模块 DISPLAY：流程图如图 9.8 所示。

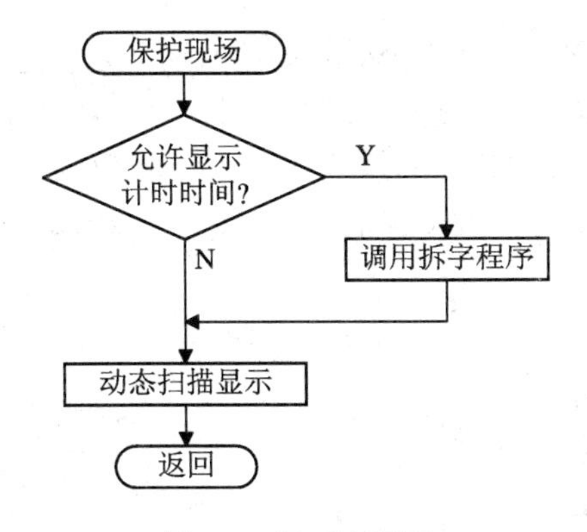

图 9.8　显示流程图

将显示缓冲区中的 6 位 BCD 码用动态扫描方式显示。为此，必须首先将 3 字节计时缓冲区中的时、分、秒压缩 BCD 码拆分为 6 字节(时、分、秒的十位、个位分别占用 1 字节)BCD 码，这一功能由拆字子程序 SEPA 来实现。

需要注意的是，当按下时间或闹钟设置键后，在 6 位设置完成之前，应显示键入的数据，而不显示当前时间。为此，我们设置了一个计时显示允许标志位 F0，在时间/闹钟设置期间 F0 = 1，不调用 SEPA，即调用 SEPA 刷新显示缓冲区的前提条件是 F0 = 0。动态显示程序在第 6 章中已给出，在此不再赘述。

(6) 定时比较程序模块 ALARM：流程图如图 9.9 所示。

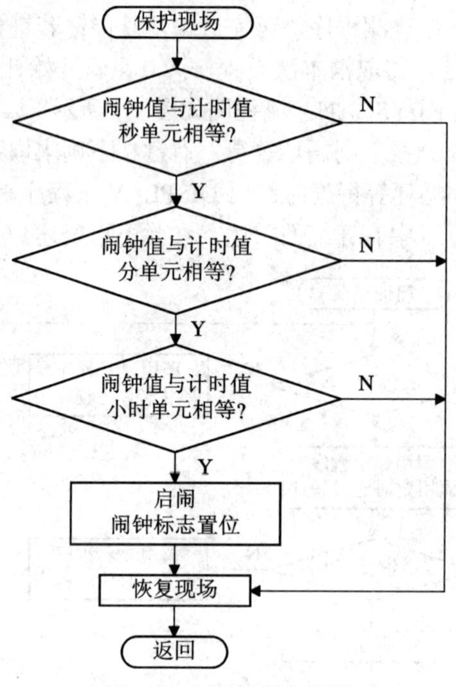

图 9.9　定时比较流程图

将当前时间(计时缓冲区的值)与预设的启闹时间(闹钟设置寄存区的值)进行比较，二者完全相同时，启动蜂鸣器鸣叫，并置位闹钟标志位。返回后，待重新按下 ALM 键停闹，并清 0 闹钟标志。

(7) 拆字程序 SEPA 与合字程序 COMB：如前所述，拆字程序的功能是将 3 字节计时缓冲区中的时、分、秒压缩 BCD 码拆分为 6 字节(时、分、秒的十位、个位分别占用 1 字节) BCD 码并刷新显示缓冲区；合字程序的功能是将键盘设置缓冲区中的 6 位 BCD 码合并为 3 位压缩 BCD 码，送入计时缓冲区或闹钟值寄存区，同时检测时间值的合法性。

下面给出各模块的源程序。

```
;  *****************主程序 MAIN******************
        ORG     0000H
        AJMP    MAIN
        ORG     000BH
        AJMP    CLOCK
        ORG     0030H
        DISP0   EQU     30H
        DISP1   EQU     31H
        DISP2   EQU     32H
        DISP3   EQU     33H
        DISP4   EQU     34H
        DISP5   EQU     35H
        HOUR    EQU     3CH
```

```
        MIN     EQU     3DH
        SEC     EQU     3EH
        MSEC    EQU     3FH
        AHOUR   EQU     40H
        AMIN    EQU     41H
        ASEC    EQU     42H
        F1      BIT     PSW.1
MAIN：  MOV     SP，#50H           ；设置堆栈区
        CLR     F1                 ；清 0 闹钟标志位
        CLR     F0                 ；允许计时显示
        MOV     AHOUR，#0FFH
        MOV     AMIN，#0FFH
        MOV     ASEC，#0FFH
        MOV     R7，#10H
        MOV     R0，#DISP0
        CLR     A
LOOP:   MOV     @R0，A
        INC     R0
        DJNZ    R7，LOOP               ；设置初值
        MOV     TMOD，#01H
        MOV     TL0，#0B0H
        MOV     TH0，#3CH              ；定时器 0 初始化，定时时间 100 ms
        SETB    TR0                    ；启动定时器
        SETB    EA
        SETB    ET0                    ；开中断
BEGIN： ACALL   ALARM                  ；调用定时比较
        ACALL   KEYSCAN                ；调用键盘扫描
        CJNE    A，#0AH，NEXT1         ；是 CLR/RST 键否？
        CLR     TR0                    ；是则暂时停止计时
        MOV     R1，#HOUR              ；地址指针指向计时缓冲区首地址
        AJMP    MOD
NEXT1： CJNE    A，#0BH，BEGIN         ；是 ALARM 键否？
        JB      F1，NEXT2              ；闹钟正在闹响否？
        MOV     R1，#AHOUR             ；地址指针指向闹钟值寄存区首地址
MOD：   SETB    F0                     ；置位时间设置/闹钟定时标志，禁止显示计时时间
        ACALL   MODIFY                 ；调用时间设置/闹钟定时程序
        SETB    TR0                    ；重新开始计时
        CLR     F0                     ；清 0 时间设置/闹钟定时标志，恢复显示计时时间
```

```
        AJMP    BEGIN
NEXT2： SETB    P2.7            ；闹钟正在闹响，停闹
        CLR     F1              ；清0闹钟标志
        AJMP    BEGIN
；**************时间设置/闹钟定时模块 MODIFY************
MODIFY：ACALL   KEYIN           ；调用键盘设置子程序
        ACALL   COMB            ；调用合字子程序
        RET
；**************键盘设置子程序 KEYIN************
KEYIN： PUSH    PSW
        PUSH    ACC
        SETB    RS1             ；保护现场
        MOV     R0，#DISP0      ；R0指向显示缓冲区首地址
        MOV     R7，#06H        ；设置键盘输入次数
L1：    CLR     RS1
        ACALL   KEYSCAN         ；调用键盘扫描程序取按下键的键号
        SETB    RS1
        CJNE    A，#0AH，L2     ；键入数合法性检测(是否大于9)
L2：    JNC     L1              ；大于9，重新键入
        MOV     @R0，A          ；键号送显示缓冲区
        INC     R0
        DJNZ    R7，L1          ；6位时间输入完否？未完继续，否则返回
        POP     ACC
        POP     PSW
        CLR     RS1             ；恢复现场
        RET
；**********键盘扫描子程序 KEYSCAN***********
KEYSCAN:ACALL   TEST            ；调用判断按键是否按下子程序TEST
        JNZ     REMOV           ；有键按下则调消抖延时
        ACALL   DISPLAY
        ACALL   ALARM
        AJMP    KEYSCAN         ；无键按下则继续判是否按键
REMOV:  ACALL   DISPLAY         ；调用显示子程序延时消抖
        ACALL   TEST            ；再判是否有键按下
        JNZ     LIST            ；有键按下则转逐列扫描
        ACALL   DISPLAY
        ACALL   ALARM
        AJMP    KEYSCAN         ；无键按下则继续判断是否有键按下
```

```
LIST:     MOV     R2，#0FEH         ；首列扫描字送 R2
          MOV     R3，#00H          ；首列键号送 R3
LINE0:    MOV     A，R2             ；首列扫描字送 R2
          MOV     P2，A             ；首列扫描字送 P2 口
          MOV     A，P0             ；读入 P0 口的行状态
          JB      ACC.0，LINE1      ；第 0 行无键按下转第 1 行
          MOV     A，#00H           ；第 0 行有键按下，行首键号送 A
          AJMP    TRYK              ；求键号
LINE1:    JB      ACC.1，  LINE2    ；第 1 行无键按下，转第 2 行
          MOV     A，#04H           ；第 1 行有键按下，行首键号送 A
          AJMP    TRYK              ；求键号
LINE2:    JB      ACC.2，  NEXT     ；第 2 行无键按下，转第 3 行
          MOV     A，#08H           ；第 2 行有键按下，行首键号送 A
          AJMP    TRYK              ；求键号
NEXT:     INC     R3                ；扫描下一列
          MOV     A，R2             ；列扫描字送 A
          JNB     ACC.3，EXIT       ；4 列扫描完，重新进行下一轮扫描
          RL      A                 ；4 列未扫描完，扫描字左移扫描下一列
          MOV     R2，A             ；扫描字送 A
          AJMP    LINE0             ；转向扫描下一列
EXIT:     AJMP    KEYSCAN           ；等待下一次按键
TRYK:     ADD     A，R3             ；按公式计算键码，求得键号
          PUSH    ACC               ；键号入栈保护
LETK:     ACALL   TEST              ；等待按键释放
          JNZ     LETK              ；按键未释放，继续等待
          POP     ACC               ；按键释放，键号出栈
          RET                       ；键盘扫描结束，返回
TEST:     MOV     A，#00H
          MOVX    P2，A             ；全扫描字 00H 送 P2 口
          MOVX    A，P0             ；读入 P0 口行状态
          CPL     A                 ；A 取反，以高电平表示有键按下
          ANL     A，#07H           ；屏蔽高 5 位
          RET
；**************显示子程序 DISPLAY*************
DISPLAY:  JB      F0，DISP          ；允许时间显示标志 F0=1 转 DISP
          ACALL   SEPA              ；否则调用 SEPA 刷新显示缓冲区
DISP:     PUSH    PSW               ；动态扫描显示子程序
          PUSH    ACC
          SETB    RS0
```

```
        MOV     A，#0FFH
        MOV     P2，A                 ；关显示
        MOV     R0，#DISP0
        MOV     R7，#00H
        MOV     R6，#06H
        MOV     R5，#0FEH
DIS1:   MOV     DPTR，#TAB
        MOV     A，@R0                ；取显示缓冲区数据
        MOVC    A，@A+DPTR            ；查表得字型码
        MOV     P1，A                 ；字型码送 P1 口
        MOV     A，R5
        MOVX    P0，A                 ；位选码送 P0 口
HERE:   DJNZ    R7，HERE              ；延时
        INC     R0                    ；更新显示缓冲区地址
        MOV     A，R5
        RL      A                     ；位码左移
        MOV     R5，A
        DJNZ    R6，DIS1              ；判断 6 位显示完否
        CLR     RS0
        POP     ACC
        POP     PSW
        RET
TAB:    DB 3FH，06H，5BH，4FH，66H，6DH，7DH，07H
        DB 7FH，6FH，77H，7CH，39H，5EH，79H，71H        ；共阴极字型码表
；****************合字子程序 COMB*****************
COMB：  MOV     R0，#DISP1            ；R0 指向显示缓冲区小时低位
        ACALL   COMB1                 ；合字
        CJNE    A，#24H，CHK          ；小时大于 24 否？
CHK：   JNC     EXIT1                 ；大于 24 则取消本次设置，退出
        MOV     @R1，A                ；否则，小时送计时缓冲区/闹钟值寄存区小时单元
        INC     R1
        MOV     R0，#DISP3            ；R0 指向显示缓冲区分低位
        ACALL   COMB1
        CJNE    A，#60H，CHK1
CHK1：  JNC     EXIT1
        MOV     @R1，A
        INC     R1
        MOV     R0，#DISP5            ；R0 指向显示缓冲区秒低位
        ACALL   COMB1
```

```
        CJNE    A，#60H，CHK2
CHK2：  JNC     EXIT1
        MOV     @R1，A
        RET
EXIT1： AJMP    MAIN            ；输入不合法退出，重新清 0 计时
COMB1： MOV     A，@R0
        ANL     A，#0FH         ；取出低位
        MOV     43H，A          ；暂存于 43H 单元
        DEC     R0              ；指向高位
        MOV     A，@R0
        ANL     A，#0FH
        SWAP    A               ；高位送高 4 位
        ORL     A，43H          ；高低位合并
        RET
；***************拆字子程序 SEPA***************
SEPA：  PUSH    PSW
        PUSH    ACC
        SETB    RS0
        MOV     R0，#DISP5      ；指向显示缓冲区秒低位
        MOV     A，SEC
        ACALL   SEPA1
        MOV     A，MIN
        ACALL   SEPA1
        MOV     A，HOUR
        ACALL   SEPA1
        POP     ACC
        POP     PSW
        CLR     RS0
        RET
SEPA1： MOV     44H，A          ；暂存 44H
        ANL     A，#0FH         ；取出低位
        MOV     @R0，A          ；送显示缓冲区低位
        DEC     R0              ；指向显示缓冲区高位
        MOV     A，44H
        ANL     A，#0F0H        ；取出高位
        SWAP    A               ；高位送往低 4 位形成高位数据
        MOV     @R0，A          ；高位数据送显示缓冲区高位
        RET
；**************定时比较模块 ALARM****************
```

```
ALARM： MOV     A，ASEC
        CJNE    A，SEC，BACK    ；秒单元相同则继续比较，否则返回
        MOV     A，AMIN
        CJNE    A，MIN，BACK    ；分单元相同则继续比较，否则返回
        MOV     A，AHOUR
        CJNE    A，HOUR，BACK   ；小时单元相同，定时时间到
        CLR     P2.7            ；启动闹钟鸣叫
        SETB    F1              ；置位闹钟标志
BACK：  RET
；***************定时器 0 中断服务子程序 CLOCK***************
CLOCK： MOV     TL0，#0B7H
        MOV     TH0，#3CH       ；重装初值，时间校正
        PUSH    PSW
        PUSH    ACC             ；保护现场
        INC     MSEC
        MOV     A，MSEC
        CJNE    A，#0AH，DONE
        MOV     MSEC，#00H
        MOV     A，SEC
        INC     A
        DA      A               ；二—十进制转换
        MOV     SEC，A
        CJNE    A，#60H，DONE
        MOV     SEC，#00H
        MOV     A，MIN
        INC     A
        DA      A
        MOV     MIN，A
        CJNE    A，#60H，DONE
        MOV     MIN，#00H
        MOV     A，HOUR
        INC     A
        DA      A
        MOV     HOUR，A
        CJNE    A，#24H，DONE
        MOV     HOUR，#00H
DONE：  POP     ACC
        POP     PSW             ；恢复现场
        RETI
```

9.1.5　系统调试与脱机运行

完成了硬件的设计、制作和软件编程之后，要使系统能够按设计意图正常运行，必须进行系统调试。系统调试包括硬件调试和软件调试两个部分。不过，作为一个计算机系统，其运行是软、硬件相结合的，因此，软、硬件的调试也是不可能绝对分开的。硬件的调试常常需要利用调试软件，软件的调试也可能需要通过对硬件的测试和控制来进行。

1. 硬件调试

硬件调试的主要任务是排除硬件故障，其中包括设计错误和工艺性故障。

(1) 脱机检查。用万用表逐步按照电路原理图检查印制电路板中所有器件的各引脚，尤其是电源的连接是否正确；检查数据总线、地址总线和控制总线是否有短路等故障，顺序是否正确；检查各开关按键是否能正常开关、是否连接正确，各限流电阻是否短路等。为了保护芯片，应先对各 IC 座(尤其是电源端)电位进行检查，确定其无误后再插入芯片检查。

(2) 联机调试。暂时拔掉 AT89S51 芯片，将仿真器的 40 芯仿真插头插入 AT89S51 的芯片插座进行调试，检验键盘/显示接口电路是否满足设计要求。可以通过一些简单的测试软件来查看接口工作是否正常。例如，我们可以设计一个软件，使 P1、P2 口输出 55H 或 AAH，同时读 P0 口，运行后用万用表检查相应端口电平是否一高一低，在仿真器中检查读入的 P0 口低 3 位是否为 1，如果正常则说明 8155 工作正常。还可设计一个使所有 LED 全显示“8.”的静态显示程序来检验 LED 的好坏。如果运行测试结果与预期不符，则很容易根据故障现象判断故障原因并采取针对性措施排除故障。

2. 软件调试

软件调试的任务是利用开发工具进行在线仿真调试，发现和纠正程序错误，同时也能发现硬件故障。

程序的调试应一个模块一个模块地进行，首先单独调试各功能子程序，检验程序是否能够实现预期的功能，接口电路的控制是否正常等，最后逐步将各子程序连接起来总调。联调需要注意的是，各程序模块间能否正确传递参数，特别要注意各子程序的现场保护与恢复。调试的基本步骤如下：

(1) 用仿真器修改显示缓冲区内容，屏蔽拆字程序，调试动态扫描显示功能。例如将 DISP0～DISP5 单元置为“012345”，应能在 LED 上从左到右显示“012345”。若显示不正确，可在 DISP 子程序相应位置设置断点，调试检查。然后用仿真器修改计时缓冲区内容，调用拆字程序，调试显示模块 DISPLAY。例如，将 HOUR、MIN、SEC 单元置为“123456”，检查是否能正确显示“12：34：56”。若显示不正确，应在 SEPA 子程序相应位置设置断点，调试检查。

(2) 运行主程序调试计时模块，不按下任何键，检查是否能从由 00：00：00 开始正确计时。若不能正确计时，则应在定时器中断服务子程序中设置断点，检查 HOUR、MIN、SEC、MSEC 单元是否随断点运行而变化。然后屏蔽缓冲区初始化部分，用仿真器修改计时缓冲区内容为 23：58：48，运行主程序(不按下任何键)，检验能否正确进位。

(3) 调试键盘扫描模块 KEYSCAN，先用延时 10 ms 子程序代替显示子程序延时消抖，在求取键号后设置断点，中断后观察 A 累加器中的键号是否正确；然后恢复用显示子程序

延时消抖，检验与 DISPLAY 模块能否正确连接。

(4) 调试时间设置/闹钟定时模块 MODIFY。首先屏蔽 COMB 子程序，单独调试键盘设置模块 KEYIN，观察显示缓冲区 DISP0～DISP5 单元的内容是否随键入的键号改变，以及键号能否在 LED 上显示。然后屏蔽 KEYIN 子程序，单独调试合字模块 COMB，分别将 R1 设置为时间设置缓冲区和闹钟值寄存区的首地址，修改显示缓冲区内容，运行程序后查看时间设置缓冲区 HOUR、MIN、SEC 单元和闹钟值寄存区 AHOUR、AMIN、ASEC 单元的内容是否正确。最后联调 MODIFY 模块。

(5) 运行主程序联调，检查能否用键盘修改当前时间以及设置闹钟，能否正确计时、启闹、停闹。

3. 脱机运行

软、硬件调试成功之后，可以将程序固化到 AT89S51 的 Flash ROM 中，插入 AT89S51 芯片，接上电源脱机运行。既然软、硬件都已调试成功，那么脱机运行似乎肯定成功，然而事实往往并非如此，仍有可能出现以下故障：

(1) 系统不工作。其原因主要有晶振不起振(晶振损坏、晶振电路不正常导致晶振信号太弱等)，或 $\overline{\text{EA}}$ 脚没有接高电平(接地或悬空)等。

(2) 系统工作时好时坏。这主要是由干扰引起的。由于本系统没有传感输入通道和控制输出通道，干扰源相对较少且简单，因此，在电源、总线处对地接滤波电容一般可以解决问题。

9.2　应用系统实例——单片机温度控制系统

温度是工业对象中主要的被控参数之一，特别是在冶金、化工、建材、食品加工、机械制造等各类工业中，广泛使用加热炉、热处理炉、反应炉等；在日常生活中，我们也常用到电烤箱、微波炉、电热水器、烘干箱等需要进行温度检测与控制的家用电器。采用单片机来实现温度控制不仅具有控制方便、简单、灵活等优点，而且可以大幅度提高被控温度的技术指标，从而大大提高产品的质量和数量。现以烘干箱的温度控制系统为例进行介绍。

9.2.1　技术指标

烘干箱的具体指标如下：

(1) 烘干箱由 2 kW 电炉加热，最高温度为 500℃。

(2) 烘干箱温度可预置，烘干过程恒温控制，温度控制误差不大于±2℃。

(3) 预置时显示设定温度，烘干时显示实时温度，显示精确到 1℃。

(4) 温度超出预置温度±5℃时发声报警。

(5) 对升/降温过程的线性没有要求。

9.2.2　控制方案

产品的工艺不同，控制温度的精度也不同，因而所采用的控制算法也不同。就温度控制系统的动态特性来讲，温度控制系统基本上都是具有纯滞后的一阶环节，当系统精度及温控的线性性能要求较高时，多采用 PID 算法或达林顿算法来实现温度控制。

本系统是一个典型的闭环控制系统。从技术指标可以看出，系统对控制精度的要求不高，对升/降温过程的线性也没有要求，因此，系统采用最简单的通断控制方式，即当烘干箱温度达到设定值时断开加热电炉，当温度降到低于某值时接通电炉开始加热，从而保持恒温控制。

9.2.3　硬件设计

系统的硬件电路包括主机、温度检测、温度控制、人机对话(键盘/显示/报警) 4 个主要部分。图 9.10 为系统的结构框图，图 9.11 为系统的硬件电路原理图。

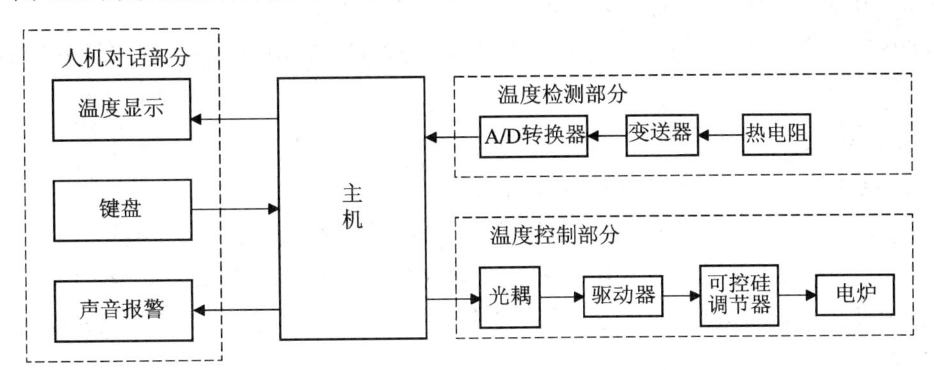

图 9.10　电烤箱控制系统结构框图

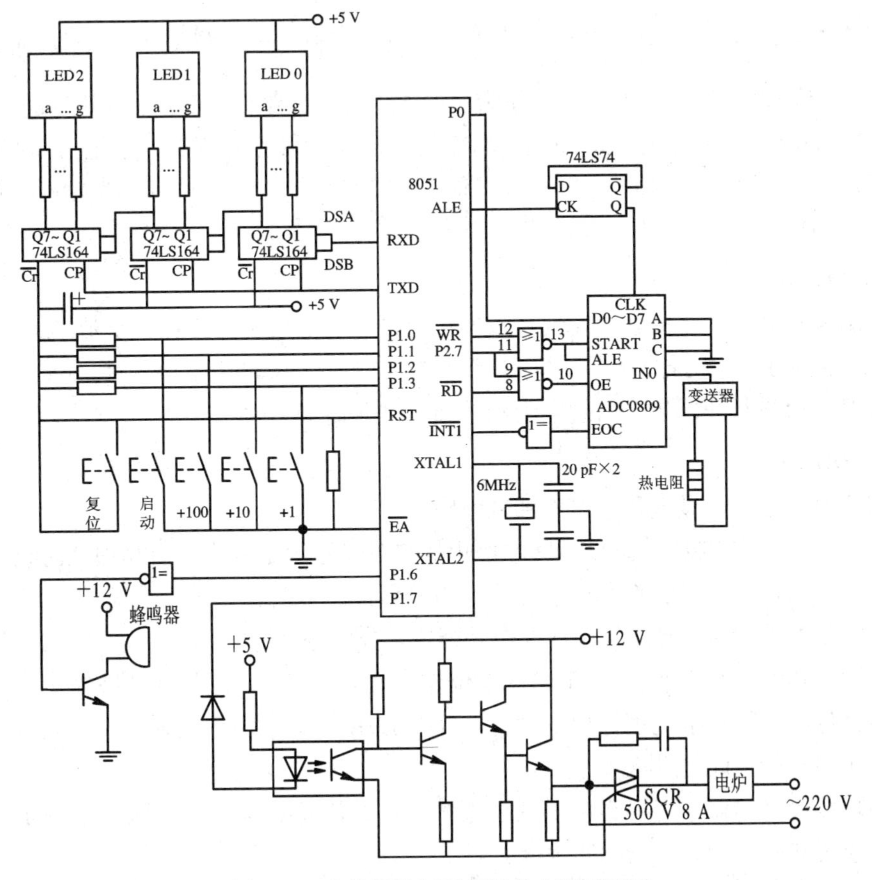

图 9.11　电烤箱控制系统硬件电路原理图

下面对各部分电路分述如下。

1．主机

本系统控制方案简单，数据量也不大，但考虑到系统的可扩展性，因此选用 AT89S52 作为控制系统的核心。AT89S52 是 Atmel 公司推出的一种低功耗、高性能的 CMOS 单片机，它采用 8051 内核，引脚与 MCS-51 系列单片机全兼容，内带 8 KB 可编程 Flash 存储器、256 B 内部 RAM、3 个 16 位定时/计数器、WDT，并具备 ISP 端口，便于程序的在系统修改和调试，可大大缩短系统的开发周期。

AT89S52 单片机采用静态时钟方式，时钟频率为 0～33 MHz。本系统采用 6 MHz 的工作频率。

2．温度检测

这部分包括温度传感器、变送器和 A/D 转换三部分。

温度传感器和变送器的类型选择与被控温度的范围及精度等级有关。型号为 WZB-003、分度号为 BA2 的铂热电阻适用于 0～500℃的温度测量范围，可以满足本系统的要求。

变送器将电阻信号转换成与温度成正比的电压，当温度在 0～500℃时，变送器输出 0～4.9 V 的电压。

A/D 转换器件的选择主要取决于温度的控制精度。本系统要求温度控制误差不大于 ±2℃，采用 8 位 A/D 转换器，其最大量化误差为 $\pm\frac{1}{2}\times\left(\frac{1}{255}\times 500℃\right)=\pm 1℃$，完全能够满足精度要求。这里我们采用 ADC0809 作为 A/D 转换器。电路设计好后，调整变送器的输出，使 0～500℃的温度变化对应于 0～4.9 V 的输出，则 A/D 转换对应的数字量为 00H～FAH，即 0～250，则转换结果乘以 2 正好是温度值。用这种方法一方面可以减少标度转换的工作量，另一方面还可以避免标度转换带来的计算误差。

3．温度控制

电炉温度控制采用可控硅来实现。双向可控硅和电炉电阻丝串接在交流 220 V 市电回路中。单片机的 P1.7 口经光电隔离器和驱动电路连接可控硅的控制端，其电平的高低控制着可控硅的导通与断开，从而控制电阻丝的通电加热时间。

4．人机对话

这部分包括键盘、显示和报警三部分电路。

本系统设有 3 位 LED 数码显示器，停止加热时显示设定温度，启动加热时显示当前烤箱温度。采用串行口扩展的静态显示电路作为显示接口电路。

为使系统简单紧凑，键盘只设置 5 个功能键，分别是“复位”、“启动”、“+100”、“+10”和“+1”键。其中，后 4 个键由 P1 口低 4 位作为键盘接口。利用后 3 个按键可以分别对预置温度的百位、十位和个位进行加 1 设置，并在 LED 上显示当前设置值。连续按动这 3 个键，即可实现 0～500℃的温度设置。

报警功能由蜂鸣器实现。当由于意外因素导致烤箱温度高于设置温度时，P1.6 口送出的低电平经反向器驱动蜂鸣器鸣叫报警。

5. 其他可扩展电路

对于要求更高的系统，在现有电路的基础上，读者还可以视需要自行扩展实时时钟电路。连接实时时钟芯片 DS12887 可以获得长的采样周期，显示年、月、日、时、分、秒，而其片内带有的 114 B 非易失性 RAM，可用来存入需长期保存但有时也需变更的数据，如采样周期，PID 控制算法的系数 KP、KI、KD 等。

9.2.4 软件设计

系统的操作过程和工作过程在程序的设计过程中起着很重要的指导作用，因此在软件设计之前应首先分析烤箱的工作流程。

1. 工作流程

烤箱在上电复位后先处于停止加热状态，这时可以用“+1”键设定预置温度，显示器将显示预定温度。温度设定好后就可以按启动键启动系统工作了。温度检测系统不断定时检测当前温度，并送往显示器显示，达到预定值后停止加热并显示当前温度；当温度下降到下限(比预定值低 2℃)时再启动加热。这样不断重复上述过程，使温度保持在预定温度范围之内。启动后不能再修改预置温度，必须按复位/停止键回到停止加热状态再重新设定预置温度。

2. 功能模块

根据上面对工作流程的分析，系统软件可以分为以下几个功能模块：

(1) 键盘管理：监测键盘输入，接收温度预置，启动系统工作。

(2) 显示：显示设置温度及当前温度。

(3) 温度检测及温度值变换：完成 A/D 转换及数字滤波。

(4) 温度控制：根据检测到的温度控制电炉工作。

(5) 报警：当预置温度或当前炉温越限时报警。

3. 资源分配

为了便于阅读程序，首先给出单片机资源分配情况。

数据存储器的分配与定义见表 9.2。

表 9.2　温度控制软件数据存储器分配表

地　址	功　　能	名　称	初始化值
50H～51H	当前检测温度，高位在前	TEMP1～TEMP0	00H
52H～53H	预置温度，高位在前	ST1～ST0	00H
54H～56H	BCD 码显示缓冲区，百位、十位、个位	T100，T10，T	00H
57H～58H	二进制显示缓冲区，高位在前	BT1，BT0	00H
59H～7FH	堆栈区		
PSW.5	报警允许标志： F0=0 时禁止报警；F0=1 时允许报警	F0	0

程序存储器：EPROM 2764 的地址范围为 0000H～1FFFH。

I/O 口：P1.0～P1.3 为键盘输入，P1.6、P1.7 为报警控制和电炉控制。

A/D 转换器 0809：通道 0～通道 7 的地址为 7FF8H～7FFFH，使用通道 0。

4. 功能软件设计

1) 键盘管理模块

上电或复位后系统处于键盘管理状态，其功能是监测键盘输入，接收温度预置和启动键。程序设有预置温度合法检测报警，当预置温度超过 500℃时会报警并将温度设定在 500℃。键盘管理子程序流程图如图 9.12 所示。

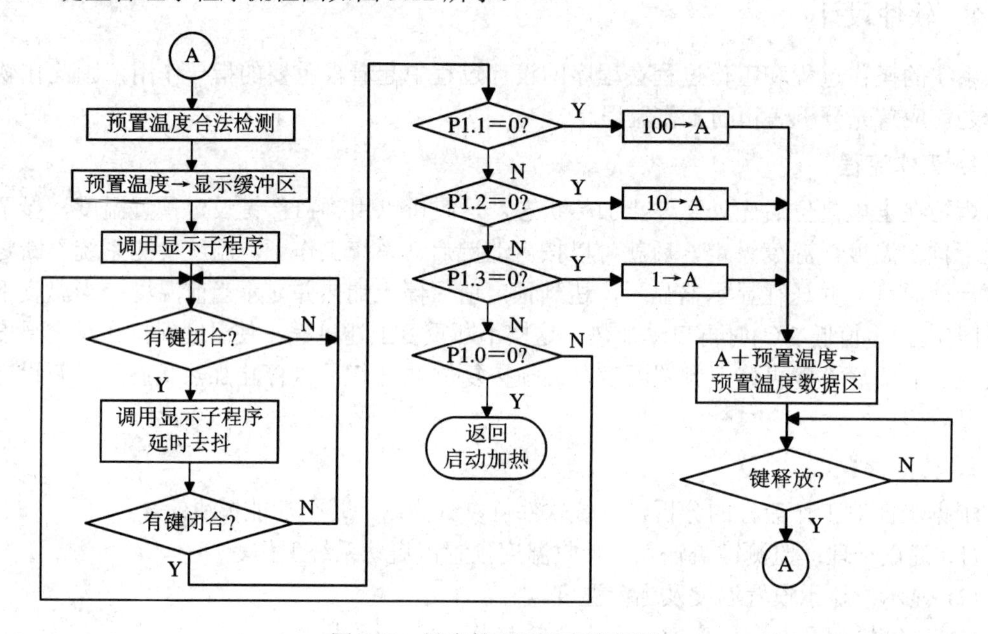

图 9.12　键盘管理子程序流程图

键盘管理子程序 KIN：

```
KIN:    ACALL   CHK             ；预置温度合法性检测
        MOV     BT1，ST1
        MOV     BT0，ST0        ；预置温度送显示缓冲区
        LCALL   DISP            ；显示预置温度
KIN0:   ACALL   KEY             ；读键值
        JZ      KIN0            ；无键闭合和重新检测
        ACALL   DISP
        ACALL   DISP            ；二次调用显示子程序延时去抖
        ACALL   KEY             ；再检测有无键按下
        JZ      KIN0            ；无键按下重新检测
        JB      ACC.1，S10
        MOV     A，#100         ；百位键按下
        AJMP    SUM
S10:    JB      ACC.2，S1
        MOV     A，#10          ；十位键按下
```

```
        AJMP    SUM
S1:     JB      ACC.3，S0
        MOV     A，#01          ；个位键按下
SUM:    ADD     A，ST0          ；预置温度按键+1
        MOV     ST0，A
        MOV     A，#00H
        ADDC    A，ST1
        MOV     ST1，A
KIN1:   ACALL   KEY             ；判断闭合键释放
        JNZ     KIN1            ；未释放继续判断
        AJMP    KIN             ；闭合键释放继续扫描键盘
S0:     JNB     ACC.0，KIN      ；无键按下重新扫描键盘
        RET                     ；启动键按下返回
KEY:    MOV     A，P1           ；读键值子程序
        CPL     A
        ANL     A，#0FH
        RET
```

预置温度合法性检测子程序 CHK(用双字节减法比较预置温度是否大于 500℃(01F4H))：

```
CHK:    MOV     A，#0F4H        ；预置温度上限低 8 位送 A
        CLR     C
        SUBB    A，ST0          ；低 8 位减，借位送 CY
        MOV     A，#01H         ；预置温度上限高 8 位送 A
        SUBB    A，ST1          ；高 8 位带借位减
        JC      OUTA            ；预置温度越界，转报警
        MOV     A，#00H         ；预置温度合法标志
        RET
OUTA:   MOV     ST1，#01H       ；将 500 写入预置温度数据区
        MOV     ST0，#0F4H
        CLR     P1.6            ；发报警信号 0.6 s
        ACALL   D0.6s
        SETB    P1.6            ；停止报警
        RET
```

2) 显示模块

显示子程序的功能是将显示缓冲区 57H 和 58H 的二进制数据先转换成三个 BCD 码，分别存入百位、十位和个位显示缓冲区(54H、55H 和 56H 单元)，然后通过串口送出显示。

显示子程序 DISP：

```
DISP:   ACALL   HTB             ；将显示数据转换为 BCD 码
        MOV     SCON，#00H      ；置串行口为方式 0
```

```
        MOV     R2，#03H        ；显示位数送 R2
        MOV     R0，#T100       ；显示缓冲区首地址送 R0
LD：    MOV     DPTR，#TAB      ；指向字型码表首地址
        MOV     A，@R0          ；取显示数据
        MOVC    A，@A+DPTR      ；查表
        MOV     SBUF，A         ；字型码送串行口
WAIT：  JBC     TI，NEXT        ；发送结束转下一个数据并清中断标志
        SJMP    WAIT            ；发送未完等待
NEXT：  INC     R0              ；修改显示缓冲区指针
        DJNZ    R2，LD          ；判 3 位显示完否，未完继续
        RET
TAB：   ⋮                       ；字型码表(略)
```

BCD 码转换子程序 HTB：

```
HTB：   MOV     A，BT0          ；取二进制显示数据低 8 位
        MOV     B，#100         ；除 100，确定百位数
        DIV     AB
        MOV     T100，A         ；百位数送 54H 单元
        MOV     A，#10          ；除 10，确定十位数
        XCH     A，B
        DIV     A，B
        MOV     T10，A          ；十位数送 55H 单元
        MOV     T，B            ；个位数送 56H 单元
        MOV     A，BT1          ；取二进制显示数据高 8 位
        JNZ     LH1             ；高位不为 0 转 LH1 继续高 8 位转换
        RET                     ；高位为 0 结束，返回
LH1：   MOV     A，#06H         ；高位不为 0，低位转换结果加 256(因为温度数据不会
                                ；大于 500，所以高 8 位最多为 01H，即 256)
        ADD     A，T
        DA      A               ；个位加 6(十进制加)
        MOV     T，A            ；结果送回个位
        MOV     A，#05H
        ADDC    A，T10
        DA      A               ；十位加 5(十进制加)
        MOV     T10，A          ；结果送回十位
        MOV     A，#02H
        ADDC    A，T100
        DA      A               ；百位加 2(十进制加)
        MOV     T100，A         ；结果送回百位
        RET
```

3) 温度检测模块

A/D 转换采用查询方式。为提高数据采样的可靠性，对采样温度进行数字滤波。数字滤波的算法很多，这里采用 4 次采样取平均值的方法。如前所述，本系统的 A/D 转换结果乘 2 正好是温度值，因此，4 次采样的数字量之和除以 2 就是检测的当前温度。检测结果高位存入 50H，低位存入 51H。温度检测子程序流程图如图 9.13 所示。

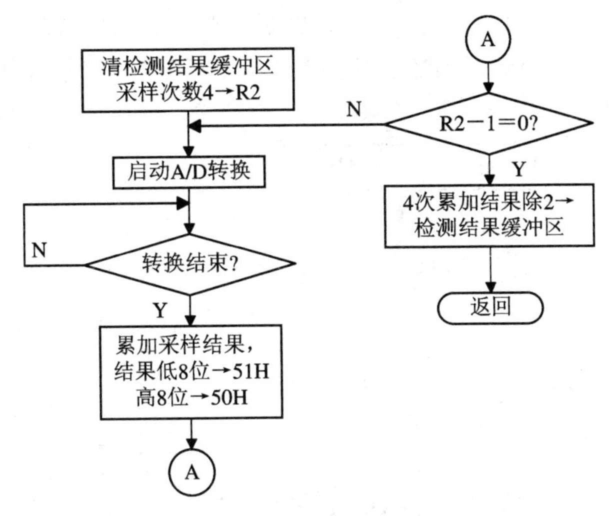

图 9.13　温度检测子程序流程图

温度检测子程序 TIN：

```
TIN：    MOV     TEMP1，#00H      ；清检测温度缓冲区
         MOV     TEMP0，#00H
         MOV     R2，#04H         ；取样次数送 R2
         MOV     DPTR，#7FF8H     ；指向 A/D 转换器 0 通道
LTIN1：  MOVX    @DPTR，A         ；启动转换
HERE：   JNB     IE1，HERE        ；等待转换结束
         MOVX    A，@DPTR         ；读转换结果
         ADD     A，TEMP0         ；累加(双字节加法)
         MOV     TEMP0，A
         MOV     A，#00H
         ADDC    A，TEMP1
         MOV     TEMP1，A
         DJNZ    R2，LTIN1        ；4 次采样完否，未完继续
         CLR     C                ；累加结果除 2(双字节除法)
         MOV     A，TEMP1
         RRC     A
         MOV     TEMP1，A
         MOV     A，TEMP0
         RRC     A
```

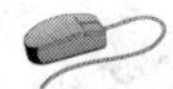

```
        MOV     TEMP0，A
        RET
```

4) 温度控制模块

将当前温度与预置温度比较，当前温度小于预置温度时，继电器闭合，接通电阻丝加热；当前温度大于预置温度时，继电器断开，停止加热；当二者相等时电炉保持原来状态；当前温度降低到比预置温度低 2℃时，再重新启动加热；当前温度超出报警上下限时将启动报警，并停止加热。由于电炉开始加热时，当前温度可能低于报警下限，为了防止误报，在未达到预置温度时，不允许报警，为此设置了报警允许标志 F0。模块流程见图 9.14。

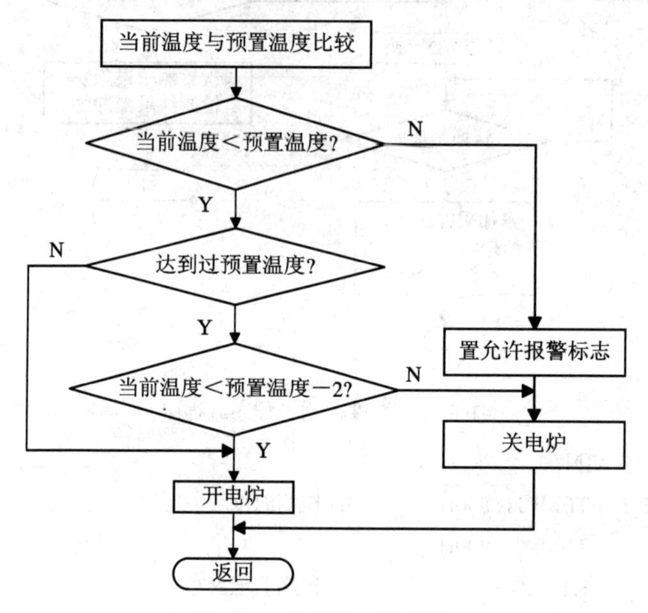

图 9.14　温度控制流程图

温度控制子程序 CONT：

```
CONT：  MOV     A，TEMP0        ；当前温度-预置温度(双字节减)
        CLR     C
        SUBB    A，ST0
        MOV     B，A            ；低 8 位相减的差值暂存 B
        MOV     A，TEMP1
        SUBB    A，ST1
        JNC     LOFF            ；无借位，表示当前温度≥预置温度，转 LOFF
        JNB     F0，LON         ；当前温度＜预置温度，判是否达到过预置温度
        MOV     A，B            ；若达到过预置温度，则判二者差值是否大于 2
        CLR     C
        SUBB    A，#02H
        JNC     ACC.7，LOFF     ；差值不大于 2，转 LOFF
LON：   CLR     P1.7            ；开电炉
        SJMP    EXIT            ；返回
```

```
LOFF:   SETB    F0              ；设置允许报警标志
        SETB    P1.7            ；关电炉
EXIT:   RET
```

在此，读者也可自行加入 PID 算法程序来实现 PID 控制。

5) 温度越限报警模块

报警上限温度值为预置温度 +5℃，即当前温度上升到高于预置温度 +5℃时报警，并停止加热；报警下限温度值为预置温度 −5℃，即在当前温度下降到低于预置温度 −5℃，且报警允许时报警，这是为了防止开始从较低温度加温时误报警。报警的同时也关闭电炉。图 9.15 为报警子程序流程图。

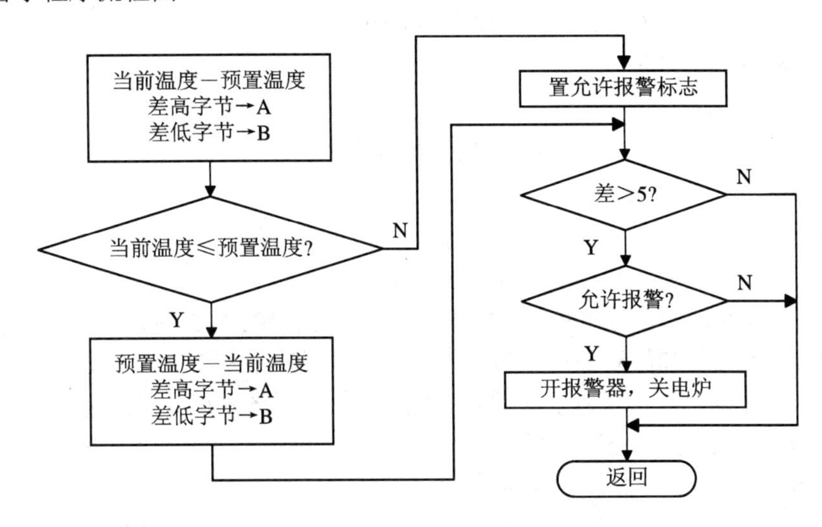

图 9.15　报警子程序流程图

报警子程序 ALARM：

```
ALARM:  MOV     A，TEMP0        ；当前温度低字节→A
        CLR     C
        SUBB    A，ST0          ；(当前温度低字节 – 预置温度低字节)→A
        MOV     B，  A          ；低字节相减结果送 B 暂存
        MOV     A，TEMP1        ；当前温度高字节→A
        SUBB    A，ST1          ；(当前温度高字节 – 预置温度高字节)→A
        JC      LA0             ；有借位，当前温度小于预置温度，转 LA0
        SETB    F0              ；当前温度≥预置温度，允许报警
        AJMP    LA1
LA0:    MOV     A，ST0          ；预置温度低字节→A
        CLR     C
        SUBB    A，TEMP0        ；(预置温度低字节 – 当前温度低字节)→A
        MOV     B，A            ；低字节相减结果送 B 暂存
        MOV     A，ST1          ；预置温度高字节→A
        SUBB    A，TEMP1        ；(预置温度高字节-当前温度高字节)→A
```

```
LA1:    XCH     A, B        ; 高低字节互换，判断相减结果是否大于5
        CLR     C
        SUBB    A, #05H     ; (低字节差－5)→A
        XCH     A, B        ; (低字节差－5)→B，高字节差→A
        SUBB    A, #00H     ; (高字节差－0)→A(因为5的高字节为0)
        JC      LA2         ; 相减结果小于5，不报警返回
        JNB     F0, LA2     ; 相减结果≥5，判是否允许报警，不允许则返回
        CLR     P1.6        ; 启动报警
        SETB    P1.7        ; 关电炉
        LCALL   D0.6s       ; 报警延时0.6 s
        SETB    P1.6        ; 关报警
LA2:    RET
D0.6s:  (略)                ; 延时0.6 s子程序
```

6) 主程序和中断服务子程序

主程序采用中断嵌套方式设计，各功能模块可直接调用。主程序完成系统的初始化、温度预置及其合法性检测、预置温度的显示及定时器0设置。定时器0中断服务子程序是温度控制体系的主体，用于温度检测、控制和报警(包括启动A/D转换、读入采样数据、数字滤波、越限温度报警和越限处理、输出可控硅的控制脉冲等)。中断由定时器0产生，根据需要每隔15 s中断一次，即每15 s采样控制一次。但系统采用6 MHz晶振，最大定时为130 ms，为实现15 s定时，这里另行设了一个软件计数器。主程序和中断服务子程序的流程图如图9.16所示。

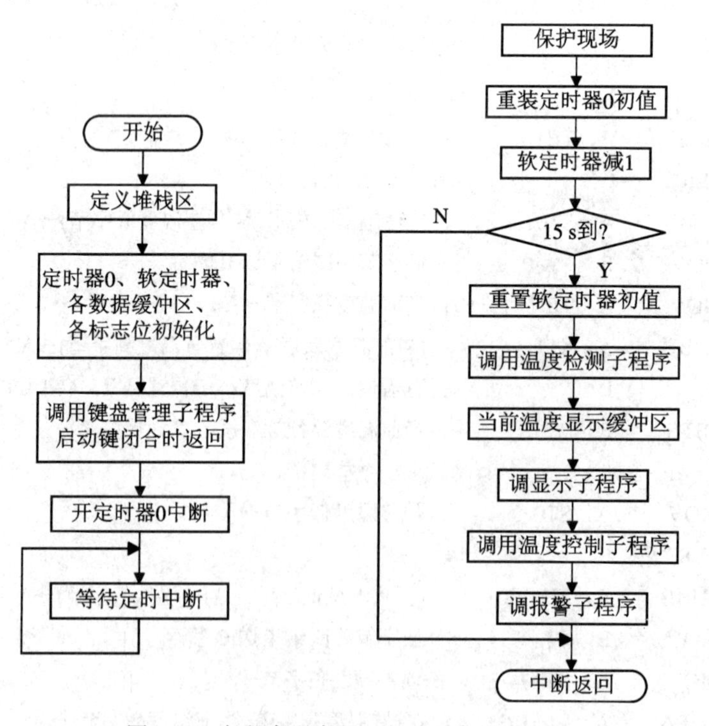

图9.16　主程序和中断服务子程序的流程图

主程序 MAIN(数据缓冲区的定义和初始化部分从略)：

```
        ORG     0000H
        AJMP    MAIN
        ORG     000BH
        AJMP    PT0
        ORG     0030H
MAIN:   MOV     SP，#59H          ；设定堆栈指针
        MOV     TMOD，#01H        ；定时器 0 初始化
        MOV     TL0，#0B0H        ；定时器定时时间 100 ms
        MOV     TH0，#3CH
        MOV     R7，#150          ；置 15 s 软计数器初值
        ACALL   KIN               ；调键盘管理子程序
        SETB    ET0               ；允许定时器 0 中断
        SETB    EA                ；开中断
        SETB    TR0               ；启动定时器 0
        SJMP    $
```

定时器 0 中断服务子程序 PT0：

```
PT0:    MOV     TL0，#0B0H
        MOV     TH0，#3CH         ；重置定时器 0 初值
        DJNZ    R7，BACK          ；15 s 到否，不到返回
        MOV     R7，#150          ；重置软计数器初值
        ACALL   TIN               ；温度检测
        MOV     BT1，TEMP1        ；当前温度送显示缓冲区
        MOV     BT0，TEMP0
        ACALL   DISP              ；显示当前温度
        ACALL   CONT              ；温度控制
        LCALL   ALARM             ；温度越限报警
BACK:   RETI
```

9.3　单片机应用系统开发的一般方法

单片机应用系统是为完成某项任务而研制开发的用户系统，虽然每个系统都有很强的针对性，结构和功能各异，但它们的开发过程和方法大致相同。本节介绍单片机应用系统开发的一般方法和步骤。

9.3.1　确定任务

单片机应用系统的开发过程由确定系统的功能与性能指标开始。首先要细致分析、研究实际问题，明确各项任务与要求，综合考虑系统的先进性、可靠性、可维护性以及成本、经济效益，拟订出合理可行的技术性能指标。

9.3.2 总体设计

在对应用系统进行总体设计时，应根据应用系统提出的各项技术性能指标，拟订出性价比最高的一套方案。

总体设计最重要的问题包括以下三个方面。

1. 机型选择

根据系统的功能目标、复杂程度、可靠性要求、精度和速度要求来选择性能/价格比合理的单片机机型。目前单片机种类、机型极多，有 8 位、16 位、32 位机等，片内的集成度各不相同，有的机型在片内集成了 WDT、PWM、串行 EEPROM、A/D、比较器等多种功能并提供 UART、I2C、SPI 协议的串行接口，最大工作频率也从早期的 0～12 MHz 增至 33～40 MHz。在进行机型选择时应考虑：

(1) 所选机型性能应符合系统总体要求，且留有余地，以备后期更新。

(2) 开发方便，具有良好的开发工具和开发环境。

(3) 市场货源(包括外部扩展器件)在较长时间内充分。

(4) 设计人员对机型的开发技术熟悉，以利缩短研制周期。

2. 系统配置

选定机型后，再选择系统中要用到的其他外围元器件，如传感器、执行器件、人机接口、存储器等。整个系统中的相关器件要尽可能做到性能匹配，例如，选用晶振频率较高时，存储器的存取时间就短，应选择存取速度较快的芯片；选择 CMOS 型单片机构成低功耗系统时，系统中的所有芯片都应该选择低功耗产品。如果系统中相关器件性能差异很大，则系统的综合性能将降低，甚至不能正常工作。

3. 软/硬件分工

在总体方案设计过程中，对软件和硬件进行分工是一个首要的环节。原则上，能够由软件来完成的任务就尽可能用软件来实现，以降低硬件成本，简化硬件结构，提高可靠性，但是它可能会降低系统的工作速度。因此，在进行系统的软、硬件分工时，应综合考虑系统的响应速度、实时性等相关的技术指标。

总体设计还要求大致规定各接口电路的地址、软件的结构和功能、上下位机的通信协议、程序的驻留区域及工作缓冲区、系统的加密方案等。总体方案一旦确定，系统的大致规模及软件的基本框架就确定了。

9.3.3 硬件设计

硬件设计是指应用系统的硬件配置与电路设计，对主机的资源应按实际需要进行合理的配置，如对 I/O 接口、中断源、定时/计数器的配置，对外围接口如存储器、人机接口、A/D 和 D/A 转换电路、传感器、驱动控制电路等同样需要认真合理的选择，应与主机相匹配，接口简单、方便。硬件设计时，应考虑留有充分余量，电路设计力求正确无误，因为在系统调试中不宜修改硬件结构。下面讨论单片机应用系统硬件电路设计时应注意的几个问题。

1. 程序存储器

随着单片机集成度的提高，目前片内程序存储器有 2 KB、4 KB、8 KB、12 KB、16 KB、

32 KB、64 KB 等多种选择，通常尽可能选择满足系统程序容量要求的机型，而不再进行程序存储器的扩展。必须扩展时一般可选用容量较大的 EPROM 芯片，如 2764(8 KB)、27 128 (16 KB)或 27 256(32 KB)等。尽量避免用小容量的芯片组合扩充成大容量的存储器。程序存储器容量大些，则编程空间宽裕些，价格相差也不会太多。

2. 数据存储器

根据系统功能的要求，如果需要扩展外部 RAM 或 I/O 口，那么 RAM 芯片可选用 6116 (2 KB)、6264(8 KB)或 62256(32 KB)，原则上应尽量减少芯片数量，使译码电路简单。I/O 接口芯片一般选用 8155(带有 256 KB 静态 RAM)或 8255。这类芯片具有口线多、硬件逻辑简单等特点。若口线要求很少，且仅需要简单的输入或输出功能，则可用不可编程的 TTL 电路或 CMOS 电路。

3. I/O 接口

I/O 接口大致可归类为并行接口、串行接口、模拟采集通道(接口)、模拟输出通道(接口)等。应尽可能选择集成了所需接口的单片机，以简化 I/O 口设计，提高系统可靠性。

4. A/D 和 D/A 电路芯片

A/D 和 D/A 电路芯片主要根据精度、速度和价格等来选用，同时还要考虑与系统的连接是否方便。

5. 地址译码电路

通常采用全译码、部分译码或线选法，应考虑充分利用存储空间和简化硬件逻辑等方面的问题。MCS-51 系统有充分的存储空间，包括 64 KB 程序存储器和 64 KB 数据存储器，所以在一般的控制应用系统中，主要要考虑简化硬件逻辑问题。当存储器和 I/O 芯片较多时，可选用专用译码器 74S138 或 74LS139 等。

6. 总线驱动能力

MCS-51 系列单片机的外部扩展功能很强，但 4 个 8 位并行口的负载能力是有限的。P0 口能驱动 8 个 TTL 电路，P1～P3 口只能驱动 3 个 TTL 电路。在实际应用中，这些端口的负载不应超过总负载能力的 70%，以保证留有一定的余量。如果满载，会降低系统的抗干扰能力。在外接负载较多的情况下，如果负载是 MOS 芯片，则因负载消耗电流很小，所以影响不大。如果驱动较多的 TTL 电路，则应采用总线驱动电路，以提高端口的驱动能力和系统的抗干扰能力。

数据总线宜采用双向 8 路三态缓冲器 74LS245 作为总线驱动器，地址和控制总线可采用单向 8 路三态缓冲区 74LS244 作为单向总线驱动器。

上述几点可以参考本书项目电路板的设计。

7. 系统速度匹配

MCS-51 系列单片机的时钟频率可在 2～12 MHz 之间任选。在不影响系统技术性能的前提下，时钟频率选择低一些为好，这样可降低系统中对元器件工作速度的要求，从而提高系统的可靠性。

8. 抗干扰措施

单片机应用系统的工作环境往往都是具有多种干扰源的现场，抗干扰措施在硬件电路设

计中显得尤为重要。

根据干扰源引入的途径，抗干扰措施可以从以下两个方面考虑。

1) 电源供电系统

为了克服电网以及来自系统内部其他部件的干扰，可采用隔离变压器、交流稳压、线滤波器、稳压电路各级滤波等抗干扰措施。

2) 电路上的考虑

为了进一步提高系统的可靠性，在硬件电路设计时，应采取一系列抗干扰措施：

(1) 大规模IC芯片电源供电端VCC都应加高频滤波电容，根据负载电流的情况，在各级供电节点处还应加足够容量的退耦电容。

(2) 开关量I/O通道与外界的隔离可采用光电耦合器件，特别是与继电器、可控硅等连接的通道，一定要采用隔离措施。

(3) 可采用CMOS器件提高工作电压(+15 V)，这样干扰门限也会相应提高。

(4) 传感器后级的变送器尽量采用电流型传输方式，因电流型比电压型抗干扰能力强。

(5) 电路应有合理的布线及接地方式。

(6) 与环境干扰的隔离可采用屏蔽措施。

9.3.4 软件设计

整个单片机应用系统是一个整体，当系统的硬件电路设计定型后，软件的任务也就明确了。

单片机应用系统的软件主要包括两大部分：用于管理单片机微机系统工作的监控程序和用于执行实际具体任务的功能程序。对于前者，应尽可能利用现成微机系统的监控程序。为了适应各种应用的需要，现代的单片机开发系统的监控软件功能相当强，并附有丰富的实用子程序，可供用户直接调用，例如键盘管理程序、显示程序等。因此，在设计系统硬件逻辑和确定应用系统的操作方式时，应充分考虑这一点。这样可大大减少软件设计的工作量，提高编程效率。对于后者，要根据应用系统的功能要求来编程序，例如外部数据采集、控制算法的实现、外设驱动、故障处理及报警程序等。

单片机应用系统的软件设计千差万别，不存在统一模式。开发一个软件的明智方法是尽可能采用模块化结构。根据系统软件的总体构思，按照先粗后细的方法，把整个系统软件划分成多个功能独立、大小适当的模块。应明确规定各模块的功能，尽量使每个模块功能单一，各模块间的接口信息简单、完备，接口关系统一，尽可能使各模块间的联系减少到最低限度。这样，各个模块可以分别独立设计、编制和调试，最后再将各个程序模块连接成一个完整的程序进行总调试。

9.3.5 系统调试

系统调试包括硬件调试和软件调试。硬件调试的任务是排除系统的硬件电路故障，包括设计性错误和工艺性故障。软件调试是利用开发工具进行在线仿真调试，除发现和解决程序错误外，也可以发现硬件故障。

程序调试一般是一个模块一个模块地进行，一个子程序一个子程序地调试，最后联合起来统调。利用开发工具的单步和断点运行方式，通过检查应用系统的 CPU 现场、RAM 和 SFR 的内容以及 I/O 口的状态，来检查程序的执行结果和系统 I/O 设备的状态变化是否正常，从中发现程序的逻辑错误、转移地址错误以及随机的录入错误等。也可以发现硬件设计与工艺错误和软件算法错误。在调试过程中，要不断调整、修改系统的硬件和软件，直到其正确为止。程序联调运行正常后，还需在模拟的各种现场条件和恶劣环境下调试、运行，以检查系统是否满足原设计要求。

投产前应经过一段时间的考机和试运行。将软件固化到程序存储器中，让系统在真实环境下运行，检验其可靠性和抗干扰能力，直到完全满足要求，系统才算研制成功。最后还需建立一套完整、健全的维护机制，以确保系统正常工作。

9.4　单片机应用系统实用技术

9.4.1　低功耗设计

在很多情况下，单片机系统要工作于供电困难的场合下，如野外、井下、空中、无人值守监测站、手持设备或长期运行的监测系统中，这时要求系统运行时功耗最小。

MCS-51 单片机有 HMOS 和 CHMOS 两种工艺状态芯片。HMOS 芯片本身运行功耗大，不适用于低功耗应用系统中。由 CHMOS 工艺制成的单片机，其功耗相当于普通 CMOS 电路，可以满足低功耗的要求。除节约能源外，低功耗设计还有助于解决 EMC(电磁兼容)问题，减小产品体积与重量以及降低成本，提高可靠性。

1．单片机系统的低功耗设计策略

(1) 选用尽量简单的 CPU 内核。在选择 CPU 内核时切忌一味追求性能，选择的原则应该是“够用就好”。现在单片机的运行速度越来越快，但性能的提升往往带来功耗的增加。一个复杂的 CPU 虽然集成度高、功能强，但片内晶体管多，总漏电流大，即使进入 STOP 状态，漏电流也变得不可忽视；而简单的 CPU 内核不仅功耗低，成本也低。

(2) 选择低电压供电的系统。单片机已经从与 TTL 兼容的 5 V 供电，降低到 3.3 V、3 V、2 V 乃至 1.8 V 供电。低电压供电可以大大降低系统的工作电流，但是由于晶体管的尺寸不断减小，因此管子的漏电流有增大的趋势，这也是对降低功耗不利的一个方面。

(3) 选择带有低功耗模式的系统。低功耗模式通常包含等待和停止两种模式。

等待模式下，CPU 停止工作，但系统时钟并不停止，单片机的外围 I/O 模块也不停止工作。此时系统功耗一般降低有限，相当于工作模式的 50%～70%，可由外部事件触发，快速启动到运行模式。

停止模式下，系统时钟也将停止，可由内部实时时钟中断重新启动时钟系统时钟，进而唤醒 CPU 继续工作，CPU 消耗的电流可降到微安级。

要想进一步减小系统功耗，就要尽量将单片机的各个 I/O 模块甚至片内 RAM 关掉，进入深度停止模式，此时单片机耗电可以小于 20 nA，但可能的唤醒方式也很有限，一般只能是复位或 IRQ 中断等，且唤醒 CPU 后要重新对系统作初始化。因此在让系统进入深度停止状态前，要将重要系统参数保存在非易失性存储器，如 EEPROM 中。

(4) 选择合适的时钟方案。有两方面的问题需考虑：

第一是系统总线频率应当尽量低。运行电流几乎是和单片机的时钟频率成正比的，因此尽量降低系统时钟的运行频率可以有效地降低系统功耗。

第二是时钟方案，也就是是否使用锁相环，使用外部晶振还是内部晶振等问题。单就时钟方案来讲，使用外部晶振且不使用锁相环是功率消耗最小的一种。

(5) 用中断代替查询。使用中断方式，CPU 可以什么都不做，甚至可以进入等待模式或停止模式；而在查询方式下，CPU 必须不停地访问 I/O 寄存器，这会带来很多额外的功耗。

(6) 用“宏”代替“子程序”。因为 CPU 进入子程序时，会首先将当前 CPU 寄存器推入堆栈(RAM)，在离开时又将 CPU 寄存器弹出堆栈，这样至少带来两次对 RAM 的操作，而读 RAM 会比读 Flash 带来更大的功耗。因此，程序员可以考虑用宏定义来代替子程序调用。对于程序员，调用一个子程序还是一个宏在程序写法上并没有什么不同，但宏会在编译时展开，CPU 只是顺序执行指令，避免了调用子程序。唯一的问题似乎是代码量的增加。目前，单片机的片内 Flash 越来越大，对于一些不在乎程序代码量大一些的应用，这种做法无疑会降低系统的功耗。

(7) 尽量减少 CPU 的运算量。将一些运算的结果预先算好，放在 Flash 中，用查表的方法替代实时的计算，减少 CPU 的运算工作量，可以有效地降低 CPU 的功耗(很多单片机都有快速有效的查表指令和寻址方式，用以优化查表算法)。

不可避免的实时计算，算到精度够了就结束，避免“过度”的计算。

尽量使用短的数据类型，例如，尽量使用字符型的 8 位数据替代 16 位的整型数据，尽量使用分数运算而避免浮点数运算等。

2．MCS-51 单片机的节电工作方式

1) 节电工作方式的设置

两种节电工作方式都是由电源控制寄存器 PCON 设定的，PCON 各位定义如下：

	MSB							LSB
PCON(87H)	SMOD	—	—	—	GF1	GF0	PD	IDL

其中：

PD(PCON.1)：掉电方式位，当 PD = 1 时，进入掉电方式。

IDL(PCON.0)：空闲方式位，当 IDL = 1 时，进入空闲方式。

若 PD 和 IDL 同时为 1，则先进入掉电方式。

单片机复位时，PCON 的状态为 0***0000B，此时单片机处于正常运行状态。

PCON 为不可位寻址的 SFR，因此，常采用字节的逻辑操作指令来实现节电工作方式的设定。

例如：指令 ORL PCON，#01H 可设置进入空闲方式；指令 ORL PCON，#02H 可设置进入掉电方式。

2) 空闲工作方式

在空闲方式下，送往 CPU 的时钟信号被封锁，CPU 停止工作，进入空闲状态，而内部时钟信号仍继续供给 RAM、定时/计数器、串行口和中断系统，因而 CPU 的内部状态如 SP、PC、PSW、ACC 及其他寄存器的状态被完整地保留了下来。单片机在空闲工作方式下的各引脚状态如表 9.3 所示。

表 9.3　单片机在空闲或掉电工作方式下的引脚状态

引　脚	内部取指		外部取指	
	空　闲	掉　电	空　闲	掉　电
ALE	1	0	1	0
PSEN	1	0	1	0
P0	SFR 数据	SFR 数据	高阻	高阻
P1	SFR 数据	SFR 数据	SFR 数据	SFR 数据
P2	SFR 数据	SFR 数据	PCH*	SFR 数据
P3	SFR 数据	SFR 数据	SFR 数据	SFR 数据

*　PCH 为 PC 中的高 8 位地址数据。

退出空闲工作方式的方法有两种：

(1) 中断退出。任何允许中断请求有效时，均使硬件自动对 PCON.0 位清零，从而退出空闲工作方式，并开始执行中断服务程序。中断返回后，下一条要执行的指令正是原先置空闲工作方式指令后的那条指令。

(2) 硬件复位退出。

3) 掉电方式

在掉电工作方式下，片内振荡器停止工作，单片机所有状态都停止，只有片内 RAM 和 SFR 中的数据被保存下来。单片机在掉电工作方式下的各引脚状态如表 9.3 所示。

退出掉电工作方式，只能用硬件复位。复位操作将重新定义所有的 SFR，但不改变片内 RAM 的内容。

当单片机进入掉电工作方式时，必须使外围器件、设备处于禁止状态，以便使整个应用系统的功耗降到最小。可采用禁止外围器件工作或断开外围用电电路电源的方法。

3. 最低功耗应用系统实例

采用片内有程序存储器的低功耗单片机 80C51BH/87C51/89C51 配上时钟电路及复位电路，即是一个最低功耗的最小应用系统。如果外部要使用 P0 口，则在 P0 口线上应加上拉电阻。

对于片内无程序存储器的 80C31BH，则必须配上低功耗的片外程序存储器。图 9.17 是片外配置 8 KB 程序存储器的最低功耗应用系统。

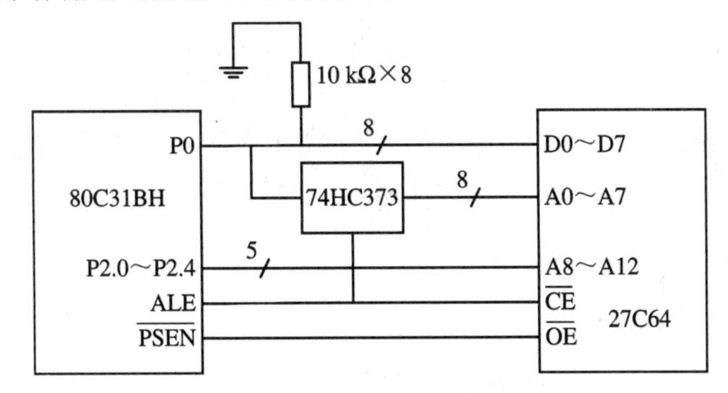

图 9.17　最低功耗应用系统

与非低功耗应用系统相比，该电路具有以下两个特点：

(1) 全部芯片采用低功耗芯片，例如，EPROM 采用 27C64，地址锁存器采用高速 CMOS

电路芯片 74HC373。

(2) 27C64 的使能端($\overline{CE}$)不接地，而与 80C31BH 的 ALE 端相连，以便在 80C31BH 进入空闲工作方式时(此时 ALE 变为高电平)，使 27C64 进入低功耗备用状态。

9.4.2　加密技术

为了防止单片机应用系统被未经授权地仿造，可以通过改变单片机系统的硬件电路和软件程序来对单片机系统进行加密。首先，可以通过 GAL 或带熔丝的 FPGA，将系统逻辑电路做到一块芯片内，使其无法被仿造。本节重点介绍一些防止系统软件被反汇编的措施。

1．硬件加密技术

为了不影响系统的可靠性或不增加成本，硬件加密必须在不增加或极少增加芯片、连线等前提下实现。

1) 门阵列电路加密

最简单也最常用的加密方法是将单片机的地址、数据总线中的某些线交叉换位，改变原信号的逻辑关系，使仿制者试图反汇编读出程序时读出的是无意义的随机数，从而实现加密。图 9.18 为硬件加密原理图。

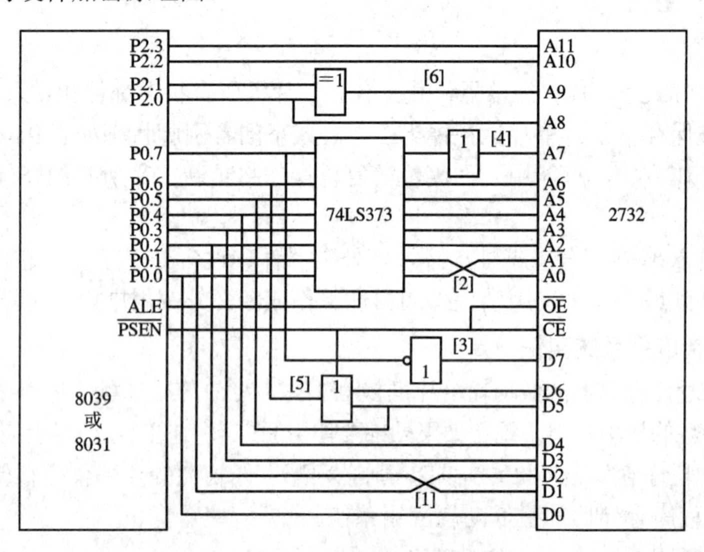

图 9.18　门电路硬件加密原理图

加密的基本方法有以下 6 种：

(1) 数据总线中的某些线换位。图 9.18 中[1]所示的部分就是把数据总线中的 D1 与 D2 对换。当仅使用这种方法时，单片机执行外部 EPROM 中的实际代码就与 EPROM 中的数据完全不同了。

例 9.1　双字节算术左移 1 位。

单片机执行的实际程序如下：

```
                        ORG     1000H
1000    C3      DSLA:   CLR     C
1001    33              RLC     A
```

```
1002  CB            XCH    A，R3
1003  33            RLC    A
1004  CB            XCH    A，R3
1005  22            RET
```

把 EPROM 中的数据读出来，经反汇编后为

```
                    ORG    1000H
1000  C535   DSLB：  XCH    A，35H
1002  CD            XCH    A，R5
1003  35CD          ADDC   A，#0CDH
1005  24            ADD    A，#**H
```

可见，从 1000H 开始的程序反汇编结果 DSLB 与原程序的 DSLA 相比已面目全非，并且该子程序在 1005H 地址不再是返回指令，这使整个程序无法读通。

(2) 地址总线中的某些线换位。图 9.18 中[2]所示的部分是地址线 A0 与 A1 对换。当仅使用这种加密电路时，例 9.1 中的 DSLA 程序从 EPROM 中读出来反汇编为 DSLC：

```
                    ORG    1000H
1000  33     DSLC：  RLC    A
1001  C3            CLR    C
1002  33            RLC    A
1003  CB            XCH    A，R3
1004  22            RET
1005  CB            XCH    A，R3
```

显然，DSLC 也不能完成双字节算术左移 1 位的任务。

(3) 数据总线中的某些线求反。图 9.18 中[3]所示的部分是 2732 的数据线 D7 取反后接 P0.7，这里要求非门受三态控制。

(4) 地址总线中的某些线求反。图 9.18 中[4]所示的部分是地址线 P0.7 取反后接 A7，这里不要求非门受三态控制。

(5) 数据总线中的某两条线相异或。图 9.18 中[5]所示的部分是 D5、D6 通过三态异或门送入单片机的 P0.6，而 D5 直接与 P0.5 相连。通过这种逻辑变换，程序存储器 D5 和 D6 的数据与送入单片机的代码 D5′和 D6′的对应关系如下：

$$D5'=D5 \quad D6'=D5 \oplus D6$$

(6) 地址总线中的某两条线相异或。图 9.18 中[6]所示的部分是地址线 P2.0 和 P2.1 通过异或门送入到 EPROM 的 A9，P2.0 直接与 A8 相连。

上述各种加密方法可以单独使用来进行简单加密，也可加以组合来完成较复杂的硬件加密。采用门阵列电路 PAL、GAL 或专用芯片 ASIC，把上述方法的电路固化在一块加密芯片上，既可以提高加密程度，使系统软件更难以破解，又能减少附加连线，提高系统可靠性。

2) 密钥阵列加密

此方法采用可寻址的 ROM、EPROM 只读存储器阵列，把地址总线(或数据总线)与系统程序存储器的地址对应关系按密钥交换。例如，用一片 2716 存储密钥，把地址的高 8 位重新按密钥编码，即将原程序页号顺序打乱，如图 9.19 所示。

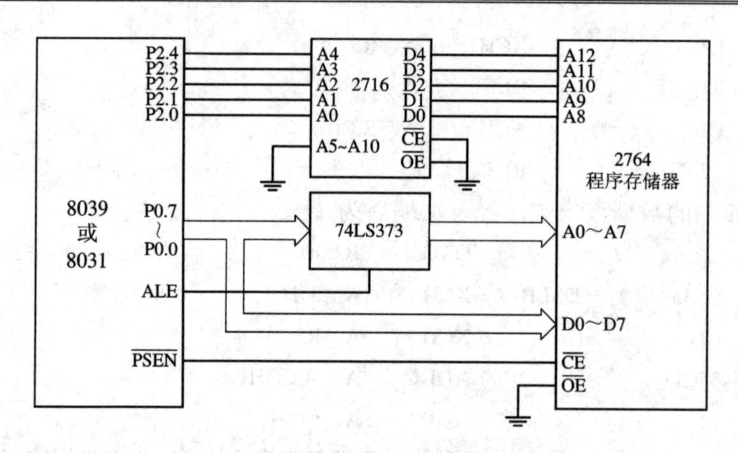

图 9.19　密钥阵列加密原理图

3) 可加密单片机

某些单片机，如 MCS-51 系列的 8751 等，其内部的程序存储器是可以加密的。当对 8751 内部加密编程后，就无法读出单片机内部的程序，只能由系统外部反推其程序功能。

采用硬件加密技术时，研制者在目标程序的调试过程中，应首先在未加密的情况下完成调试，然后对软件进行加密翻译，最后写进程序存储器中，同时对硬件进行相应的处理。当然，用户最好是编制相应的加密程序来进行加密翻译。

2. 软件加密技术

除上述硬件加密技术外，还可以对软件进行适当的加密。软件加密简单易行，不增加任何成本。下面介绍几种简单的软件加密方法。

(1) 在程序模块之间插入一些加密字节。加密字节一般是下一模块之前的一个或两个字节。采用这种方法之后，一般的反汇编程序无法汇编出系统的实际运行程序。

例 9.2　在两个模块之间插入 1 个字节 75H。

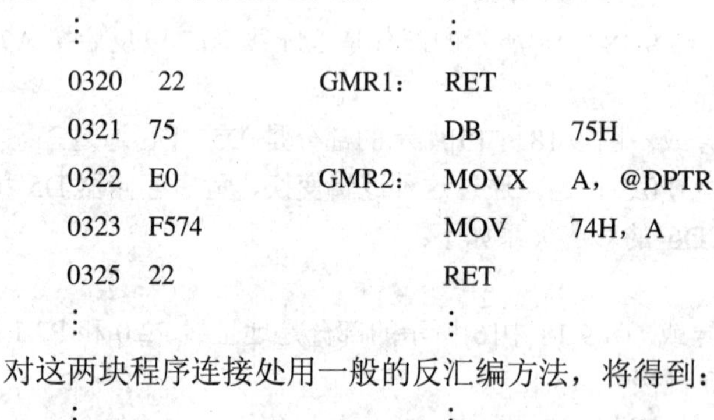

```
 ⋮                          ⋮
0320   22          GMR1:   RET
0321   75                  DB       75H
0322   E0          GMR2:   MOVX     A，@DPTR
0323   F574                MOV      74H，A
0325   22                  RET
 ⋮                          ⋮
```

对这两块程序连接处用一般的反汇编方法，将得到：

```
 ⋮                          ⋮
0320   22          GMR1A:  RET
0321   75E0F5              MOV      E0H，#F5H
0324   7422                MOV      A，#22H
 ⋮                          ⋮
```

可见，GMR1A 后面的指令已得不到 GMR2 的汇编结果了。

(2) 用返回指令取代条件跳转指令。使用这种方法，将使某些可跟踪 PC 的反汇编程序无能为力。

(3) 使程序中的某些字节为两个模块共同使用。

(4) 在程序存储器与数据存储器共用的系统中，可以用立即寻址方式将一段加密程序送入随机存储器中去执行。

上面介绍的只是加密技术的一般思路，其具体变换可以有很多种。但是，任何加密技术都只是相对而言的，随着加密技术的发展，解密方法也应运而生。因此，本节所介绍的几种加密技术，只能在某种程度和某一段时间内有效。

3. 协议认证 IC 卡加密技术

近年来 Atmel 公司推出了具有协议认证功能的存储卡，简称协议认证卡，包括 AT88SC1608、AT88SC153 以及 AT88SC0104C～AT88SC25616C。所谓协议认证功能，即先由单片机从 IC 卡中读入一组数据，由此数据按器件所规定的算法计算出协议测试码并发回给 IC 卡，在 IC 卡内，将收到的协议测试码与卡内自行计算出的协议测试码进行校验，如一致则表明协议认证通过，可以对卡内数据进行操作，否则不能操作卡数据，并有可能使 IC 卡锁死。

利用协议认证卡进行单片机应用系统加密，可将一部分重要数据或程序存入卡内，读/写数据时需先通过双向协议认证，从而确保即使单片机的程序已被非法复制并被反汇编，仍然不能对产品进行复制。

使用协议认证卡加密的基本工作流程包括：硬件连接、加密卡配置、加密卡编程、加密芯片熔断熔丝、编制有关加密保护部分的程序。

本章小结

学会以单片机为核心，结合各种扩展和接口器件设计单片机应用系统，是学习本课程的首要任务。本章设计制作了两个实用性很强的单片机应用系统实例，由此可以使读者将所学的知识加以系统化并用于实践。

单片机应用系统的设计，应采取软件和硬件相结合的方法。通过对系统的目标、任务、指标要求等的分析，确定功能技术指标的软、硬件分工方案是设计的第一步；分别进行软、硬件设计以及制作、编程是系统设计中最重要的内容；将软件与硬件结合起来对系统进行仿真调试、修改、完善是系统设计的关键所在。

系统的调试是验证理论设计、排除系统的硬件故障、发现和解决程序错误的实践过程。在调试单片机应用系统时，要充分理解硬件电路的工作原理和软件设计的逻辑关系，有步骤、有目的地进行。对系统进行调试时，应综合运用软、硬件手段，可以通过测试软件来查找硬件故障，也可以通过检查硬件状态来判断软件错误。

习　题　9

9.1　本章所讲的电脑钟是如何实现时、分、秒计时的？

9.2　在本章的电脑钟控制软件中使用了几组工作寄存器？为什么要这样做？

9.3　仿真调试电脑钟时发现显示乱码可能是什么原因造成的？如何通过调试查找错误？

9.4　绘制采用静态显示/键盘接口电路的电脑钟电路原理图，并编写相关控制程序。

9.5　记录温度控制系统的实测温度，计算与实际温度的误差，分析产生误差的主要原因。

9.6　若0809采样误差较大，可能是什么原因造成的？应采取哪些措施来减小误差？

9.7　单片机应用系统的主要干扰源有哪些？应如何采取相应的抗干扰措施？

9.8　什么是软件陷阱？其作用是什么？如何设置软件陷阱？

9.9　单片机系统监控集成电路的主要功能有哪些？试查找其他类型常用系统监控集成电路芯片资料，学习其接口和应用方法。

9.10　下面的程序为MCS-51单片机的节电工作控制程序。设接在P1口的8个发光二极管低电平点亮。试分析程序，说明上电复位后8个发光二极管的点亮方式；系统进入空闲状态后8个发光二极管的点亮方式。说明如何使系统从节电工作方式中重新激活，并说明激活后8个发光二极管的点亮方式。

```
        ORG     0000H
        AJMP    IDLE
        ORG     0003H
        AJMP    ACTIVE
        ORG     0030H
IDLE:   MOV     R7，#08
        MOV     A，#0FEH
IDLE1:  MOV     P1，A
        ACALL   DELAY
        RL      A
        DJNZ    R7，IDLE1
        ORL     PCON，#01H
        MOV     R6，#08
BACK:   MOV     P1，#55H
        ACALL   DELAY
        MOV     P1，#0AAH
        ACALL   DELAY
        DJNZ    R6，BACK
        SJMP    $
ACTIVE: MOV     R5，#08
ACT1:   MOV     P1，#00H
        ACALL   DELAY
        MOV     P1，#0FFH
        ACALL   DELAY
        DJNZ    R5，ACT1
        RET
        END
```

附　录　MCS-51 指令表

指令	十六进制代码	助 记 符	功　能	对标志影响				字节数	周期数
				P	OV	AC	CY		
算术运算指令	28～2F	ADD A，Rn	A+Rn→A	√	√	√	√	1	1
	25	ADD A，direct	A+(direct)→A	√	√	√	√	2	1
	26，27	ADD A，@Ri	A+(Ri)→A	√	√	√	√	1	1
	24	ADD A，#data	A+data→A	√	√	√	√	2	1
	38～3F	ADDC A，Rn	A+Rn+CY→A	√	√	√	√	1	1
	35	ADDC A，direct	A+(direct)+CY→A	√	√	√	√	2	1
	36，37	ADDC A，@Ri	A+(Ri)+CY→A	√	√	√	√	1	1
	34	ADDC A，#data	A+data+CY→A	√	√	√	√	2	1
	98～9F	SUBB A, Rn	A－Rn－CY→A	√	√	√	√	1	1
	95	SUBB A, direct	A－(direct)－CY→A	√	√	√	√	2	1
	96，97	SUBB A, @Ri	A－(Ri)－CY→A	√	√	√	√	1	1
	94	SUBB A, #data	A－data－CY→A	√	√	√	√	2	1
	04	INC A	A+1→A	√	×	×	×	1	1
	08～0F	INC Rn	Rn+1→Rn	√	×	×	×	1	1
	05	INC direct	(direct)+1→(direct)	√	×	×	×	2	1
	06，07	INC @Ri	(Ri)+1→(Ri)	√	×	×	×	1	1
	A3	INC DPTR	DPTR+1→DPTR					1	2
	14	DEC A	A－1→A	√	×	×	×	1	1
	18～1F	DEC Rn	Rn－1→Rn	×	×	×	×	1	1
	15	DEC direct	(direct)－1→(direct)	×	×	×	×	2	1
	16，17	DEC @Ri	(Ri)－1→(Ri)	×	×	×	×	1	1
	A4	MUL AB	A·B→BA	√	√	×	0	1	4
	84	DIV AB	A/B→AB	√	√	×	0	1	4
	D4	DA A	对 A 进行十进制调整	√	×	√	√	1	1

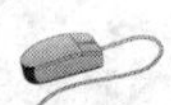

续表一

指令	十六进制代码	助记符	功能	对标志影响				字节数	周期数
				P	OV	AC	CY		
逻辑运算指令逻辑运算指令	58～5F	ANL A，Rn	A∧Rn→A	√	×	×	×	1	1
	55	ANL A，direct	A∧(direct)→A	√	×	×	×	2	1
	56，57	ANL A，@Ri	A∧(Ri)→A	√	×	×	×	1	1
	54	ANL A，#data	A∧data→A	√	×	×	×	2	1
	52	ANL direct, A	(direct)∧A→(direct)	×	×	×	×	2	1
	53	ANL direct, #data	(direct)∧data→(direct)	×	×	×	×	3	2
	48～4F	ORL A，Rn	A∨Rn→A	√	×	×	×	1	1
	45	ORL A，direct	A∨(direct)→A	√	×	×	×	2	1
	46，47	ORL A，@Ri	A∨(Ri)→A	√	×	×	×	1	1
	44	ORL A，#data	A∨data→A	√	×	×	×	2	1
	42	ORL direct, A	(direct)∨A→(direct)	×	×	×	×	2	1
	43	ORL direct, #data	(direct)∨data→(direct)	×	×	×	×	3	2
	68～6F	XRL A，Rn	A⊕Rn→A	√	×	×	×	1	1
	65	XRL A，direct	A⊕(direct)→A	√	×	×	×	2	1
	66，67	XRL A，@Ri	A⊕(Ri)→A	√	×	×	×	1	1
	64	XRL A，#data	A⊕data→A	√	×	×	×	2	1
	62	XRL direct, A	(direct)⊕A→(direct)	×	×	×	×	2	1
	63	XRL direct, #data	(direct)⊕data→(direct)	×	×	×	×	3	2
	E4	CLR A	0→A	√	×	×	×	1	1
	F4	CPL A	$\overline{A}$→A	×	×	×	×	1	1
	23	RL A	A 循环左移一位	×	×	×	×	1	1
	33	RLC A	A 带进位循环左移一位	√	×	×	√	1	1
	03	RR A	A 循环右移一位	×	×	×	×	1	1
	13	RRC A	A 带进位循环右移一位	√	×	×	√	1	1
	C4	SWAP A	A 半字节交换	×	×	×	×	1	1
数据传送指令	E8～EF	MOV A，Rn	Rn→A	√	×	×	×	1	1
	E5	MOV A，direct	(direct)→A	√	×	×	×	2	1
	E6，E7	MOV A，@Ri	(Ri)→A	√	×	×	×	1	1
	74	MOV A，#data	data→A	√	×	×	×	2	1
	F8～FF	MOV Rn, A	A→Rn	×	×	×	×	1	1
	A8～AF	MOV Rn, direct	(direct)→Rn	×	×	×	×	2	2
	78～7F	MOV Rn，#data	data→Rn	×	×	×	×	2	1

续表二

指令	十六进制代码	助 记 符	功　能	对标志影响				字节数	周期数
				P	OV	AC	CY		
数据传送指令	F5	MOV direct, A	A→(direct)	×	×	×	×	2	1
	88～8F	MOV direct, Rn	Rn→(direct)	×	×	×	×	2	2
	85	MOV direct1, direct2	(direct2)→(direct)	×	×	×	×	3	2
	86，87	MOV direct, @Ri	(Ri)→(direct)	×	×	×	×	2	2
	75	MOV direct, #data	data→(direct)	×	×	×	×	3	2
	F6，F7	MOV @Ri, A	A→(Ri)	×	×	×	×	1	1
	A6，A7	MOV @Ri, direct	(direct)→(Ri)	×	×	×	×	2	2
	76，77	MOV @Ri, #data	data→(Ri)	×	×	×	×	2	1
	90	MOV DPTR,#data	data16→DPTR	×	×	×	×	3	2
	93	MOVC A, @A+DPTR	(A + DPTR)→A	√	√	√	√	1	2
	83	MOVC A, @A+PC	PC + 1→PC，(A + PC)→A	√	√	√	√	1	2
	E2，E3	MOVX A,@Ri	(Ri)→A	√	√	√	√	1	2
	E0	MOVX A,@DPTR	(DPTR)→A	√	√	√	√	1	2
	F2，F3	MOVX @Ri, A	A→(Ri)	×	×	×	×	1	2
	F0	MOVX @DPTR, A	A→(DPTR)	×	×	×	×	1	2
	C0	PUSH direct	SP + 1→SP， (direct)→(SP)	×	×	×	×	2	2
	D0	POP direct	(SP)→(direct) SP – 1→SP，	×	×	×	×	2	2
	C8～CF	XCH A, Rn	A↔Rn	√	×	×	×	1	1
	C5	XCH A, direct	A↔(direct)	√	×	×	×	2	1
	C6，C7	XCH A,@Ri	A↔(Ri)	√	×	×	×	1	1
	D6，D7	XCHD A,@Ri	A0～3↔(Ri)0～3	√	×	×	×	1	1
位操作指令	C3	CLR C	0→CY	×	×	×	√	1	1
	C2	CLR bit	0→bit	×	×	×		2	1
	D3	SETB C	1→CY	×	×	×	√	1	1
	D2	SETB bit	1→bit	×	×	×		2	1
	B3	CPL C	$\overline{\text{CY}}$ →CY	×	×	×	√	1	1
	B2	CPL bit	$\overline{\text{bit}}$ →bit	×	×	×		2	1
	82	ANL C,bit	CY∧bit→CY	×	×	×	√	2	2
	B0	ANL C,/bit	CY∧ $\overline{\text{bit}}$ →CY	×	×	×	√	2	2
	72	ORL C,bit	CY∨bit→CY	×	×	×	√	2	2
	A0	ORL C,/bit	CY∨ $\overline{\text{bit}}$ →CY	×	×	×	√	2	2
	A2	MOV C,bit	bit→CY	×	×	×	√	2	2
	92	MOV bit, C	CY→bit	×	×	×	√	2	2

续表三

指令	十六进制代码	助记符	功能	对标志影响				字节数	周期数
				P	OV	AC	CY		
	*1		PC+2→PC，SP+1→SP，PCL→(SP)，SP+1→SP，PCH→(SP)，addr11→PC10～0	×	×	×	×	2	2
	12		PC+3→PC，SP+1→SP，PCL→(SP)，SP+1→SP，PCH→(SP)，addr16→PC	×	×	×	×	3	2
	22		(SP)→PCH，SP−1→SP，(SP)→PCL，SP−1→SP	×	×	×	×	1	2
	32		(SP)→PCH，SP−1→SP，(SP)→PCL，SP−1→SP，从中断返回	×	×	×	×	1	2
	*1		PC+2→PC，addr110→PC10～0	×	×	×	×	2	2
控制转移指令	02		addr16→PC	×	×	×	×	3	2
	80		PC+2→PC，PC+rel→PC	×	×	×	×	2	2
	73		A+DPTR→PC	×	×	×	×	1	2
	60		PC+2→PC，若A=0，PC+rel→PC	×	×	×	×	2	2
	70		PC+2→PC，若A≠0，PC+rel→PC	×	×	×	×	2	2
	40		PC+2→PC，若CY=1，则PC+rel→PC	×	×	×	×	2	2
	50		PC+2→PC，若CY=0，则PC+rel→PC	×	×	×	×	2	2
	20		PC+3→PC，若bit=1，则PC+rel→PC	×	×	×	×	3	2
	30		PC+3→PC，若bit=0，则PC+rel→PC	×	×	×	×	3	2
	10		PC+3→PC，bit=1，则0→Bit，PC+rel→PC	×	×	×	×	2	2
	B5		PC+3→PC，A≠(direct)，则PC+rel→PC 若A<(direct)，则1→CY	×	×	×	√	3	2

续表四

指令	十六进制代码	助记符	功能	对标志影响				字节数	周期数
				P	OV	AC	CY		
控制转移指令	B4	CJNE A,#data,rel	PC+3→PC，A≠data，则PC+rel→PC，若 A < data 则 1→CY	×	×		√	3	2
	B8～BF	CJNE Rn,#data, rel	PC+3→PC，Rn≠data，则 PC+rel→PC 若 Rn < data，则 1→CY	×	×	×	√	3	2
	B6～B7	CJNE @Ri,#data,rel	PC+3→PC，Ri≠data，则 PC+rel→PC 若 Ri < data，则 1→CY	×	×	×	√	3	2
	D8～DF	DJNZ Rn, rel	Rn－1→Rn，PC+2→PC，若 Rn≠0，则 PC+rel→PC	×	×	×	×	2	2
	D5	DJNZ direct,rel	PC+2→PC，(direct)－1→(direct)若(direct)≠0 则 PC+rel→PC	×	×	×	×	3	2
	00	NOP	空操作	×	×	×	×	1	1

MCS-51　指令系统所用符号和含义：

add11	11 位地址
add16	16 位地址
bit	位地址
rel	相对偏移量，为 8 位有符号数(补码形式)
direct	直接地址单元(RAM、SFR、I/O)
#data	立即数
Rn	工作寄存器 R0～R7
A	累加器
X	片内 RAM 中的直接地址或寄存器
Ri	i = 0 或 1，表示数据指针 R0，R1
@	在间接寻址方式中，表示间接寄存器的符号
(X)	在直接寻址方式中，表示直接地址(X)中的内容；在间接寻址方式中，表示间接寄存器 X 指出的地址单元中的内容
→	数据传送方向
∧	逻辑与
∨	逻辑或
⊕	逻辑异或
√	对标志产生影响
×	对标志不产生影响

参 考 文 献

[1] 王福瑞. 单片微机测控系统设计大全. 北京：北京航空航天大学出版社，1999.

[2] 何立民. 单片机应用系统设计系统配置与接口技术. 北京：北京航空航天大学出版社，1999.

[3] 张洪润. 单片机应用技术教程. 北京：清华大学出版社，1997.

[4] 薛栋梁. MCS-51/151/251 单片机原理与应用. 北京：中国水利水电出版社，2001.

[5] 张迎新. 单片微型计算机原理、应用及接口技术. 北京：国防工业出版社，1993.

[6] 朱宇光. 单片机应用新技术教程. 北京：电子工业出版社，2000.

[7] 房小翠. 单片机实用系统设计技术. 北京：国防工业出版社，1999.

[8] 李广军. 实用接口技术. 成都：电子科技大学出版社，1998.

[9] 李华. MCS-51 系列单片机实用接口技术. 北京：北京航空航天大学出版社，1993.

[10] 李维諟. 液晶显示应用技术. 北京：电子工业出版社，2000.

[11] 杨忠煌. 单芯片 8051 实务与应用. 北京：中国水利水电出版社，2001.

[12] 徐淑华. 单片微型机原理及应用. 哈尔滨：哈尔滨工业大学出版社，1994.

[13] 张友德. 单片微型机原理、应用与实验. 上海：复旦大学出版社，1992.

[14] 胡汉才. 单片机原理及其接口技术. 北京：清华大学出版社，1996.

[15] 张迎新. 单片微型计算机原理、应用及接口技术. 北京：国防工业出版社，1993.

[16] 肖毅，等. 新一代闪存 AT29C040 单片机系统中应用. 微计算机信息，2001，17(11)：32-33.

[17] 张晶，等. 闪速存储器 AT29C040 与单片机的接口设计. 半导体技术，2003，28(5)：75-78.

[18] 孙欧. 闪速存储器 MBM29F016 的特点及应用. 国外电子元器件，2003(3)：25-28.

[19] 裴洪安，等. 闪烁存储器 Am29F016 及其与 DSP 的接口. 电子技术，2000(11)：52-56.

[20] 李敏，等. 带大量 I/O 口扩展的串行芯片 GM8164 及其应用. 国外电子元器件，2003(1)：35-38.

[21] 施隆照. 大量 I/O 口扩展芯片 GM8164 及其应用. 福州大学学报：自然科学版，2003，31(6)：35-38.

[22] 訾兴建，等. 用 PSD 芯片实现单片机电路的扩展. 煤矿机械，2005(7)：82-84.

[23] 朱永辉，等. 运用 PSD 系列器件进行单片机外围电路扩展. 电子工程师，2000(9)：4-6，16.

[24] 王小梅. 基于 PSD 系列芯片的单片机电路设计. 半导体技术，2003，24(4)：61-63.